高等职业教育“十四五”规划教材

礼仪基础教程

主　编◎王晶晶　李明佳
副主编◎孙建军

中国铁道出版社有限公司
CHINA RAILWAY PUBLISHING HOUSE CO., LTD.

内 容 简 介

本书遵循“以职业能力为本位，以就业为导向，体现实用性、系统性和时代性”的原则，紧密结合高等职业教育为适应企业对人才的需要和高校礼仪教学的实际而编写。本书共 6 章，主要包括绪论、个人形象礼仪、社交礼仪、服务礼仪、涉外礼仪、中华传统文化。

本书内容翔实、结构合理、语言精练通顺，并配有大量礼仪图片及视频资源，对提高个人修养、改善服务形象、改进服务工作、提升服务礼仪水平、树立服务的良好窗口形象定会有所帮助。

本书适合作为高等职业院校公共礼仪教材，同时适用于各行各业员工职场培训及日常礼仪培训。

图书在版编目（CIP）数据

礼仪基础教程 / 王晶晶，李明佳主编 . —北京：中国铁道出版社有限公司，2021. 8（2024.11 重印）
高等职业教育“十四五”规划教材
ISBN 978-7-113-28363-6

Ⅰ. ①礼… Ⅱ. ①王…②李… Ⅲ. ①礼仪 - 高等职业教育 - 教材 Ⅳ. ① K891. 26

中国版本图书馆 CIP 数据核字 (2021) 第 181715 号

书　　名：礼仪基础教程
作　　者：王晶晶　李明佳

策　　划：祁　云　　　　**编辑部电话：**（010）63549458
责任编辑：祁　云　包　宁
封面设计：刘　颖
责任校对：安海燕
责任印制：赵星辰

出版发行：中国铁道出版社有限公司（100054，北京市西城区右安门西街 8 号）
网　　址：https://www.tdpress.com/51eds/
印　　刷：北京铭成印刷有限公司
版　　次：2021 年 8 月第 1 版　2024 年 11 月第 2 次印刷
开　　本：850 mm×1 168 mm　1/16　**印张：**11.25　**字数：**310 千
书　　号：ISBN 978-7-113-28363-6
定　　价：36.00 元

前言

中国是礼仪之邦，讲“礼”重“仪”是中华民族世代相传的优良传统，在中国数千年的社会历史发展进程中，礼仪有着不可估量的作用。在当今社会里，同样起着非常重要的作用。礼仪修养已成为当今社会必备的基本素质，成为人们社会交往、事业成功的密码。礼仪基础更是青年学生的基本素养。本书遵循“以提高学生基本素质和职业能力为主体，以就业为导向，以培养岗位专业技能和职业素养的复合型人才为目标”的原则编写而成，充分体现实用性、系统性和时代性。教材内容紧密联系行业核心岗位，明确礼仪标准，强调知识理论和社会实践相结合，根据企业岗位需求，按照高等教育为适应企业对人才的需要和高校礼仪教学的实际，把教、学、做紧密结合，内容精练，重点突出，实用性强，学以致用，重视对行业人员实际工作能力的培养，聚焦提高学生步入社会后工作岗位所需的专业技能和职业素养，适应新时代社会人才培养的需求。

本书具有较强的系统完整性和实用有效性，教材内容紧密结合现代礼仪发展要求和礼仪教育实际，不仅介绍礼仪的一些基本知识和理论，如仪容仪表礼仪、称呼礼仪、握手礼仪、电话礼仪、书信礼仪、拜访礼仪、待客礼仪、面试礼仪、会议礼仪等，更提出从内在修养与外在形象两方面培养学生的职业修养。

本书适合作为高等职业院校公共礼仪教材，同时适用于各行各业员工职场培训及日常礼仪培训。本教材体现了当代社会需求的全新观念。首先，本教材礼仪知识覆盖面广，且系统完整、丰富；其次，有关礼仪教育中的热点问题有详细阐释；再次，实现理论与实践紧密结合，突出礼仪的操作与运用过程实例讲解；最后，注重弘扬中华优秀传统文化，并充分体现与国际惯例接轨，实现文化交融。同时，能成为青年学生及各行业人员学习礼仪的必要参考书。

本书建议学时为 20 ～ 40 学时。

本书由辽宁铁道职业技术学院铁道运输学院王晶晶任第一主编，并提出总体框架，形成编写大纲；辽宁铁道职业技术学院铁道运输学院李明佳任第二主编；锦州车务段孙建军任副主编；辽宁铁道职业技术学院陈大千，辽宁工业大学张宇荞、郜乐参与编写。具体编写分工为：第一章第二、三节，第二章第一、二、三节，第三章第二、三、四、八、九节由王晶晶编写；第二章第四节，第三章第一、五、六、七节，第四章第三、四、五节，第五章由李明佳编写；第四章第一、二节由孙建军编写；第一章第一节，第六章第一、二节由陈大千编写；第六章第四节由张宇荞编写；第六章第五节由郜乐编写。

本书在编写过程中，编者参阅了大量专家、学者的文献和资料，与专业一线教师和行业专家进行了充分交流，吸收了近年来礼仪教学研究的新成果以及企业实践有启发性的新观点，均以参考文献的形式列出。在此，谨向这些专家、学者表示由衷的感谢！

此外，还要特别感谢辽宁铁道职业技术学院铁道运输学院行车 19-3 班刘浩然、铁运 20-2 班石雯畅、吴硕晗，以及 2021 届毕业生韩柠泽（现就职于沈阳局赤峰车务段）。刘浩然承担本书中教学图片、视频的拍摄与后期制作任务，石雯畅、吴硕晗承担礼仪展示任务，韩柠泽承担音频录制任务。在此，对学生们的支持与付出表示深深的感谢！

尽管编者为本书付出了诸多努力，但限于时间和水平，书中难免存在不足之处，恳请同仁、专家及广大读者批评指正，以便本书进行进一步修订、完善。

编　者

2021 年 7 月

目　录

第一章　绪论……1

第一节　礼仪概述……1

第二节　礼仪的基本含义、内容及作用……7

第三节　礼仪修养的提升……16

第二章　个人形象礼仪……19

第一节　个人形象简述……19

第二节　仪容礼仪……22

第三节　仪表礼仪……28

第四节　仪态礼仪……37

扩展阅读……46

第三章　社交礼仪……48

第一节　社交礼仪的原则与禁忌……48

第二节　常用见面礼仪……50

第三节　称谓礼仪……56

第四节　介绍礼仪……64

第五节　拜访礼仪……66

第六节　交谈礼仪……68

第七节　馈赠礼仪……71

第八节　通信礼仪……74

第九节　求职礼仪……84

第四章　服务礼仪……86

第一节　服务礼仪概述……86

第二节　塑造良好的职业形象……96

第三节　接待服务礼仪……97

第四节　会务礼仪……109

第五节　服务用语……115

第五章 涉外礼仪......121
第一节 文化差异......121
第二节 涉外交往礼仪......122
第三节 涉外礼仪相关常识......125
第六章 中华传统文化......135
第一节 古代人生礼仪......135
第二节 礼仪类型......148
第三节 中华传统节日......150
第四节 中华传统二十四节气......160
第五节 中华传统文化经典......166
参考文献......174

第一章 绪论

第一节 礼仪概述

自古以来，礼仪都是一个国家、一个民族文明程度的重要标志，作为在人类历史发展中逐渐形成并积淀下来的一种文化，礼仪是衡量社会公众教养和道德水准的尺度。

中华民族拥有五千年文明历史，在世界上素有“礼仪之邦”的美誉。礼仪文化对整个中国社会历史的影响广泛而深远，已积淀成中国传统文化的重要组成部分。古人有言：“有礼仪之大，故称夏，有服章之美，故称华。”“礼仪”的规范与修养是人立身处世、谋生求存的重要基石。

一、中国礼仪文化的起源

“礼”是一个历史范畴，与人类历史一样古老。礼仪随着社会的产生而产生，适应社会的发展而发展。礼仪作为人际交往的重要的行为规范，不是随意凭空臆造的，也不是可有可无的，同其他诸如文字、绘画等文明表现形式一样，是人类不断摆脱愚昧、野蛮，逐渐走向文明、开化的标志和见证。了解礼仪的起源，有利于认识礼仪的本质，自觉地按照礼仪规范的要求进行社交活动。

礼仪的起源，是伴随着原始宗教的产生而产生的。礼的宗教起源于自然界，是古人敬天畏神的观念和认识的反映。原始宗教中的祭祀活动，成为人类社会最初的礼仪。

> 荀子说过：“礼有三本”，“天地者生之本”，“先祖者类之本”，“君师者治之本”。（《荀子·礼论》）礼仪制度正是为着处理人与神、人与鬼、人与人的三大关系而制定出来的。
>
> 郭沫若说：“大概礼之起源于祀神，故其字后来从示，其后扩展而为对人，更其后扩展而为吉、凶、军、宾、嘉的各种仪制。”（《十批判书·孔墨的批判》）

《礼记》记载：在远古时代，人们把黍米和猪肉放在滚烫的石板上烤炙而食，在地上凿坑作为酒樽，用手捧而饮，再用茅草捆扎成鼓槌来敲击土鼓，表示对鬼神的祭祀。这是远古时代崇拜神灵的礼仪，也是礼的开始。到后来，礼逐渐演变成为一整套祭祀天地鬼神及祖先的政治制度和文物典章制度，尤指为表示敬意或隆重的祈福求福活动。不仅如此，人类在社会群体生活中，相互依赖、相互制约，逐渐形成一种天然的人伦秩序，它是被所有成员共同认可、保证和维护的社会秩序，这是礼形成的另一来源。

礼仪起源于祭祀，它是原始人祭祀祖先的一种仪式规则，后来才逐渐发展为调整相互关系的风俗习惯。豊（lǐ），古同“礼”，古代祭祀用的礼器。东汉许慎的《说文解字·豊部》：“豊，行礼之器也，从豆，象形，读与礼同。”从甲骨文形体来看，“豊”字从“豆”，豆是古代的食器，也于祭祀时用来盛供品，是考古发现古代最常见的一种祭器。“豊”字本像盛玉礼器之形，是祭祀用的，也用以指代祭祀活动，后添加意符“示”而派生为“禮（礼）”，以表示“事神之事”。《说文解字·示部》：禮，履也，所以事神致福也，从示从豊，豊亦声，“履也”是声训，意谓“礼”为人所遵循“所以事神致福”，则道出了“礼”表示祭祀的本义。意思是实践约定的事情，用来给神灵看，以求得赐福。“礼”字是会意字，“示”指神，从中可以分析出，“礼”字与古代祭祀神灵的仪式有关。古时祭祀活动不是随意地进行的，它是严格地按照一定的程序，一定的方式进行的。

从繁体字“禮”的结构来看，左边是“示”字，意为祭祀敬神，右边是祭品，表示把盛满祭品的祭具摆放在祭台上，献给神灵以求保佑。这是因为在原始社会，生产力水平极其低下，人类处于原始、蒙昧的状态，对日月星辰、风雨雷电、山崩海啸等自然现象无法解释，从而对自然界产生神秘感和敬畏感，形成了对大自然的崇拜，并按人的形象想象出各种神灵作为崇拜的偶像。同时，由于原始人对自身的梦幻现象无法解释，产生了“灵魂不死”的观念，进而产生了对民族祖先的崇拜。自然力量和民族祖先一直是原始社会最主要的两类崇拜对象。人类通过祭祀活动，表达对神和祖先的信仰、崇拜，期望人类的虔诚能感化、影响神灵和祖先，从而得到力量和保护。在他们祭祀天地神明以求风调雨顺、祭祀祖先以求多赐福少降灾的过程中，原始的“礼仪”随之产生了。

礼仪还源于协调人类相互关系的需要。为了生存和发展，在与大自然抗争的同时，人类的内部关系，如人与人、部落与部落、国家与国家之间的关系也是人类必须解决好的问题。在群体生活中，男女有别、老少各异、扶老携幼既是一种天然的人伦秩序，又是一种需要保证和维护的秩序。可以说，维持群体生活的自然人伦秩序是礼仪产生的最原始动力。在此基础上，礼仪扩大到人际关系的其他方面。

另外，礼仪还起源于风俗习惯。人是不能离开社会和群体的，人与人在长期的交往活动中，渐渐地产生了一些约定俗成的习惯。久而久之，这些习惯成为了人与人交际的规范，当这些交往习惯以文字的形式被记录并同时被人们自觉地遵守后，就逐渐成为了人们交际交往固定的礼仪。遵守礼仪，不仅使人们的社会交往活动变得有序、有章可循，同时也能使人与人在交往中更具有亲和力。因此，礼仪是在人与人之间的交往过程中，在社会生活中共同认定而形成，并被大家一致遵守和沿用的。因此，礼仪又是约定俗成的。

1922 年，《西方礼仪集萃》一书问世，开篇中这样写道：“表面上礼仪有无数的清规戒律，但其根本目的在于使世界成为一个充满生活乐趣的地方，使人变得和易近人。”

二、中国礼仪文化的形成与发展

礼仪作为中华民族文化的基础，有着悠久的历史。我国礼仪的发展是伴随着人类社会的变迁而发展的，经历了一个由无到有、由低级到高级，不断变革演化的漫长历史时期。由于历史阶段不同，不同时期的礼仪有着十分显著的特征。

（一）原始社会时期的礼仪

1. 礼仪的起源和萌芽时期（约公元前 5 万年—公元前 1 万年）

原始社会中，人类处于蒙昧状态，生产力水平低下，人际关系十分简单，礼仪也非常简朴。由于人类没有同大自然抗争的力量，科学文化水平低下，对大自然的崇拜、图腾崇拜、祭天敬神成为原始社会礼仪的主要内容。同时，由于原始社会没有阶级，只有等级，如老与幼、首领与成员等，社会成员之间是平等的、民主的、有等级的，这个时期的礼仪也反映了民主、平等、等级的观念。原始社会的礼仪对于教育社会成员、维护社会秩序、规范生产和生活起到了相当于法律的作用。可以说没有礼仪，原始社会就不可能存在和发展。例如，生活在距今约 1.8 万年前的北京周口店山顶洞人，就懂得怎样去打扮自己。他们把兽骨、贝壳、野花戴在头上或者挂在脖子上，去装饰或炫耀自己。而在他们去世的族人身旁撒放赤铁矿粉，举行原始宗教仪式，这是迄今为止在中国发现的最早的葬仪。

2. 礼仪的草创时期（约公元前 1 万年—公元前 22 世纪）

公元前 1 万年左右，人类进入新石器时期，不仅能制作精细的磨光石器，并且诞生了农业和畜牧业。在此后的数千年岁月里，原始礼仪渐具雏形。例如，仰韶文化时期的遗址及有关资料表明，当时人们已经注意尊卑有序、男女有别。而长辈坐上席，晚辈坐下席；男子坐左边，女子坐右边等礼仪日趋明确。

（二）奴隶社会时期的礼仪

随着社会生产力的发展，原始社会逐步解体，人类进入了奴隶社会，礼仪也被打上阶级的烙印。奴隶主为了维护其统治，将原始的祭祀仪式发展成为符合奴隶制社会需要的伦理道德规范，礼仪成为维护奴隶主尊严和权威、调整统治阶级内部关系、麻醉和统治人民的工具。“三礼”即《周礼》《仪礼》《礼记》，全面系统地反映了周代的礼仪制度，标志着周礼已经达到系统、完备的阶段，并由原先祭祀天地祖先的形式跨入了全面制约人的行为的领域。在这个时期我国出现了孔子、孟子等一大批礼学家，第一次形成了一套完整的礼仪制度，提出了许多重要的礼仪概念和规范，确定了我国崇古重礼的文化传统。“三礼”等珍贵的典籍和文献，是我国礼仪的经典之作，对我国后世的礼仪建设起到了不可估量的作用。

1. 礼仪的形成时期（夏、商、西周时期）

公元前 21 世纪以前，原始人进入新石器时代并得到进一步的发展，精致打磨的石器（后来又发现了金属）取代了旧石器时代的笨重石器和木棍，使农业、畜牧业、手工业生产跃上一个新台阶。随着生活水平的提高，生产力的提高使劳动者拥有了更多的剩余消费品，进而产生了剥削，最终不可避免地诞生了阶级，人类开始向奴隶制社会挺进。

到了夏代（公元前 21 世纪—公元前 17 世纪），开始从中国原始社会末期向早期奴隶社会过渡。在此期间，尊神活动升温。他们敬畏“天神”，祭祀“天神”。从某种意义上说，早期礼仪包含原始社会人类生活的若干准则，又是原始社会宗教信仰的产物。因此，汉代学者许慎说：“礼，履也，所以事神致福也。”

推翻殷王朝并取而代之的周朝，对礼仪建树颇多。特别是周武王的兄弟、辅佐周成王的周公，对周代礼制的确立起了重要作用。《周礼》在汉代最初名为《周官》记载先秦时期社会政治、经济、文化、风俗、礼法诸制，多有史料可采，所涉及之内容极为丰富，无所不包，堪称为中国文化史之宝库。《周礼》之所以由《周官》而更名为“周礼”，意味着在汉儒看来，社会的所有一切制度规范，可概名之“礼”。这是因为在中国传统话语中，“礼”乃所有一切制度规范的概称。《周礼》分为六类职官，其分工大致为：天官冢宰，大宰及以下共有63种职官，负责宫廷事务；地官司徒，大司徒及以下共78种职官，负责民政事务；春官宗伯，大宗伯及以下共70种职官，负责宗族事务；夏官司马，大司马及以下共70种职官，负责军事事务；秋官司寇，大司寇及以下共66种职官，负责刑罚事务；冬官百工，涉及制作方面共30种职官，负责营造事务。春官主管的五礼即吉礼、凶礼、宾礼、军礼、嘉礼，是周朝礼仪制度的重要方面。吉礼，指祭祀的典礼；凶礼，主要指丧葬礼仪；宾礼，指诸侯对天子的朝觐及诸侯之间的会盟等礼节；军礼，主要包括阅兵、出师等仪式；嘉礼，包括冠礼、婚礼、乡饮酒礼等。由此可见，许多基本礼仪在商末周初已基本形成。

此外，成书于商周之际的《易经》和在周代大体定型的《诗经》，也有一些涉及礼仪的内容。在西周，青铜礼器是个人身份的表征。礼器的多与寡代表身份地位高与低，形制的大小显示权力等级。当时，贵族佩戴成组饰玉为风气。而相见礼和婚礼（包括纳采、问名、纳吉、纳徵、请期、亲迎等“六礼”）成为定式，流行于民间。此外，尊老爱幼等礼仪，也已明显确立。

2. 礼仪的发展、变革时期（春秋、战国时期）

西周末期，王室衰微，诸侯纷起争霸。公元前 770 年，周平王东迁洛邑，史称东周。承继西周的东周王朝已无力全面恪守传统礼制，出现了所谓“礼崩乐坏”的局面。

春秋战国时期是我国的奴隶社会向封建社会转型的时期。在此期间，相继涌现出孔子、孟子、荀子等思想巨人，发展和革新了礼仪理论。

孔子（公元前551—公元前479年）是中国古代大思想家、大教育家（见图1-1-1）。他首开私人讲学之风，打破贵族垄断教育的局面。他删《诗》《书》，定《礼》《乐》，赞《周易》，修《春秋》，为历史文化的整理和保存做出了重要贡献。他编订的《仪礼》，详细记录了战国以前贵族生活的各种礼节仪式。《仪礼》与前述《周礼》和孔门后学编的《礼记》，合称“三礼”，是中国古代最早、最重要的礼仪著作。孔子认为，“不学礼，无以立”（《论语·季氏篇》）。“质胜文则野，文胜质则史。文质彬彬，然后君子。”（《论语·雍也》）他要求人们用道德规范约束自己的行为，要做到“非礼勿视，非礼勿听，非礼勿言，非礼勿动”（《论语·颜渊》）。他倡导的“仁者爱人”，强调人与人之间要有同情心，要互相关心、彼此尊重。总之，孔子较系统地阐述了礼及礼仪的本质与功能，把礼仪理论提高到一个新的高度。

图 1-1-1　孔子像

孟子（公元前 372—公元前 289 年）是战国时期儒家主要代表人物。在政治思想上，孟子把孔子的“仁学”思想加以发展，提出了“王道”“仁政”的学说和民贵君说，主张“以德服人”。在道德修养方面，他主张“舍生而取义”（《孟子·告子上》），讲究“修身”和培养“浩然之气”等。

荀子（公元前 298—公元前 238 年）是战国末期的大思想家。他主张“隆礼”“重法”，提倡礼法并重。他说：“礼者，贵贱有等，长幼有差，贫富轻重皆有称者也。”（《荀子·富国》）荀子指出：“礼之于正国家也，如权衡之于轻重也，如绳墨之于曲直也。故人无礼不生，事无礼不成，国家无礼不宁。”（《荀子·大略》）荀子还提出，不仅要有礼治，还要有法治。只有尊崇礼，法制完备，国家才能安宁。荀子重视客观环境对人性的影响，倡导学而至善。

（三）封建社会时期的礼仪

在奴隶社会礼仪的基础上，顺应封建社会政治统治的需要，礼仪得到进一步深化和发展。封建礼制在最大限度地运用于社会和政治统治的同时，通过一系列的教化，使礼制的规范和要求，运用于社会生活的一切领域，且内化为人们的思想意识，指导和规范人们的言行，成为人们思想和行为的准则。奴隶社会的尊君观念在封建社会发展为“君权神授”的理论体系，“天不变，道亦不变”，“道”指的就是著名的“三纲五常”，“三纲”即君为臣纲、父为子纲、夫为妻纲;“五常”即仁、义、礼、智、信。“三纲五常”形成了完整的封建礼仪道德规范。到了宋代，封建礼制有了进一步发展，诞生了完整的封建理学理论，并把道德和行为规范作为封建礼制的中心，“三从”“四德”就是这一时期妇女道德礼仪的标准，妇女的地位进一步下降。明清时期延续了宋代以来的封建礼仪，并进一步完善。“三纲五常”“三从”“四德”使人的个性受到了极大的压抑，限制了人们之间的平等交往。封建礼仪集政治、法律、道德于一身，是统治阶级最重要的统治工具，但是它也为调整封建社会人们的相互关系，为中华民族形成具有特色的伦理道德准则提供了标准，在历史上发挥了一定的积极作用。

1. 礼仪的强化时期（秦汉至明朝时期）

公元前 221 年，秦王嬴政最终吞并六国统一中国，建立起中国历史上第一个中央集权的封建王朝。秦朝制定的集权制度，成为后来延续两千余年的封建体制的基础。

西汉初期，叔孙通协助汉高帝刘邦制定了朝礼之仪，突出发展了礼的仪式和礼节。而西汉思想家董仲舒（公元前 179—公元前 104 年），把封建专制制度的理论系统化，提出“唯天子受命于天，天下受命于天子”的“天人感应”之说（《汉书·董仲舒传》）。他把儒家礼仪具体概括为“三纲五常”。汉武帝刘彻采纳董仲舒“罢黜百家，独尊儒术”的建议，使儒家礼教成为定制。

汉代时，孔门后学编撰《礼记》，共计 49 篇，堪称集上古礼仪之大成，上承奴隶社会、下启封建社会的礼仪汇集，是封建时代礼仪的主要源泉。

盛唐时期，《礼记》由“记”上升为“经”，成为“礼经”三书之一，其他两本为《周礼》和《仪礼》。

宋代时期，出现了以儒家思想为基础，兼顾道学、佛学思想的理学，程颐兄弟和朱熹为其主要代表。家庭礼仪研究硕果累累，在大量家庭礼仪著作中，以撰《资治通鉴》而名垂青史的北宋史学家司马光（1019—1086）的《涑水家仪》和以《四书集注》名扬天下的南宋理学家朱熹（1130—1200）的《朱子家礼》最著名。

明代时，交友之礼更加完善，忠、孝、节、义等礼仪日趋繁多。

2. 礼仪的衰落时期（清朝时期）

清军入关后，逐渐接受了中原传统的礼制，并且使其复杂化。例如，清代的品官相见礼，当品级低者向品级高者行拜礼时，动辄一跪三叩，重则三跪九叩。随着西方侵略者的入侵，中国被迫打开了闭关锁国的大门，进入了半殖民地半封建社会。西方侵略者进入中国的同时，西方的政治、经济、文化、思想以及资本主义的道德和礼仪也一同进入了中国。东西方文明和文化的冲击，导致中国传统政治秩序的瓦解和崩溃，也导致了中国传统伦理道德的瓦解。在礼仪制度和规范上，一方面，中国封建礼制面临着“礼崩乐坏”；另一方面，由于中国传统文化博大精深，资本主义礼仪规范只能部分地为中国国民所接受。但在这一时期，中国传统礼仪和资本主义礼仪在一定范围和一定程度上相互融合，同时为中国传统礼仪注入了新的生机，简化了中国传统礼仪，从某种程度上促进了世界各国礼仪道德文化之间的交流和学习。

（四）近现代礼仪（1911—1949，民国时期）

1911年末，清王朝迅速土崩瓦解，孙中山先生破旧立新，用民权代替君权，用自由、平等取代宗法等级制；普及教育；改易陋俗，剪辫、废缠足、换新衣等，废除跪拜之礼、推行一夫一妻等一系列除旧布新行动，使人们的生活方式简易化、方便化，具有民国时期特色的生活开始出现。由西方传入中国的握手礼开始流行于上层社会，后逐渐普及民间。

20 世纪 30 ~ 40 年代，中国共产党领导的苏区、解放区，重视文化教育事业及移风易俗，进而谱写了现代礼仪的新篇章。

（五）当代礼仪（1949 年至今，新中国时期）

1949 年 10 月 1 日，中华人民共和国宣告成立，中国的礼仪建设进入一个崭新的历史时期。社会性质发生了根本性的变化，礼仪同道德一起，为形成良好的社会公德，提高人民素质做出了巨大贡献。

改革开放以来，随着中国同世界各国交流的增多，西方的礼仪文化也随之传入我国，使我国礼仪文化又增加了许多新的内容，越发符合国际惯例的要求。我国现代礼仪是在中国传统礼仪的基础上，取其精华，去其糟粕，继承和发扬了中华民族在礼仪方面的优良传统，具有时代特点的礼仪规范，又是适应改革开放，在新的层次上同国际礼仪接轨，符合国际通行原则的礼仪规范。

三、国际礼仪的起源

在国际礼仪中，欧美各国，其文化源流、宗教信仰相近，在礼俗上虽因受各种复杂因素影响而有差别，但共性较多。大洋洲及南美地区，因在历史上深受欧美文化的影响，其礼俗也与欧美各国有许多共同之处。亚洲、非洲等地区也各有不同的礼仪规范。

人类文明史在很大程度上表现出人类对礼仪的追求及其演变的历史。在古希腊的文献典籍中，如苏格拉底、柏拉图、亚里士多德等先哲的著作中，都有很多关于礼仪的论述。中世纪更是礼仪发展的鼎盛时代。文艺复兴以后，欧美的礼仪有了新的发展，从上层社会对礼节的烦琐要求到 20 世纪中期对优美举止的赞赏，一直到适应社会平等关系的比较简单的礼仪规则。

礼仪的形成经历了一个复杂的历史过程。西式礼仪，因为思想方法、思维方式的灵活性和分寸感都来自古希腊文化，是地中海式的礼仪；从法的观念和等级形式来看，它是古罗马式的；它是欧洲式的和大西洋式的礼仪，因为在西欧同北美的结合所形成的熔炉里，锻炼了欧洲最有前进力的分子，创造出灿烂的物质文明的繁荣；中世纪和文艺复兴的连续影响把妇女置于社交生活的中心地位，使妇女成为受尊重的对象，这是其他文明所没有的；西式礼仪深受法国思想的影响，因为它是在17世纪和18世纪的法国宫廷里形成的，并在当时成为全欧洲仿效的样板。

正如人们所说，文明不过是一件东拼西凑的百衲衣，谁也不能夸口称它为“独家制造”。西式礼仪的形成充分证明了这一点，事实上，当今世界各民族的礼仪莫不是如此。在国际交往中，为避免因为文化、历史差异而产生误会和隔阂，逐渐形成了一种约定俗成且大家共同采用并遵守的通行礼仪，或者说是礼仪的国际惯例，成为人与人之间进行交往的行为准则和规范。国际交往的参加者能够以共同接受的国际惯例约束自己的行为，这也有助于相互理解与接受。从实际操作意义上看，有了通行的国际礼仪，就像是创造了一种普遍流行且彼此接受的礼仪“世界语”。

虽然中外礼仪根植的文化土壤不同，但都源于文明，并随着文明的发展而发展。从世界范围内看，不论是中华礼仪、古罗马式的礼仪、中世纪和文艺复兴时期的礼仪，还是欧洲式和大西洋式的礼仪，无一不是如此。

第二节 礼仪的基本含义、内容及作用

一、礼仪的含义

（一）礼仪释义

礼仪是“礼”和“仪”共同构成的合成词，它们虽有联系却有着不同的概念。在中国古代，“礼”和“仪”是两个不同的概念。“礼”是制度、规则和一种社会意识，“仪”是“礼”的具体表现形式，它是依据“礼”的规定和内容而形成的一套系统而完整的程序。

1.“礼”的含义

“礼”的含义比较丰富，其跨度和差异也比较大。“礼”的含义按《辞海》解释主要有四个方面：

（1）尊敬。《礼记·曲礼》开宗明义就是“毋不敬”。把“敬”作为礼的本质内涵予以强调。

（2）秩序。《礼记·乐记》中有“礼者，天地之序也”、“中正无邪，礼之质也”。礼体现了符合自然规律的秩序，引申为人际关系中的“人”的定位。每个人都要明确自己的身份、地位，守本分，不做出轨的事。不偏不倚，怀着正直之心，做正事，走正道，才是礼的本质要求。

（3）道理。“礼也者，理也”，礼是合于道德理性的规定。《礼记·乐记》中“礼也者，理之不可易者也”。这里的“理”是道理、原则和规范，是为了保障社会正常秩序和人类生存发展及其交往的需要而制定出的行为准则和社会规范。

（4）风俗。《礼记·曲礼》中有“礼从宜，使从俗”。所谓风俗，即人心所为也，一定区域居民，在长期共同生活过程中，依生存环境、宗教信仰、生活习惯而形成了民情风俗，体现在生老病死、婚丧嫁娶、迎来送往、节日庆典等方面就成为礼仪。同时，礼是与时俱进，历劫常新的，而不是一

成不变的。

（5）履。东汉许慎《说文解字》中有“礼者，履也”。礼的基本落脚点在于践履性。《礼记·曲礼》中“修身践言，谓之善行。行修言道，礼之质也”。要发挥礼的作用，做一个有礼的人就必须严于律己，言行一致，认真去实践礼的精神，使言谈举止都符合礼的要求，才算真正把握礼的本质。

所以，在中国古代，礼是社会的典章制度，是社会政治制度的体现，是维护上层建筑以及与之相适应的人与人交往中的礼节仪式。因此，礼是指特定的国家、民族和人民基于客观历史传统而形成的，以确立维护社会等级秩序为核心内容的价值观念、道德规范及与之相适应的典章制度和行为方式。

随着历史的发展，“礼”的内涵已经有了延伸和扩展。在许多场合，它已经成了“礼貌”、“礼节”、“礼宾”、“礼仪”的代名词。

2. “仪”的含义

（1）法度、准则。如《说文解字》中有“仪者，度也”，也就是要符合法度与规则。在仪式进行过程中，要严肃认真、循规蹈矩，同时还要注意把握好分寸，既不要过分，亦不可不及，应恰到好处。

（2）典范、表率。《荀子》中“上者，下之仪也”。君主及当朝者是臣民的表率。

（3）形式、仪式。管仲说：“礼仪者，尊卑之仪表也”“万物之程式也”“故动有仪则令行”。这里的“仪”就是仪式的意思。

（4）容貌、风度。如《诗经·大雅》中有“令仪令色，小心翼翼”；《人物志》中可见“心质平理，其仪安闲”。这里的“仪”指的是容貌、举止。

由此可见，古代的“礼仪”与现代的“礼仪”含义基本不同。我国古代礼仪的主旨是：明确地规定并严格地维护封建等级制度，强调并坚持人的等级差异。随着社会文明的不断发展，“礼仪”一词逐渐被赋予了新的内涵，成为人际交往中应遵守的行为规范和准则。

3. 西方“礼仪”的含义

“礼仪”一词还源于法语 etiquette，原意是一种长方形的纸板，上面有进入法庭时的注意事项，作为进入法庭后应遵守的规矩和行为准则。因而，这纸板就被视为法庭上的“通行证”。但它进入英文后，就有了礼仪的含义，意即“人际交往的通行证”，成为人们交往中应遵循的规矩和准则。

（二）礼仪的含义

礼仪属于道德范畴，是礼节和仪式的总称。从广义上讲，是指一个时代的典章制度；从狭义上讲，是指人们在社会交往中由于受历史传统、民族文化、宗教信仰、风俗习惯、时代潮流等因素的影响而形成的，为人们所认同并遵守，由思想所支配的外在表现的行为准则、规范和形式的总和。

（1）礼仪是人类文明继承、发展的结果，是人类文化的积淀，是一定社会的人们通过长期的生活实践所形成的约定俗成，并被人们共同认可、一致遵守和沿用的。约定俗成的礼仪，一旦形成就会有很强的生命力。礼仪代代相传、生生不息。礼仪也是一个国家、地区、民族和个人道德文化水平发达程度的重要标志之一。

（2）礼仪是一种行为准则或规范，虽然它不是法律，但必须遵守，否则会受到舆论的谴责，或者导致不良的后果。即使是来自异国他乡的路人，也应入乡随俗，了解当地人的习俗和规范，并按照这些准则和规范来约束自己的言行，以免招惹不必要的麻烦。

（3）现代礼仪是对我国古代礼仪的传承与扬弃。两者主要有如下差异：其一，基础有差异。古代礼仪是以封建等级制度为基础的，强调“贵贱有等，长幼有差，贫富轻重”；现代礼仪虽然具有等级性的特征，但更强调以人为本、平等和公平，以尊重他人为立足点和出发点。其二，目的有差异。古代礼仪是以维护封建统治秩序为目的的；现代礼仪注重人与人之间的和谐相处，国际间的友好交往。其三，对象有差异。古代礼仪规定“礼不下庶人”，与平民百姓无关；现代礼仪适用于所有人。

现在我们通行的各种礼仪规范，是我国传统礼仪的扬弃和发展，是反映 21 世纪中华民族新道德、新风尚、新文化、新理念的现代礼仪，将为创建精神文明和构建社会主义和谐社会作出新的贡献。

二、礼仪的基本分类

依据不同的应用范围和适用对象的不同，礼仪一般可分为政务礼仪、商务礼仪、服务礼仪、社交礼仪、涉外礼仪。

（一）政务礼仪

政务礼仪是指国家公务机关及相关事业单位在内部沟通交流及对外服务，与社会接触或行使国家权力和管理职能时，必须遵循的礼仪标准与规范。随着社会的变革与发展以及服务型政府的不断完善和进步，政务礼仪的适用人群也拓展到国家机关外的多数窗口单位。其本质是通过系统的交流原则与技巧，维护机关单位的形象，提高服务的质量与好评度，拉近双方的距离，使工作更加顺利地进行。

（二）商务礼仪

在商务活动中，为了体现相互尊重，需要通过一些行为准则去约束人们在商务活动中方方面面的行为。商务礼仪的核心作用是为了体现人与人之间的相互尊重。简单概括商务礼仪，是商务活动中对人的仪容仪表和言谈举止等的普遍要求。主要包括仪表礼仪、言谈举止、书信来往、电话沟通等技巧，从商务活动的场合又可以分为办公礼仪、宴会礼仪、迎宾礼仪等。

（三）服务礼仪

服务礼仪是服务行业的从业人员在从事本职工作时应具备的基本素质和应遵守的行为规范。在服务中要注重仪表、仪容、仪态和语言、操作等具体规范，从而表现出服务人员的良好风度与素养。

（四）社交礼仪

社交礼仪是指人们在一般性、日常性的人际交往过程中，应具备的基本素质和交际能力等。社交在当今社会人际交往中发挥的作用越来越重要，通过社交，人们可以沟通心灵，建立深厚友谊，取得支持与帮助；通过社交，人们可以互通信息，共享资源，对取得事业成功大有裨益。社交礼仪通常包括见面与介绍礼仪、拜访与接待礼仪、交谈与交往礼仪、宴请与馈赠礼仪、社交禁忌等。

（五）涉外礼仪

涉外礼仪是涉外交际礼仪的简称，是在对外交际中，用以维护自身形象、向对外交往对象表示尊敬与友好的约定俗成的习惯礼仪做法。主要包括国际交往惯例和涉外日常礼仪。

在上述五种类型的礼仪当中，政务礼仪、商务礼仪、服务礼仪，主要是从行业的角度进行划分的，是人们在本职工作岗位上应遵守的礼仪，因此可将其称为行业礼仪或职业礼仪。而社交礼仪和涉外礼仪则是从交往范围的角度进行划分的，因此可将两者称之为交往礼仪。

三、礼仪的特点及原则

（一）礼仪的特点

礼仪作为道德范畴，既有道德的一般特点，也有其区别于其他事物的特殊性。礼仪有以下几个主要特征。

1．普遍性

礼仪是调整社会成员在社会生活中相互关系的行为准则，是全人类共同需要的。它可以跨越国界，不分国家、民族、宗教和政治信仰的界限，不论年龄、性别、阶层、贫富，只要存在着交往活动，人们就需要通过礼仪来沟通和表达相互的情感，还可以在两个对立的国家、民族、宗教、集团、个人之间的交往接触中起到制约的作用。

礼仪无处不有，无时不在，被运用于各种场合、各个领域。大到国家的政治、经济、文化领域，小到个人的衣、食、住、行，无论城市乡村还是企业机关，不论干部群众还是集体个人，不管是国家要事还是家庭琐事，不分场合大小、人数多少，只要有人际交往的活动，就需要人们去遵守约束行为的礼仪规范。

礼仪的普遍性还反映在它的丰富多样上，与每个人都有密切的联系，涉及个体在学习、生活、工作等不同的方面；同时也影响到不同个体，在其不同领域的不同礼仪要求等。

2．差异性

礼仪是各个国家、地区、民族的人们在社会交往中，由于受历史传统、民族文化、宗教信仰、风俗习惯、时代潮流等因素的影响而形成的，因此不同的国家、地区的礼仪存在着差异。如中国和美国、广东和上海的礼仪规范均有区别。

同一礼仪形式，可以因国家、地域的不同而表达不同的意思。例如点头礼，在大多数国家用点头表示“是”、“同意”，但在保加利亚等国家的礼仪习惯是“点头不算摇头算”；又如向上伸出大拇指，其余四指相握的手势，在中国、日本、斯里兰卡、法国和美国等，都有不同的表示意思。

在不同的场合、针对不同的对象，用同一礼仪形式也会有差异。例如同样是握手，新老朋友之间，男士与女士之间，长辈与小辈之间是有区别的；又如打招呼，不同的区域、不同的民族也不尽相同。

不同的行业、不同的职业、不同的场合，也有不同的礼仪要求，如校园礼仪、商务礼仪、宾馆礼仪、办公礼仪、生产礼仪、求职礼仪、谈判礼仪、就餐礼仪等。

3．综合性

礼仪是一门专门研究人与人之间交往的行为规范的科学，也是一门综合性的科学。它包含了社会学、心理学、行为学、民俗学、伦理学、传播学、美学、公共关系学等学科。礼仪体现了实施个体的综合素质。它要求人们必须具有高尚的思想、道德情操，良好、规范的行为习惯，优雅得体的语言举止，宽容豁达的心理素质，较高的认知水准和学识水平等。可以说，只有具备了综合素质的人，才能成为讲文明、有风度、有魅力、有修养的人。

4．实践性

礼仪是一门应用性很强的行为科学，它不同于纯粹的理论演绎、逻辑抽象和概念探讨，是理论与实践紧密结合的科学。

礼仪来源于实践，又直接应用于社会实践。礼仪应用于交际等场合，是人类进行交往与应酬的实践活动。它不是纸上谈兵、不着边际，而是切实可行、实用有效；不是故弄玄虚、神秘莫测，而是简明易学、便于操作。礼仪是通过人们的长期实践流传下来，并为人们所认同和遵守的外化的行为规范，因此，它是通过实践活动得以体现的。丰富多样的人类交往实践活动，使礼仪落到实处，成为“言之有物”、“行之有礼”的规范。

5. 变化性

礼仪和任何一个民族的文化一样，也是在不断变化和发展的，在变化发展的进程中，取其精华，弃其糟粕，不断完善，与时俱进。一方面，一个时期被公认的礼仪规范随着历史的发展，有的被肯定、继承，有的被否定、摒弃。同时，一些符合历史发展和时代特征的新内容又会被补充吸纳，不断推陈出新。另一方面，随着国与国之间的交往、对外文化交流的扩大以及经济全球化和信息化时代的到来，各国、各地区、各民族之间的交往日益密切，各自的礼仪也会互相渗透、互相影响、互为取长补短，并使之在传承历史的基础上，不断被注入新的内涵。

（二）礼仪的原则

1. 平等尊重原则

平等是指以礼待人，礼尚往来，既不盛气凌人，也不卑躬屈膝。尊重是指在礼仪行为实施的过程中，要体现出对他人的尊重，而不能藐视别人。尊重是礼仪的实质。平等待人是现代礼仪的基础。它要求人们在人际交往中，对任何交往对象都一视同仁，无论对方在年龄、性别、种族、文化、职业、身份、地位、财富等方面与己有何不同，也不论与自己的关系是亲疏远近，都不能厚此薄彼、区别对待。礼仪从内容到形式都是尊重他人的具体体现。

从心理学的角度看，人人都有渴望平等，成为家庭和社会中真正的一员的心理需求。任何抬高和贬低自己的语言和行为，都不利于建立和谐的人际关系。

英国著名的戏剧家、诺贝尔文学奖获得者萧伯纳有一次在莫斯科街头散步时见到一个非常可爱的小女孩。萧伯纳和这个小女孩玩了很久，在分手时，他对小女孩说：“回去告诉你的妈妈，你今天和伟大的萧伯纳一起玩了。”小女孩也学着大人的口气说：“回去告诉你的妈妈，你今天和女孩安妮娜一起玩了。”萧伯纳很吃惊，他立刻意识到自己的傲慢，并向小女孩道歉。后来，萧伯纳每次回想起这件事，都感慨万千。他说：“一个人无论有多么大的成就，对任何人都应该平等相待，应该永远谦虚。”

人们对尊重的需要分两类，即自尊和来自他人的尊重。自尊包括对获得信心、能力、本领、成就、独立和自由的愿望。来自他人的尊重包括威望、承认、接受、关心、赏识等。尊重要在自尊的同时，尊重他人的人格、劳动、爱好、情感等，以平等的身份同他人交往，也不强求别人按自己的爱好、习惯去生活、行事。平等尊重是交往双方的互动行为。在交往中，任何不尊重他人的言行，都会引来别人的反感，更不会赢得别人对自己的尊重。古人说过，敬人者，人恒敬之。俗话说得好：你敬我一尺，我敬你一丈。

平等尊重的原则，也体现在国家之间的交往上。在《联合国宪章》上就规定：“本组织系基于各会员国主权平等之原则。”现代的国际关系应以“主权平等”为基础。国家与国家相互之间是平等的，所有国家都是国际社会的平等成员。主权平等要求国家尊严受到尊重，在礼仪交往中，如果有一方的尊严受到损害，就必然会损害相互关系。对于国家元首、国旗、国徽等国家主权的代表或象征，不但不应当受到侮辱，而且应当表现出应有的尊敬。

外事交往中的平等尊重，要求不以任何方式强制他人接受自己的意志；不以任何借口，干涉别国的内部事务，既不要强加于人，也要避免“强人所难”。不论是“客随主便”，还是“主随客便”，实际上都是要尊重对方的风俗习惯。社会政治制度的选择，是各国人民自己的事；宗教信仰也有各自的自由，都不应当加以干涉。对于宗教习俗更应尊重。

外事交往的平等尊重，还反映在“一视同仁”或“不歧视”上。如果驻在国外交部邀请所有国家的使节参加某项社交活动，就不应单独不请某一个国家的使节。所有来访的各国外交部长都由总理接见一次，如果唯独不见某个国家的外长，那也会被理解为被有意冷遇。

另外在“礼宾序列”等方面上，都应体现平等尊重的原则。

2. 真诚守信原则

真诚守信简称诚信，即诚实、诚恳、信用、信任。真诚是一个人外在行为与内在道德的有机统一。在社交活动中，必须做到诚心待人，心口如一，而不是虚情假意、口是心非。守信是真诚的外在表现，在社交活动中要讲真话、遵守诺言、实践诺言。诚为体，信为用，以诚为本，才谈得上有信用和信誉。

诚信是为人处事的基本要求和人际交往的基本准则，也是中华民族的传统道德。诚信是儒家伦理思想的一个显著的特色，也是古代政治家的有效实践。例如，孔子的“言忠信，行笃敬，虽蛮貊之邦，行矣；言不忠信，行不笃敬，虽州里，行乎哉”（《论语·卫灵公》）；“与朋友交，言而有信”（《论语·学而》）“自古皆有死，民无信不立”（《论语·颜渊》）；孟子的“朋友有信”（《孟子·滕文公上》）；“善人也，信人也”（《孟子·尽心下》）；晋文公的“信，国之宝也，民之所庇也”（《左传》僖公廿五年）等。他们认为诚信是做人的基本要求：做到了诚信才能“成人”，才是“全人”，诚信是完美人格的道德前提，是治国的重要政治原则，也是人际交往的基本准则。

现代人际交往中，成功的人士是讲诚信的。企业家讲质量诚信，服务者讲服务诚信，管理者讲管理诚信，教育者讲教育诚信，求职者讲求职诚信等。在社交活动中，并非每个人都有优美的姿态、潇洒的风度、得体的谈吐，但是，如果你时时以诚信作为做人、做事的原则，如以诚待人，遵守约定的时间，遵守对人的诺言，只说做到的，做到说过的，就能广交朋友，赢得他人的信任。社会上有太多因为缺少诚信而失败的例子。

以往，美国大学招收 MBA 学员的主要指标是考试成绩、工作历史、领导经验等，但现在又把诚实、正直的品格列入考核的范围。如哈佛商学院要求那些为学生写推荐信的作者，为学生的道德水平打分，评价他们尊敬他人、诚实和履行义务等能力。美国宾夕法尼亚大学则干脆雇了一家背景调查公司，以求排除那些在个人介绍材料中吹牛撒谎的申请人。此外，美国《商业周刊》也正在考虑对美国商学院进行排名时，加上道德规范方面的指标。

诚信不仅是一个人、一个企业的无形财富，也是一个地区乃至整个国家的无形财富。纵观历史，横看世界，不讲信用的人难以长久立足，不讲信用的企业难以发展壮大，不讲信用的国家难以兴旺发达。我国加入世贸组织后，诚信问题不仅关系到社会主义市场经济的健康发展，更关系到我们国家和民族的形象。

古人说:“大学之道,在明明德,在亲民,在止于至善。”国无德不兴,人无德不立。党的十八大以来,以习近平同志为核心的党中央高度重视社会主义文化建设，大力培育和践行社会主义核心价值观，提高全民族思想道德水平，倡导富强、民主、文明、和谐，倡导自由、平等、公正、法治，倡导爱国、敬业、诚信、友善，积极使之成为全体人民的共同价值追求。可见诚信的重要。全面提高公民道德素质，弘扬真善美、贬斥假恶丑，培育知荣辱、讲正气、作奉献、促和谐的良好风尚。核心价值观，其实就是一种德，既是个人的德，也是一种大德，是国家的德、社会的德。如果一个民族、一个国家没有共同的核心价值观,莫衷一是,行无依归,那么这个民族、这个国家就难以前进。这样的情形,在我国历史上、在当今世界上，都屡见不鲜。崇尚现代文明礼仪，塑造诚信的伦理规范，自觉遵守诚信的规范，要从我做起，从身边的小事做起。

3. “三美”结合

一个讲文明、懂礼仪的人，应该是形象美、语言美、心灵美“三美”结合的人。

形象是一个人心理素质和修养的外在表现，具体反映在人的精神状态、仪表、举止等方面，是给他人的第一印象，交往心理学称其为首因效应。人与人第一次交往中给人留下的印象，在对方的头脑中形成并占据着主导地位。因此，在交友、接待、应酬、求职等社交活动中，我们可以利用这种效应，向他人展示自己的美好形象，为以后的交流、发展打下良好的基础。当然，这在社交活动中只是一种暂时的行为，更深层次的交往还得靠其他方面的素养来体现。

语言是社会交际的工具，是人们表达意愿、思想感情的媒体和符号。语言也是一个人道德情操、文化素养的反映。在与他人的交往中，如果能做到言之有礼，谈吐儒雅，就会赢得更多的朋友。一种诚恳、亲切的态度，一句谦逊、文雅的称呼，一声轻声、沉稳的语调，会让听者感到亲切和自然。与人说话要尽量客观，不要主观臆测、信口开河；要与人为善，不要恶语伤人；要“己所不欲，勿施于人”，不要过度地与人开玩笑。俗话说，一句话可以使人笑，也可以让人跳。语言在人际交往中的作用就可想而知了。

心灵是指内心、心地、精神、情操、思想活动等。心灵美是指内心世界的美。如友善、宽容、豁达、谦虚、自控等。这些都是人际交往中最根本也是最重要的素质。友善,要求人们在处世交往中,待人真诚、热情友好，不要虚情假意；宽容、豁达，要求我们在与人相处时，容许他人有行动和判断的自由,对与自己的见解、做法不同的人,要豁达地容忍。要多理解人,多从对方的角度去体谅人,不要无端猜疑、求全责备、斤斤计较、过分苛刻、得理不饶人。谦虚、自控，要求我们做到虚怀若谷、谦逊待人、不骄不躁、善于自控。

在人际交往中，形象、外貌固然重要，但光有漂亮、美丽的形象，是脆弱、不稳固的，只能是昙花一现。语言是人际交往的重要工具，语言美可以加强与他人的沟通，加深人际间的交往和友谊。然而，在交往中，有持久影响力、富有深刻内涵的是心灵的美。正如德国诗人歌德说过的：“外貌美只能取悦一时，内心美方能经久不衰。”又如法国作家雨果认为：“假如没有内在美加以充实，任何外貌美都不完备。”哲学家黑格尔是这样赞美心灵美的：“一个有美的心灵的人总是有所作为，而且是一个实实在在的人。”一个人如果徒有外表美，而内心贫乏，心灵龌龊，极端自私，那就犹如一口枯竭的死井，很容易腐烂发臭；而如果既有心灵美，又有语言美和形象美，那就如同汩汩泉水，终年累月潺潺地流淌着，滋润他人的心田，进而在人际交往中获得更大的成功。

4. 适度原则

适度原则要求运用礼仪时，必须注意技巧，合乎规范，特别要注意做到把握分寸，认真得体。在与人交往时，既要彬彬有礼，又不能低三下四；既要热情大方又不能轻浮谄谀；要自尊却不能自负；要坦诚但不能粗鲁；要信人但不要轻信；要活泼但不能轻浮；要谦虚但不能拘谨。

运用礼仪时，做得过了头，或者做得不到位，都是失礼的表现。例如，见面时握手时间过长，或是见谁都主动伸手，不讲究主次、长幼、性别之分，告别时一次次地握手或是不住地感谢，都会让人觉得厌烦。所以，运用礼仪要真正做到恰到好处、恰如其分，这样才能正确地表达自己的自律、敬人之意。

5. 宽容原则

“得理也得让人。”在运用礼仪时，既要严于律己，更要宽以待人。要多宽容他人不同于己、不同于众的行为，要多体谅、多理解他人，切不可求全责备、过分苛求。例如，在客运工作中，旅客有时会提出一些无理甚至失礼的要求，我们服务人员应冷静而耐心地解释，绝不能追究不放，反而把旅客逼至窘地，否则会使旅客产生逆反心理，形成对抗，引起纠纷。当旅客有过错时，我们也要“得理也得让人”，学会宽容对方，让旅客体面地下台阶，得以保全旅客的面子。

四、礼仪的作用

（一）遵守社会公德

社会公德是指全体公民在社会交往和公共生活中应该遵循的行为准则，涵盖了人与人、人与社会、人与自然的关系；也是公民为了维护社会正常生活秩序而共同遵守的最起码、最简单的公共生活准则。社会公德是社会道德体系的重要组成部分，是社会文明程度的象征，也是衡量一个国家或民族文明素质、礼仪修养的主要指标之一。提高社会整体公德意识和公德水平，是构建和谐社会的重要基础工程，美好和谐的社会必须有良好的社会公德作支撑。礼仪规范是建立在社会公德基础之上的。学习、运用礼仪，可以促进人们遵守社会公德，推动和谐社会的发展。

《公民道德建设实施纲要》提出的基本道德规范中，对“社会公德”的具体规范作了概括表述，即“文明礼貌、助人为乐、爱护公物、保护环境、遵纪守法”。从这20个字包含的内容看，都可以从“礼仪”的角度去加以理解。它主要概括了以下三个方面的礼仪关系：

1. 反映了人与人之间的礼仪关系，如文明礼貌、助人为乐

讲文明礼貌是做人的起点，也是礼仪的基本要求。它体现了礼仪规范中尊重和平等的基本要求。每个人来到世上，学习做人就是从讲文明礼貌开始的。一个注重礼仪的人，首先是一个讲文明、有礼貌的人。礼仪规范又是文明礼貌的具体表现，有礼貌而不懂得礼仪，就容易失礼。有些人虽然对他人有谦和、恭敬之心，却可能由于不懂礼仪，造成适得其反的尴尬结果。讲文明、有礼貌、懂礼仪要说话和气，语言文雅，给对方以温暖、真诚、朴实之感。称呼对方要使用礼貌用语，不讲粗话、脏话以及不得体的话。在行为方面，举止要庄重优雅，坦诚开朗，谦虚恭谨，态度和蔼，不要盛气凌人或以势压人。在仪容仪表方面，穿着要整洁、大方，举止要注意文明与风度等。

助人为乐、心中有他人，体现了对他人的关怀和敬重。它是人际交往中的一种利他行为，体现了礼仪规范中敬人的基本要求，也是礼仪规范的高境界，是现代文明、礼仪的重点与核心。无论什

么形式的助人行为，都可以丰富助人者自己内心情感的体验，也可以说是助人中的自助。我们在帮助别人的时候，不同程度地满足了个人表达的愿望，同时内心会体验一种喜悦和快乐；在帮助别人解除困惑、放松精神的时候，自己的精神境界会得到升华，心灵得到充实。例如，在公共汽车上给老人让座，帮助妇女和儿童，关心、资助残疾人和弱势群体等。靳羽西女士在《魅力何来》一书中写道："我同美国白宫的礼仪专家 Letitia Baldrige 女士有过一次谈话，她说，'礼仪的定义是很广泛的。总体来说，就是和周围的人保持友善关系。'她还说，'待人好，当然是有礼貌的表现，但更重要的是，我们要多替别人着想。'我觉得她的话很有道理，如果没有对他人的关心，一切礼仪都会是无意义的东西。"助人为乐、心中有他人的行为规范，是个人健康的心理素质和社会的整体文明水平的体现，是一个社会文明的象征。

2. 反映了人与社会之间的礼仪关系，如爱护公物、遵纪守法

爱护公物、遵纪守法，体现了礼仪规范中遵守和自律的基本要求。学习和运用礼仪，重要的是要自我要求、自我约束、自我控制、自我对照、自我反省、自我改进。学校教室的座位、电教设备，公园的花木、凉亭，街道旁的交通设备、电话亭，城市的雕塑、画廊，图书馆、博物馆、纪念馆的设备、装饰物等，都是保证学校、社会公共生活正常进行的物质基础，是社会的公共财产，为全体公民所有，必须加以爱护。不能在公共设施上乱涂乱画，用完的体育用品、活动器具等公共物品要放回原处。是否爱护公物，从一个侧面反映了个体以及城市市民整体的道德素质和礼仪水平。遵纪守法更是每个公民责无旁贷的义务。

3. 反映了人与自然之间的礼仪关系，如保护环境

保护环境体现了礼仪规范中互惠、互利的基本要求。人人为我，我为人人。我们要遵循这方面的礼仪规范，保持公共场所的整洁、舒适和干净，不随地吐痰，不乱扔果皮杂物，不随地大小便，不随便张贴涂写等；保护环境和生态平衡，不污染环境，不随意砍伐树木，不损坏花木，维护环境的净化、绿化和美化等。这既是为了保障社会成员的身体健康和环境，也是为了我们自己。2009 年 12 月，在哥本哈根召开的联合国气候会议上，提出了要倡导"低碳生活"的理念。低碳生活是指生活作息时所耗用的能量要尽量减少，从而降低二氧化碳的排放量，减缓全球气候的变暖。我们应该从衣、食、住、用、行体现低碳生活，从点滴做起，积极提倡并实践低碳生活，注意节水、节电、节油、节煤、节气；不用或尽量少用塑料袋、一次性碗筷和杯子，用可充电池代替一次性电池等。减碳是每个人的责任，更是我们青年一代的艰巨使命。保护环境是社会风尚的重要方面，反映一个民族和城市的文明程度及精神面貌；保护环境是生态文明的具体要求，生态文明的核心是人与自然和谐相处。

（二）提升民族形象

在全球化的国际现代文明社会里，讲文明、懂礼仪，不仅反映现实生活中个体的道德水准和礼仪修养，而且是一个国家、一个民族精神文明质量的具体体现。我国是文明古国，中华民族享有"礼仪之邦"的美称。随着我国国际地位的不断提高，国际交往越来越频繁。在对外交往的事务中，如果我们仪态大方，彬彬有礼，端庄儒雅，不卑不亢，平等尊重，真诚守信，这不仅使个人充满活力和魅力，更使中华民族的素质、社会主义中国的精神风貌得以发扬光大，可以扩大对外开放，增进国际间的友谊和合作，提升民族的形象和国际地位。

（三）调节人际关系

人人都希望能拥有更多的朋友，希望别人能接纳自己，喜欢自己，并与他们保持真挚的友谊。社会学家通过大量的研究发现，人际关系的基础是人与人之间的相互尊重、相互支持。任何人都不会无缘无故地接纳和喜欢别人，这要建立在人际交往中的互动基础上。你只有真心、友善地接纳、喜欢他人，他人才会以同样的态度对待你，愿意同你建立良好的人际关系。正所谓“爱人者，人恒爱之；敬人者，人恒敬之。”

有位著名的人际关系心理学家在作报告时举了一个可能发生在我们身边的例子：一次，他到某商务大楼去，在推开大楼的大门准备进入时，发现身后有一个人也想进门，于是他就很有礼貌地撑住装有弹簧的门，让那人先进去，以免门的反弹伤着人。谁知那人非但不示谢意，反而昂首挺胸，大摇大摆地走了进去，连瞟都不瞟为他撑着门的人。这位心理学家形容他当时的心情：“恨不得将门狠狠地砸到他的身上。”话音刚落，所有听报告的人为之喝彩。可见，人人都厌恶不懂礼貌的人。

礼仪是联络人际感情的纽带，是化解矛盾的润滑剂，是沟通人际关系的桥梁，对调节和营造一个和谐、平等、尊重、真诚、友爱、互助的新型人际关系起着不可忽视的作用。

第三节　礼仪修养的提升

随着社会的飞速发展和文明程度的不断提高，以及与世界交流的日益频繁，礼仪在社会政治、文化、生活中占有越来越重要的位置，是适应时代发展、促进个人进步和成功的重要条件。人类文明是从礼仪开始的，也就是从仪容仪表、言行举止、为人处事等方面开始发展的。中国自古就是一个讲究礼仪的国度。早在先秦时代，我们的祖先就建立了一套完备的礼仪。周公的“制礼作乐”及孔子哀叹的“礼崩乐坏”，都说明了这一事实。孔子认为，一个人如果失去了礼仪，那就“无异于禽兽”。在中国古代，如果行为不合乎礼仪，轻则招人鄙视，重则有入狱杀头的危险。

礼仪修养绝不仅仅是一种外在的行为表现形式，它是与人内在的道德、文化和艺术修养密切相关的，是其内在的道德、文化和艺术修养的反映和折射。在人际交往中，礼仪不仅可以有效地展现一个人的修养、风度和魅力，还能直接体现出一个人对社会的认知水准、个人学识和价值。古人云：“相由心生”，也说明了这两者之间的关系。人的精神面貌的塑造，在很大程度上取决于其思想境界、道德情操和文化素养这些内在品质。每个人都希望自己在别人眼里留下好的印象。不管对于什么时代、什么民族和什么人，礼仪修养都十分重要。人们越来越意识到礼仪在生活、工作和生意场上的重要作用。礼仪在当今社会已经成为提高个人素质和单位形象的必要条件，“不学礼，无以立”已成为人们的共识。“内强个人素质，外塑单位形象”，正是对礼仪作用恰到好处的评价。

一个国家的文明礼仪表现如何，直接反映出这个国家国民素质的高低；一个城市的礼仪文明程度如何，直接反映出这个城市市民的修养素质水平。礼仪修养是在日常生活中形成的。为此，在学习礼仪行为规范的同时，要注重自己的内在修养，在勤奋求知中不断地充实自己，以提高自己的礼仪水平。如何体现自己有礼、有节、有度的修养和风度，已成为越来越多的人们迫切需要解决的问题。

一、礼仪修养的主要内容

（一）思想道德修养

思想道德修养是指一个人的道德意识、信念、行为和习惯的磨练与提高的过程，并达到一定的境界。有德才会有礼，缺德必定无礼。道德是礼仪的基础，现实生活中，为人虚伪、自私自利、斤斤计较、唯我独尊、嫉妒心强、苛求于人、骄傲自满的人，对别人不可能诚心诚意、以礼相待。因此，只有努力提高思想道德修养，不断地陶冶自己的情操，追求至善的理想境界，才能使人的礼仪水平得到相应提高。

（二）文化修养

风度是指一个人精神面貌和外在气质在其言谈、举止、态度等方面的内在表现，是人格化的象征，是精神化了的社会形象，它是人们长期而又自觉的文化思想修养的结果。有教养的人大都懂科学、有文化。他们思考问题周密，分析问题透彻，处理问题有方，而且反应敏捷，语言流畅，自信稳重，在社会交往中具有吸引力，让人感到知识上获益匪浅，身心愉快舒畅。相反，文化层次较低的人，缺乏自信，给人以木讷、呆滞或狂妄、浅薄的印象。因此，只有自觉地提高文化修养水平，增加社交的“底气”，才能使自己在社交场合上温文尔雅、彬彬有礼、潇洒自如。

（三）艺术修养

艺术是通过具体、生动的感性形象来反映社会生活的审美活动。艺术作品积淀着丰厚的民族文化艺术素养，更凝聚着艺术家的思想、人生态度和道德观念。因此，我们在欣赏艺术作品时，必然会受到民族文化的熏陶，同时也受到艺术家世界观、道德观等方面的影响，倾心于艺术作品所描绘的美的境界之中，获得审美的陶醉和感情的升华，思想得到启迪，高尚的道德情操和文明习惯就会被培养起来。因此，要有意识尽可能多地接触内容健康、情趣高雅、艺术性强的艺术作品，如文学作品、音乐、书法、舞蹈、雕塑等，它对人们提高礼仪素质大有裨益。

二、提升礼仪素质的方法与途径

（一）提升礼仪素质的方法

礼仪修养具有强烈的实践性和渐进性。

1. 实践法

礼仪修养必须适应当时社会实践的客观状况和客观要求。首先，现代礼仪的要求，是在承认人与人之间平等协作关系的基础上，提倡人与人之间的相互尊重、尊敬、关怀、真诚。因此，礼仪修养必须与当时社会的实践状况和要求相适应。其次，礼仪修养必须注重使自己脚踏实地履行礼仪规范。礼仪修养不能只停留在主观的范围内，只有亲自去实践，才能使自己的礼仪水平不断地得到提高。

2. 循序渐进法

每个人的礼仪水平都可以通过礼仪修养来提高。只要不断努力，循序渐进，就能逐渐提高礼仪水平。礼仪养成，必须从点滴小事做起，从大处着眼，小处着手，寓礼仪于细节之中，然后逐步扩展，最后使自己成为一个时时处处都恪守礼仪的人。

（二）提升礼仪修养的具体途径

1. 注重交往

人们只有在相互交往所形成的礼仪关系中，才能形成自己的礼仪品质修养。也就是说，一切礼仪修养必须通过人与人之间的交往活动来进行。一个人只有在与他人的交往实践中，在处理与别人、与组织的各种关系时，才能明白自己的哪些行为符合礼仪规范要求，哪些行为不符合礼仪规范要求。同样，要克服自己的非礼行为，培养自己的礼仪品质，也必须依赖于交往。

2. 身体力行

礼仪修养的一个重要方面就是身体力行。在社会活动中，人们懂得了哪些行为符合礼仪，哪些行为不符合礼仪，就要把这些原则、规范运用到自己的生活和工作中去，并时刻以这些准则为镜子，对照检查并改正自身与礼仪不符的东西，从而提高礼仪修养。

3. 反复实践

礼仪修养是一个从认识到实践的不断反复过程，通过反复，不断提高。一个人要使自己成为一个知礼、守礼、行礼的人，就必须把对礼仪的认识运用到实践中去，化为实际的礼仪行动。然后，再对自己的行动进行反省，并把从反省中得出的新的认识，再贯彻到行动中去，如此循环往复，才能达到提高礼仪修养的目的。

总之，实践在礼仪修养中起着极其重要的作用，人们的礼仪修养只有在交往实践中才能得到形成和提升。

案　例

改革开放初期，我国沿海大部分城市都乘着改革开放的春风，大力引进外资。很多城市因此快速发展起来，成为中国海岸线上的璀璨明珠。某市为了引进外资，花费了大量的人力物力，几个月下来，街道变得宽敞明亮了，广场变得干净整洁了，绿地也变得春意盎然了——整个城市环境大为改观，可谓是旧貌换新颜。“梧桐树”种下了，“金凤凰”自然也就翩然而来。

这天，一家著名国际制药企业来某市考察，并打算在这里投资办厂。市长得到消息后喜出望外，马上给相关领导发了“军令状”：一定要把这几亿投资拿到手。外商来了以后，经过初步考察，对该市的各方面条件感到相当满意。几天过后，双方的谈判已经到了实质性阶段，只要再参观一下将来的厂房，就可以正式签署合作合同了。

这天下午，外商在一行人的陪同下来到市经济开发区。看到优美的环境、宽敞明亮的厂址，外商不住地点头表示满意。就在参观快要结束的时候，工厂负责人随口在厂房里吐了一口痰，当时谁都没在意，而外商却皱了皱眉头，没说什么。第二天，那位满怀希望的市长收到了外商写来的一封信，大意是这样的：我对贵方的一切条件都很满意，只不过在最后参观的时候，贵方工厂负责人随地吐了一口痰，这一举动给我留下了深刻的印象。我们是制药企业，人命关天，这样的事情在我们企业中即使发生在员工身上都是不可想象的，更何况是一个工厂的管理者。我想我们对于在贵市的投资还需要慎重考虑。

一口痰，毁掉了几个月的心血，失去了数亿元的投资。小小礼仪疏忽带来的后果，不可谓不严重。

第二章 个人形象礼仪

凡人之所以为人者，礼义也。礼义之始，在于正容体、齐颜色、顺辞令。容体正，颜色齐，辞令顺，而后礼义备。

——《礼记·冠义》

第一节 个人形象简述

一、形象

形象是对某人或某事物的视觉记忆、印象、评价等态度的总和，是人们对事物和人抱有特定感情的影像。形象是一个人的标签，是一个人外在特征和内在表现的完美组合。社会上的人们每时每刻都在根据一个人的服饰、发型、手势、声调、语言等自我表达方式进行着判断，对其形象作出评价。无论你愿意与否，你都在留给别人一个关于你各方面的形象，这个形象无时无刻不在影响着你的声誉和前程，最终影响着你的幸福感。

二、个人形象构成要素

一个成功的形象，展现给人们的是自信、尊严和实力，它反映在别人的视觉效果中，同时也能唤起自身内在沉积的优良素质，通过形象充分表现出一个成功者的魅力。因此，塑造良好的个人形象十分重要。

个人形象的构成主要是由内涵和外在两大方面构成的，其具体构成要素包括品德修养、知识结构、沟通能力及视觉形象。其中品德修养、知识结构、沟通能力为一个人形象的内涵方面，视觉形象是一个人的外在形象。

（一）外在形象

外在形象是形象的外在视觉效果，是礼仪的内容和修养的外在体现，也就是人们常说的穿着打扮、言谈举止等一些可视的外在行为，主要包括仪容、仪表和仪态等。外在形象是人际交往时产生良好第一印象的重要因素之一。

通过外在的举止、穿着打扮、接人待物，人们可以探询到一个人的内涵到底充盈到什么程度、深厚到什么程度。可以通过说话、穿着打扮以及办事的效率来看，礼仪是如何塑造和展现着我们自身的美好形象。在不同的场合，人们扮演的角色不一样，角色变了，身份变了，交往的技巧、心态都要随之发生变化。而适度指的是说话中的用词、表情、语气恰到好处，这也是一种功夫。恰到好处、恰如其分地表情达意，是需要在遵循礼仪规范、加强礼仪修养的基础上加以训练的。

1. 第一印象

在人际交往中，或者是在平时对某一事件的接触过程中，人们对于交往对象或者所接触的事物形成的印象，特别是在与对方初次交往或者初次接触时所形成的对于该人、该事物的第一印象，通常至关重要。这一印象会在人们的头脑中形成并占据主要的地位。这就是“首因效应”，是由社会心理学家卢钦斯通过实验首次证实的。

第一印象又称为首次印象。第一印象的好坏，往往不但会直接左右着人们对于自己的交往对象或者所接触事物的评价，而且还会在很大程度上决定着人际交往中双方之间关系的好坏，或者人们对于某一事物的接受与否。而且人们还会寻找更多的理由去支持这种印象。第一印象甚至会决定一切。所以，有人将首因效应理论直接称为“第一印象决定论”。第一印象的非理性特征还表现为人们对于某人、某物、某事形成的第一印象，这种印象一旦形成，通常都很难逆转。这就是说，第一印象形成后，往往会使人们产生某种心理定式。有的时候，尽管你表现的特征并不符合原先留给别人的印象，人们在很长一段时间时间里仍然会坚持对你的评价，第一印象在人际交往时产生先入为主的作用。

第一印象实际上往往可与人们的第一眼印象画上等号。也就是说，人们平日对于某人、某物、某事所产生的第一印象，大都是在看到或听到对方之后的一刹那间形成的。心理学实验证明，人们在接触某人、某物、某事之时，大都少不了会对对方产生第一眼印象。这种瞬间形成的第一眼印象，通常只需要大约 30 秒的时间。对于不少人来说，他们对于某人、某物、某事的第一印象的形成，甚至只需要 3 秒左右的时间，这就是说，很多人的第一印象与第一眼印象是重合的。

例如一个人认可了某一品牌之后，往往就会主动替它说好话。即使有人对其进行非议，也会不以为然，甚至根本不能接受。同样，如果一个人不喜欢另外一个人，对他的第一印象欠佳的话，不管那个人后来的实际表现如何，他人对其所作的评价如何，恐怕一时半会儿都难以说服前者。实践证明，人们的第一印象很多都是比较准确、比较可靠的。第一印象形成之后，要想再去改变它，通常都非常麻烦，如果做得不好，反而会弄巧成拙、适得其反，越想改变人们对自己的第一印象就越是改变不了。所以，我们必须意识到：要努力留给外界一个良好的第一印象，这样做比形成不太理想的第一印象后再去想方设法地采取补救性措施，肯定要容易得多。

因此，首因效应理论对于服务人员的重要启示至少有两点：第一，在初见顾客时，必须注意认真、全方位地策划好自己的“初次亮相”，以求顾客对自己形成良好的第一印象，并且予以认同；第二，在进行服务时，应力求使顾客对自己产生较好的第一印象。唯有如此，双方才会和睦相处，避免摩擦，顾客也会对服务人员在以后所提供的各项服务感到舒心满意，而不至于处处对其进行刁难，甚至吹毛求疵。

2. 麦拉宾法则

麦拉宾法则，又叫梅拉比安沟通模型或 73855 定律。心理学教授艾伯特·麦拉宾（Albert Mehrabian）在 20 世纪 70 年代，通过 10 年时间中的一系列研究，分析口头和非口头信息的相对重要性，得出结论：人们对一个人的印象，只有 7% 是来自说话的内容，有 38% 来自说话的语调，而 55% 来自外形与肢体语言。具体来讲，55% 的信息是通过视觉传达的，如手势、表情、外表、妆扮、肢体语言、仪态等等；38% 的信息是通过听觉传达，如说话的语调、声音的抑扬顿挫等等；剩下 7% 来自纯粹的语言表达的内容。由此可见外表形象的重要性。

而从更广义的大众传播角度来说，后来的科研成果也表明，在人类所有的感知信息中，视觉信息占到了 83% 以上。如果一个人的发音浑厚有力，那么他就会给人一种可靠、自信的感觉；如果一个人的发音软绵绵，没有力气，那么他给人的感觉就是不自信、不靠谱，甚至不老实。因此要多从细节出发，不仅仅关注言语内容的表达，更多的是语气、语速、语调及肢体语言的表现，从而提升沟通技巧，改善亲密关系。端庄的仪容、恰当自然的修饰以及得体的行为举止是最不可或缺的。端庄的仪容可以增加信任感，恰当自然的修饰给人以赏心悦目的心理感受，正确的站姿、优美的坐姿、雅致的步姿、恰当的手势、真诚的表情是一种无声的语言，能够反映出一个人的气质风度和道德修养。

（二）品德修养

古人云：欲修身必先利其德。品德修养是一个人内涵的基础，是良好形象的基本构架，是每个人立足社会不可缺少的无形资本，是成就事业的杠杆。品德修养的内容主要有以下三点：

首先，是真诚守信。“精诚所至，金石为开。”在现代社会交往中，要赢得对方的信任，增强彼此之间的关系，必须做到真诚守信。美国政治家、战略家、第 16 任总统亚伯拉罕•林肯曾说：“如果要想赢得成功，首先让人感觉到你的真诚。”一个人要想赢得对方的信任，或者想让对方接受自己的思想、观点、愿望和要求，那么他对对方越真诚，对方接受他的思想、观点、愿望和要求的可能性就越大，彼此就越容易建立起良好的关系。三国时期刘备三顾茅庐请出诸葛亮，在很大程度上是因为诸葛亮被刘备的真诚所感动。后来刘备建立了蜀国，形成了三国鼎立的局面，一方面源于诸葛亮“鞠躬尽瘁，死而后已”的精神，同时也源于刘备当初的真诚。所谓守信，是指与人交往时要守信用，要“言必行，行必果”。答应别人的事，一定要竭力办好。如果对方的要求自己办不到或暂时有困难不好办的，说话要有分寸，不能信口开河地乱许诺，以致失信于人。正所谓“人先信而后求能”，恪守信用是一种美德。

其次，是理解、宽容。这就要求多容忍、体谅、理解他人。宽容是一种美德，是个人修养的体现。在全球最权威的商学院——哈佛商学院的必修课中，有一部分专门研究非智力因素对一个人成功的影响，在这些非智力因素中，他们极为重视宽容的价值，强调宽容是成功的必备素质。人生需要理解、宽容的地方有很多，贯穿于人们生活的方方面面。夫妻需要相互理解，相互包容，相互体贴，相互照顾，搀扶着共同走过漫漫的人生路，只有这样才能恩爱长久、白头偕老；父母、子女也需要理解和宽容，首先子女要知道父母的辛苦，要感谢父母养育之恩，懂得孝敬父母，要明白赡养老人是做子女应尽的义务。反之，父母也要理解儿女，知道儿女的不容易，有自己的工作、家庭，也有自己的儿女，不要求得太多；兄弟姐妹们之间也需要理解和宽容，相互间不要斤斤计较，兄弟姐妹亲如手足，应当相互关心，相互帮助；朋友之间更需要相互理解和宽容，要珍惜朋友之间的情谊，心胸开阔，心底坦荡，意见纷争是正常的，要多站在别人的角度想问题。此外，同事之间需要理解和宽容，老板和员工之间需要理解和宽容，上级和下级之间需要理解和宽容，老师和学生之间需要理解和宽容，商家和顾客之间也需要理解和宽容，等等。

最后，是自觉。在社会交往中，必须自觉自愿遵守礼仪，用礼仪去规范自己在交际活动中的行为举止。进一步说，自觉遵守礼仪，也就是要学会自我控制、自我要求、自我约束、自我对照、自我反省、自我检点，自律是礼仪的出发点。如在公共场合注意公共卫生，不随地吐痰、乱扔废物，注意公共秩序，自觉排队，注意公共环境，不大声喧哗等。

（三）沟通能力

沟通是意义转换的过程。沟通能力是指收集和发送信息的能力，主要是通过书写、口头与肢体语言，有效、明确地向他人表达自己的想法、感受与态度，同时也能较快、正确地解读他人的信息，从而了解他人的想法、感受与态度。沟通技能涉及许多方面，如积极倾听、简化运用语言、重视反馈、控制情绪等。

例如说话，我们更多的是通过口头语言进行交流。同样一句话，不同的人说出来不一样。办事也是如此，给人的感觉就是不一样。这就是礼仪的得体适度的原则。说话得体，既要符合自己的身份，也要符合交际对象的身份。要体现得体，还应注意角色转换。

良好的沟通能力也是人际交往时产生良好第一印象的重要因素之一，缺乏沟通技能会使人们在交往时遇到许多麻烦和障碍。良好的沟通能力以积极的倾听为基础，而倾听的最高层次是设身处地地倾听，它的出发点是为了了解，即通过言谈明了一个人的观点、感受与内心世界。了解式倾听，不仅要耳到，还要眼到心到；既要用眼睛去观察，也要用心灵去体会。另外，表达也要讲究技巧。在人际交往中了解别人固然很重要，但是表达自己也是沟通中不可缺少的，在表达自己时应该遵循“品格第一，情感第二，理性第三”这三个层次进行。

（四）知识结构

知识结构是指一个人经过专门学习培训后所拥有的知识体系的构成情况与结合方式。在市场竞争的时代，我们要生存、要立足，必须要有“资本”，这就是要有学识，也即专业知识。有了好的品德、有了丰厚的学识，合理的知识结构也是良好的职业形象与职业素养的基础条件，没有合理的知识结构，将使得职业形象这座大厦如空中楼阁，随时都可能坍塌。现代社会职业岗位需要知识结构合理，能根据当今社会发展和职业的具体要求，将自己所学到的各类知识科学地组合起来，以适应现代社会不断发展要求的人才。

人们根据其个性、职业和身份进行形象设计，从而塑造良好的形象以赢得他人好感并提升自我能力和价值。形象的塑造也是根据时代的价值观和审美观挖掘独特性格和魅力的行为。

第二节　仪容礼仪

仪容是指人的容貌，是个人形象的重要组成部分之一。通过仪容，可以展现个人的个性、喜好、修养等。仪容除了我们熟知的头部与面部的美容、修饰、打扮外，还有人的精神面貌的体现，能使人在工作中保持良好的精神风貌。就个人的整体形象而言，仪容礼仪是传达给接触对象最直接、最生动的第一信息，能给人留下直接而敏感的第一印象，是整个形象的一个至关重要的环节。

一、仪容礼仪的基本要求

整洁端庄是仪容的基本要求。在职场交往中，仪容的整洁端庄所表现出的人格魅力，远比衣着时髦与华贵更强大。此外还有：五官构成和谐并富有表情；发质发型使其更英俊潇洒、容光焕发；肌肤健美使其充满了生命的活力，给人以健康、自然的深刻印象；保持身体无异味，维护仪容的每一处细节，修饰得当。

职场中每个人都应该养成良好的修饰习惯，掌握正确的仪容礼仪，能给交往对象留下良好的第一印象，为进一步深入交往奠定基础。

二、发型发式

（一）发型发式的标准

（1）男士的发型发式统一的标准就是干净整洁，并且要经常性地打理。头发不应该过长，也不宜过短，甚至剃光头。一般认为，男士前部的头发不要遮住自己的眉毛，侧部的头发不要盖住自己的耳朵，同时不要留过厚或者过长的鬓角，男士后部的头发，应该不要长过自己西装衬衫领子的上部，不染奇特发色。这是对男士发型要求的统一标准。

（2）女士的发型发式应该保持美观、大方，需要特别注意的一点是，在女士选择发卡、发带的时候，式样应该庄重大方，以少为宜，避免出现远看像圣诞树，近看像杂货铺的场面。“女人看头”，女性的发型要时尚得体，美观大方、符合身份。

（二）根据脸型选择发型

一般来说，脸型有瓜子脸、圆形脸、方形脸和梨形脸等，如图 2-2-1 所示。

（1）瓜子脸：或称鹅蛋脸，这是东方女性的标准脸型，也称美人脸。这种脸型的发型选择余地大，也比较容易修饰，这种脸型显得比较削瘦，将头发散下来可以显得更丰润一些。

（2）圆形脸：这种脸型一般都比较可爱，面部的轮廓比较圆润，下巴丰满，这种脸型的人一般要比实际年龄看起来略显年轻，但是缺乏立体感，可以选择线条简洁的发型，将头顶部的头发梳高。

（3）方形脸：这种脸型显得比较刚毅、果断，但是缺乏柔美感，其特征是面部下方较宽。这种脸型的人可以将头发散下，使脸部看起来柔和些。

（4）梨形脸：这种脸型显得随和，特点是额头偏窄，下颚较宽。这种脸型的人宜留短发，并增加额头两侧头发的厚度。

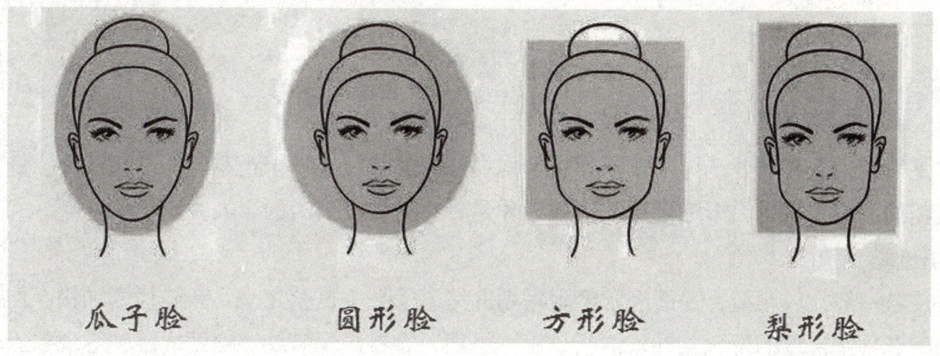

图 2-2-1 常见脸型

三、面部比例及其护理与修饰

（一）面部比例

面部黄金比例，通常指面部各个器官所占的最佳比例，即通常所说的“三庭”“五眼”“四高”“三低”，如图 2-2-2 所示。

（1）三庭，指脸的长度比例，把脸的长度分为三个等份，从前额发际线至眉骨，从眉骨至鼻底，从鼻底至下颏，各占脸长的 1/3。

（2）五眼，指脸的宽度比例，以眼形长度为单位，把脸的宽度分成五个等份，从左侧发际至右侧发际，为五只眼形。两只眼睛之间有一只眼睛的间距，两眼外侧至侧发际各为一只眼睛的间距，各占脸的宽度比例的 1/5。

（3）四高，第一高点是额部，第二高点是鼻尖，第三高点是唇珠，第四高点是下巴尖。

（4）三低，分别是两只眼睛之间，鼻额交界处必须是凹陷的；在唇珠的上方，人中沟是凹陷的，人中脊明显；下唇的下方，有一个小小的凹陷，共三个凹陷。

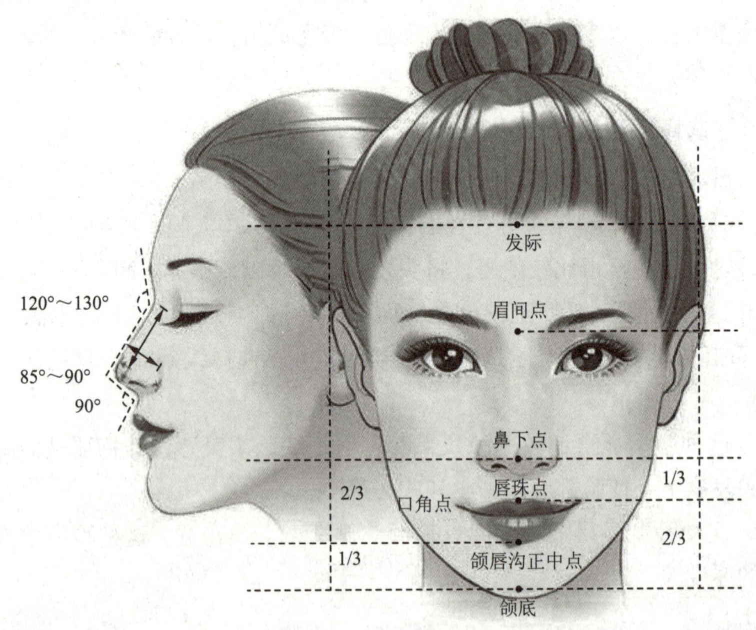

图 2-2-2　面部比例

（二）男士面容护理

面容是最令人注目之处。男士重视外表是内在修养的体现，有内涵又得体，自然洒脱，魅力非凡，以神采奕奕的面容，折射出干练果敢的精神，才是真正具有吸引力的男人。

1. 男士基础护肤

男性皮肤一般比较粗糙，表面经常粘附污垢并堵塞毛孔。夏秋之季，新陈代谢加快，加上外界紫外线的照射和周围温度的变化，导致油脂分泌不平衡，容易出现皱纹、松弛、浮肿等现象。男性皮肤护理的基础就是清洁。另外，秋冬季节皮肤容易龟裂，眼角旁边的皮肤最细腻，因此也最容易被侵害。

因此，洁面后一定要涂上眼部护理面乳，调理、滋润眼睛周围的肌肤，使其恢复生机，充满活力。

在清洁面部之前，可先用温热的毛巾敷在脸上，促使毛孔张开。将适量男士洗面奶放在手心，轻轻搓出泡沫，然后仔细而轻柔地按摩脸部，除去毛孔中的污垢。在清洁的时候，最好使用含水解动物蛋白和水杨酸的润肤洗面奶，它们具有滋润作用，在保护皮肤水分的同时可以消除皱纹，还能清除皮肤深层的污垢，保持皮肤光滑、柔软。

每周可进行一次面部的深层清洁，尤其着重清洁额头至鼻子间的部位（T 字区）。清洁完的皮肤需要立即涂抹爽肤水，可有效地防止肌肤干燥，恢复表皮脂质层，滋润肌肤，保持水分平衡，舒缓面部压力，使皮肤清爽舒适。涂抹润肤露形成保护膜，以防止水分流失，补充皮肤深层水分和养分，防止皮肤松弛及皱纹出现，改善暗沉的肤色，使皮肤保持光泽有弹性。

2. 男士剃须方法和流程

男士要经常剃胡须，以保持面部清洁卫生，令人容光焕发。至于留上唇须或鬓角的人，也应当经常刮脸、修剪胡须。平时每两三天剃一次即可。如果赴宴或出席正式场合，则须在临行前再次修剪胡须，这样显得既整洁又精神。

剃须虽然人人都会，但仍须注意操作程序、操作方法是否正确、得当。

（1）清洁皮肤。剃须前，应先用中性肥皂洗净脸部。如果脸上、胡须上留有污物及灰尘，在剃须时就可能因剃刀对皮肤产生刺激或轻微地碰伤皮肤，而引起皮肤感染。

（2）软化胡须。洗净脸后，可再用热毛巾捂胡须，或将软化胡须膏涂于胡须上，使胡须软化。过一会儿再涂上剃须膏或皂液，以利于刀锋对胡须的切割和减轻对皮肤的刺激。

剃须膏是男子剃须的专用品，有泡沫型和非泡沫型两种，有的还可以自动发热。剃须膏使用方法比较简单，先用温水将胡须部位拍湿后，再挤少量剃须膏并均匀地涂抹在胡须上，待泡沫出现或稍等片刻后，即可开始剃须。

（3）正确剃刮。剃须时应绷紧皮肤，以减少剃刀在皮肤上运行时的阻力，并可防止碰破皮肤。尤其年纪大或者瘦弱的人，皮肤易起皱褶，更应绷紧皮肤，使之保持弹性和一定支撑力。剃须的顺序是：从左至右，从上到下，先顺毛孔剃刮，再逆毛孔剃刮，最后再顺刮一次就可以基本剃净。注意不要东刮一刀，西刮一刀，毫无章法地乱剃。用热毛巾把泡沫擦净或用温水洗净后，应检查一下还有没有胡茬。

（4）剃后保养。剃须后应注意皮肤保养，因为剃刮胡须时对皮肤有一定的刺激，并且易使皮脂膜受损，为了在新皮脂膜再生之前保护好皮肤，应在剃须后用热毛巾敷上几分钟，然后可选用须后膏、须后水、护肤乳或润肤霜等外搽，这样可以形成保护膜，使皮肤少受外界刺激。

在进行面部修饰时要注意两方面的问题：男士要每天进行剃须修面以保持面部的清洁；同时，男士在社交活动中经常会接触到香烟、酒这样有刺激性气味的物品，因此要注意随时保持口气的清新；面容要保持清洁。

（三）化妆的基本原则及注意事项

化妆是一个人气质、修养的体现，是生活中的一门艺术。适度而得体的化妆，可以体现女性端庄、美丽、温柔、大方的独特气质，达到巧夺天工的效果。化妆是人们在政务、商务、事务及社交生活中，以化妆品及艺术描绘手法来装扮自己，以达到振奋精神和尊重他人的目的。这可以说是化妆在礼仪文化中的重要作用。化妆是对外交往、职业活动、社交活动及日常生活的需要。

化妆并不是一种随心所欲的涂抹，而是一种审美的艺术，有一定的规律可循。如果能够掌握美容化妆的要领，并能充分发挥其作用，大胆地利用色彩塑造技巧和修补化妆技巧来美化自己，便可以在日常生活和社交生活中体现出与众不同的魅力及自身的道德修养和审美情趣。

1. 化妆的基本原则

（1）扬长避短。化妆的目的是要突出自己的最美的部分，使其显得更加美丽动人，并巧妙地弥补不足之处，达到化妆的最佳效果。要研究五官，注视镜中的自己，忽略脸的轮廓，而着意寻找自己五官中最突出、迷人的部分——眼睛、嘴唇或脸颊，但不能让它们都很突出，否则即应视为平淡无奇。

（2）浓淡相宜、自然真实。化妆要自然协调，不留痕迹。生活淡妆给人以大方、悦目、清新的感觉。化妆要根据不同的时间和场合来选择，对待白天与晚上、一般场合与特殊场合、不同季节的化妆，不能一成不变。在秘书场合，一般以淡妆为主，注重自然和谐，不宜香气袭人。出席晚会、舞会等社交场合可以化浓妆。

（3）整体配合，化出个性。化妆要因人、因时、因地制宜，切忌强求一律，应表现出个性美。化妆师要专门设计，强调个性特点，不要单纯模仿。要根据自身脸部（包括眉、眼、鼻、颊、唇）特征，进行具有个性美的整体设计；同时还要根据不同场合、不同年龄、不同身份，制定不同的设计方案。夜间，特别是在彩色灯光的照耀下，应该使用发亮的化妆品，如亮光眼影、珠光唇膏等，但涂的范围不应太大。切忌在原来的化妆基础上再涂新的化妆品，这样做不仅会使化妆失去光泽，而且会损害皮肤。

2. 化妆注意事项

（1）尽量不要在公众场所化妆。在公共场所如餐厅、地铁、办公室等众目睽睽之下化妆，不仅不礼貌，而且不道德，有公开做假、欺骗观众的嫌疑。如果确实需要补妆，可以到化妆间、洗手间等地方进行，不要当着别人的面，旁若无人地表演。

（2）女性不要在异性面前化妆，以免被误认为搔首弄姿、吸引异性，使自己的形象受损。

（3）不要非议别人的化妆 。别人化妆与否、怎样化妆，属于个人的自由，他人不宜评头品足议论别人的化妆方式，也不宜批评和指责别人化妆的效果。

（4）不要借用别人的化妆品。不可随意使用他人的化妆品，即使是关系很亲密的朋友。每个女人的化妆盒都具有隐私性，隐藏着各自的喜好和习性，随便使用他人的化妆品，等于侵入他人最隐秘的私人空间。而且，直接接触皮肤的化妆品、化妆用具容易带上个人细菌，进而造成流行性皮炎。

（5）不能让自己的化妆工具脏、乱。使用清洁的化妆用品，所携带的化妆用品应该有条理地放在化妆包内，以便从容地取出使用。如果女性的化妆包里乱七八糟，取出的粉刷、粉饼等化妆工具都是脏兮兮的，不但有碍健康，还透露出化妆包的主人作风粗俗、生活品质不高，缺少起码的化妆常识。

3. 化妆的基本步骤和程序

（1）洁面、润肤。用洗面奶去除油污、汗水与灰尘，使面部保持清洁。随后，在脸上补打化妆水，用少量的护肤霜将面部涂抹均匀，以保护皮肤免受其他化妆品的刺激，还有助于涂敷粉底的打底色工作，为面部化妆做好准备。

（2）上粉底霜。涂粉底霜的目的是调整皮肤颜色，使皮肤平滑。它是女士的第二层皮肤，可以使皮肤显得更细致、更年轻。但是要注意，黄种人的肤色与其他人种的不同，白种人的皮肤白里透红，而黄种人的皮肤带有色素，因此不能用同样的粉底霜。要选择与脖子颜色最接近的粉底霜，还要根据皮肤性质来选购，油性的皮肤选用无油或者粉状类型的粉底霜，干性的皮肤选用较滋润的。

（3）修饰眼部。先涂眼影，根据不同的服饰、场合，确定眼影的颜色，画眼线，修饰眼睫毛，然后根据脸型修剪眉形，注意眉弓的位置。

（4）美化鼻部。即画鼻侧影，以改变鼻型的缺陷。

（5）修饰唇部。先用唇线笔描出合适的唇形，然后填入色彩适宜的唇膏，使红唇生色，更加美丽。

（6）打腮红。使用胭脂扑打腮红的目的，是修饰美化面颊。

（7）喷涂香水，美化身体的整体“大环境”。

（8）修正补妆。检查化妆效果，进行必要的调整、修补。

4. 卸妆

上妆对许多人来说，已如吃饭、睡觉一样必不可少，大多数人会把大量的时间用于化妆，却不愿在卸妆上下点功夫，忙了一天回到家，草草清洁一下就算了。其实这种做法对皮肤非常不利。在我们周围的环境中，存在着许多破坏皮肤健康的因素，如空气污染、紫外线、尘埃、污物等。无论化的是浓妆还是淡妆，甚至不化妆，回家后都应该做卸妆的操作。而卸妆更是保养皮肤的第一步，好的开始是美丽的一半。

（1）眼部卸妆。眼睛部分的皮肤组织较为脆弱，因此不宜使用一般的清洁用品，应该选择眼部专用卸妆品，并配合较温柔的卸妆技巧，才能预防皱纹的产生。此外，也应该注意一点，若有佩戴隐形眼镜者，记得一定要在卸妆前先取出隐形眼镜，以免化妆品的油脂弄脏镜片。

首先把少量的眼部卸妆品倒在化妆棉上，然后将化妆棉轻轻抹在眼睑上，使化妆品溶解于卸妆油中，这样就可以减少摩擦，最后拭净化妆品。另外，眼睫毛卸妆时，要注意眼睫毛距离眼睛相当近，如果卸妆不慎，容易使化妆品掉落到眼睛里，引起不适，因此动作必须小心轻缓。卸妆品应选择眼部专用的为佳。可以将一片沾湿卸妆品的棉花棒放在上眼睫毛处，另取一片化妆棉放在眼睛下方处，然后用棉花棒小心地在眼睫毛上转动，让清除的化妆品落在化妆棉上。下眼睫毛也以同样方法卸妆。

（2）唇部卸妆。特别对于不脱落的口红，更要仔细卸妆，如果不使用唇部专用的卸妆品，会导致唇部干燥。首先把少量的唇部卸妆品倒在化妆棉上，再将化妆棉轻轻由嘴唇外部向中间擦拭干净。

（3）脸部卸妆。可使用深层清洁乳及成分温和的洁面用品彻底清洁皮肤。化过妆的皮肤容易闭塞粉垢、污垢，因此应选择适合自己肤质的洁面用品，才能预防皮肤受到伤害。步骤为：首先准备几片化妆棉，作为清洁脸部的用具，倒出约一匙的清洁乳在手心上；将清洁乳轻轻涂在颈部、面颊及额头上；用化妆棉由颈部开始清洁，渐渐移到下颚、面颊、鼻子、鼻下部位、前额及眼部。使用化妆棉后应立即丢弃，不要重复使用；取一小片干净的化妆棉，沾些化妆水，轻拍于脸部。此步骤非常重要，能除去清洁乳的残留物，使皮肤保持酸碱平衡；完成脸部的清洁，并使用化妆水轻拍后，可使用润肤霜滋润皮肤，如此，皮肤的水分可以维持得更加长久。所有的动作都应以轻柔为主，千万不可用力揉擦，否则将会伤害到细致的皮肤组织。

第三节　仪表礼仪

仪表即人的外表，包括人的形体、容貌、姿态、服饰、举止、风度等方面。俗话说："佛靠金装、人靠衣装。"一般人的思维定式是：仪表端庄、穿戴整齐者比不修边幅，穿着邋遢的人更有修养，也更懂得尊重他人。因此，着装作为人的仪表的一个方面，虽然只是人的外表，但在一定程度上反映出人的修养、身份、性格特征等。鉴于此，着装在人们初次的交往中，会给对方的印象造成很大的影响。

着装是着装人基于自身的社会地位、文化修养、审美情趣、身材特点，根据时间、地点、目的，对所穿的服装进行精心的选择、组合和搭配的体现。得体、和谐的服饰有一种无形的魅力，可以为着装人增添光彩。

一、中国服饰

服饰既作为人类文明与进步的象征，同时也是文化的重要组成部分，并随着文化的延续发展而不断发展，它不仅具体地反映了人们的生活形式和生活水平，而且形象地体现了人们的思想意识和审美观念的变化和升华。中国服饰的历史源远流长，从原始社会到近现代，中国各历史朝代的政治、经济、文化都发生了很大变化，对服饰发展也产生了巨大影响。

《鉴略·三皇纪》记载了"袭叶为衣裳"，《物原·衣原第十一》记载了"有巢始衣皮"，记载有巢氏最早教民用树叶、毛皮做成衣服。中国服饰可以视为由此发端。夏、商、周、春秋战国、秦、汉、魏晋南北朝、隋、唐、宋、元、明、清到近、现代，都以鲜明特色为世界所瞩目，汉服也倍受喜爱。

汉服，又称汉衣冠或汉装、华服，是从黄帝即位（约公元前 2698 年）至明末清初（公元 17 世纪中叶），这四千多年中，通过历代王朝推崇周礼、象天法地而形成千年不变的礼仪衣冠体系。自黄帝、尧、舜垂衣裳而天下治，益取自乾坤，源自黄帝制冕服。汉服定型于周朝，历经周朝礼法的继承，通过汉朝依据四书五经形成完备的冠服体系，普及至民众。汉人、汉服、汉语、汉俗由此得名。亚洲一些国家或地区，如日本、朝鲜、越南、蒙古等均曾颁布法律效仿汉衣冠制度，其服饰均具有或借鉴汉服特征。（与汉人一词类似，汉服中的"汉"字的词义外延亦存在着由汉朝扩大为多民族指称的过程。关于"汉服"最早的记载为："简四四'美人四人，其二人楚服，二人汉服'"，即《周礼》《仪礼》《礼记》里的冠服体系。）

汉服采用幅宽二尺二寸（古计量单位，约合现代 50 厘米左右）的布帛剪裁而成，且分为领、襟、衽、衿、裾、袖、袂、带、韨等部分。取两幅相等长度的布，分别对折，作为前襟后裾，缝合后背中缝。前襟无衽即为直领对襟衣。若再取一幅布，裁为两幅衽，缝在左右两襟上，则为斜领右衽衣。前襟后裾的中缝称为裻，即督脉、任脉，衽在任脉右侧，故称右衽。裾的长度分为腰中，膝上，足上。

根据裾的长短，汉服有三种长度：襦、裋、深衣。袖子与襟裾的接缝称为袼，袖口称为祛。一套完整的汉服通常有三层:小衣（内衣)、中衣、大衣。汉服中左侧的衣襟与右侧的衣襟交叉于胸前的时候，就自然形成了领口的交叉，所以形象地称为“交领”；交领的两直线相交于衣中线左右代表传统文化的对称学，显出独特的中正气韵，代表做人要不偏不倚，如果说汉服表现天人合一的话，交领即代表天圆地方中的地，地即人道，即方与正。而袖子，则是圆袂，即代表天圆地方中的天圆。这种天圆地方学在汉服上的表现也是中国古代文化的一个体现。

汉服的领型最典型的是“交领右衽”，就是衣领直接与衣襟相连，衣襟在胸前相交叉，左侧的衣襟压住右侧的衣襟，在外观上表现为 y 字形，形成整体服装向右倾斜的效果。衽，本义衣襟。左前襟掩向右腋系带，将右襟掩覆于内，称右衽，反之称左衽。这就是汉服在历代变革款式上一直保持不变的“交领右衽”传统，也和中国历来的“以右为尊”的思想密不可分。另外一种作为“交领”补充的是“直领”和“盘领”。直领就是领子从胸前直接平行垂下，而不在胸前交叉，有的在胸部有系带，有的则直接敞开而没有系带。这种直领的衣服，一般穿在交领汉服外面，在罩衫、半臂、褙子等日常外衣款式中经常运用。盘领是男装中比较多见的一个款式，领型为盘子状的圆形，也是右衽的，在右侧肩部有系带，在汉唐官服中采用，日常服饰中也有盘领款式。汉服自古礼服褒衣博带、常服短衣宽袖。与同时期西方的服装对比，汉服在人性方面具有不可争辩的优异性。当西方人用胸甲和裙撑束缚女性身体发展时，宽大的汉服已经实现了放任身体随意舒展的特性。汉服的袖子又称“袂”，其造型在整个世界民族服装史中都是比较独特的。袖子，其实都是圆袂，代表天圆地方中的天圆。袖宽且长是汉服中礼服袖型的一个显著特点，但是并非所有的汉服都是这样。汉服的礼服一般是宽袖，显示出雍容大度、典雅、庄重、飘逸灵动的风采。一直以来，汉服袖子的标准样式就是圆袂收祛，先秦到汉朝所反映的实物无一例外都是如此。一直以来，除了唐以后在常服中有敞口的小袖外，汉服袖的主流依然是圆袂收祛。“袖宽且长”是汉服礼服袖型的主要特点，但不是唯一的款式特点，汉服的小袖、短袖也比较多见，主要用法有：参与日常体力劳动的庶民服装、军士将领的戎服、取其紧袖保暖的冬季服装等。有时候历史上各朝代的经济文化和审美关注不同，在袖型上也有不同的表现，例如，汉唐时期贵族礼服多用宽广大袖，宋明时期的常服褙子多用小袖。汉服中的隐扣，其实包括有扣和无扣两种情况。一般情况下，汉服是不用扣子的，即使有用扣子的，也是把扣子隐藏起来，而不显露在外面，一般就是用带子打个结来系住衣服。同时，在腰间还有大带和长带。所有的带子都是用制作衣服时的布料做成的。一件衣服的带子有两对，左侧腋下的一根带子与右衣襟的带子是一对打结相系，右侧腋下的带子与左衣襟的的带子是一对相系，将两对带子分别打结系住完成穿衣过程。另外一种是腰间的大带和长带子，它不仅有实用性，而且有装饰性，另外还有象征性意义，象征着权力。汉服的大带与和服相比，和服的带子更宽，如图 2-3-1 所示。

图 2-3-1 汉服

中山装，是孙中山先生在广泛吸收欧美服饰特点的基础上，综合了日式学生服装（诘襟服）与中式服装的特点，设计出的一种立翻领有袋盖的四贴袋服装。1929 年 4 月的《文官制服礼服条例》中有“制服用中山装。”新中国成立后，尤其是 20 世纪 50 年代以后，中山装成为从国家领导人到普通老百姓的正式服装，这是中山装全社会普及的最高潮。20 世纪 80 年代以后，随着改革开放的深入，服饰逐渐多样化，但国家领导人在出席重大活动时，依旧习惯穿着中山装。2016 年 2 月 29 日，民革中央向中国人民政治协商会议全国委员会十二届四次会议提交提案，建议将中山装作为国家正式礼服，如图 2-3-2 所示。

图 2-3-2 中山装

此外，我国还流行过军便装、人民装；女装受苏联影响，连衣裙风靡一时，此外还流行过列宁装等。1978 年后，中国实行改革开放政策，体现时代精神、具有中华民族特色的服饰如雨后春笋般发展起来，其中长期代表传统服饰的汉服大放异彩。

二、着装的原则

（一）TPO 原则

TPO 原则，是有关服饰礼仪的第一原则，也是国际服装界公认的衣着标准，是在 1963 年由日本男用时装协会提出的。TPO 分别是英语中 time、place、object 三个单词的首字母，其含义分别为：T 指时间，泛指时代、年份、季节、时辰等；P 指地点、场所、职位、地位等；O 指目的、目标、对象。TPO 原则，是指人们对于衣着要考虑时间的变化，顺应自然，要根据不同的场所、各自的身份地位，更要与所参加的活动内容、目的相吻合来进行设计与选择。

（二）整洁大方

服饰必须整洁，不能沾有污渍，衣领袖口处须格外注意。一件衣服即使很漂亮、很合身、很昂贵，如果上面有污渍，就会破坏着装人的形象。着装要穿着大方，符合本国的道德传统和常规做法。在正式场合，忌讳穿过露、过透、过短、过紧的服装。身体部位的过分暴露，不但有失自己的身份，而且是对别人的不尊重，又使别人感到难堪。

（三）搭配得体

要求着装的各个部位、环节要精心搭配，相互呼应，注意发型、肤色、上装、下装、袜子、鞋子、帽子、腰带、围巾、首饰、提包之间的搭配，尽可能做到在整体上的完美、和谐，展现着装的整体之美。另外，不同色彩会给人不同的感受，如深色或冷色调的服装让人产生视觉上的收缩感，显得庄重严肃；而浅色或暖色调的服装会有扩张感，使人显得轻松活泼。因此，可以根据不同需要进行选择和搭配。

（四）个性特征

要求着装适合自己的体型、肤色、年龄、职业的特点，扬长避短，并在此基础上创造和保持自己穿着风格。例如英国前首相撒切尔夫人在衣着上就有自己的独特见解，她说："我必须体现出职业特点和活力。"她认为女性过分化妆，容易给人以"花瓶"之类的浅薄感。为此，她喜欢穿深色衣服，追求高雅、庄重，不喜欢太鲜艳，以表现作为女首相的个性风度和气质。

（五）注意细节

着装的任何一个细枝末节都要注意，否则会很狼狈。出门前要检查衣着是否熨烫平整，有没有污渍，扣子是否牢靠，袜子是否抽丝或有破洞，衣领、裤口是否平整等，这样才能得体地出席任何交际活动场所，并使自己焕发魅力。

三、西装礼仪

西装，又称西服、洋装。西装是一种外来文化。随着我国改革开放的不断发展，穿着西装的人越来越多。在中国，人们多把有翻领和驳头、三个衣兜，且衣长在臀围线以下这种源自西方的上衣称为"西服"。

（一）怎样选择西装

西装在人际交往中通常作为正装或礼服。选择西装讲究其面料和色彩，正装西装的面料应尽量高档些，其中毛料往往是首选；西装的色彩必须显得庄重，一般首选深藏青色。男士在正式场合不宜穿着色彩过于鲜艳或发光发亮的西装，也不宜选择朦胧色、过渡色的西装，越是正规的场合，越讲究穿单色的西装。穿西装要注意尺寸，大小要合身，宽松适度。

当前，区别西装的具体款式，主要有三种常见的方法：

1. 按穿着场合划分

西装可以分为礼服和便服两种。礼服又可以分为常礼服（又称晨礼服，白天、日常穿）、小礼服（又称晚礼服，晚间穿）、燕尾服。礼服要求布料必须是毛料、纯黑，须搭配黑皮鞋、黑袜子、白衬衣、黑领结。便服又分为便装和正装。人们一般穿的都是正装。正装一般为深色、毛料（含毛在70%以上），上下身必须是同色、同料、做工良好。

2. 按西装的件数来划分

西装有单件与套装之分。商界男士在正式的秘书交往中所穿的西装，必须是西装套装，在参与高层次的秘书活动时，尤以穿三件套的西装套装为佳。

（1）单件西装，即一件与裤子不配套的西装上衣，仅适用于非正式场合。

（2）西装套装，又称秘书西装套装，指的是上衣与裤子成套，面料、色彩、款式一致，风格上相互呼应的多件西装。通常，西装套装又有两件套与三件套之分。两件套包括一衣和一裤，三件套则包括一衣、一裤和一件背心。按照人们的传统看法，三件套西装比两件套西装更显得正规一些。

3. 按西装上衣的纽扣数量来划分

西装上衣有单排扣与双排扣之别，单排扣的西装上衣比较传统，而双排扣的西装上衣则较时尚。

（1）单排扣的西装上衣，最常见的有一粒纽扣、两粒纽扣、三粒纽扣三种。一粒纽扣、三粒纽扣等两种单排扣西装上衣穿起来较时髦，而两粒纽扣的单排扣西装上衣则显得更为正规。

（2）双排扣的西装上衣，最常见的有两粒纽扣、四粒纽扣、六粒纽扣三种。两粒、四粒纽扣等两种款式的双排扣西装上衣属于流行的款式，而四粒纽扣的双排扣西装上衣则明显地具有传统风格。

现代男士西服基本上是沿袭欧洲男士服装的传统习惯而形成的，其装扮行为具有一定的礼仪意义，如双排扣西服给人以庄重、正式之感，多在正式场合穿着，适用于正式的仪式、会议等；单排扣西服穿着场所普遍，宜作为工作中的职业西服或生活中的休闲西服。穿两粒纽扣西服扣第一粒表示郑重，不扣扣子则表示气氛随意；三粒纽扣西装扣上中间一粒或上面两粒为郑重，不扣表示融洽；一粒纽扣西装以系扣和不系扣区别郑重和非郑重。此外，两粒纽扣以上的西装形式，忌讳系上全部扣子。

选择合适的西装造型，比较而言，英式西装与日式西装更适合中国人穿着。西装的造型又称西装的版型，指的是西装的外观形状。目前，西装主要分为欧式、英式、美式、日式等四种主要的造型。英式西装剪裁得体，主要特征是：不刻意强调肩宽，而讲究穿在身上自然、贴身。多为单排扣式，衣领是V形，并且较窄。它腰部略收，垫肩较薄，后摆两侧开衩。日式西装贴身凝重，主要特征是：上衣的外观呈现H形，即不过分强调肩部与腰部。垫肩不高，领子较短、较窄，不过分地收腰，后摆也不开衩，多为单排扣式。

要注意大小合身，宽松适度。一套西装，无论其品牌名气有多大，只要它的尺寸不适合自己，就坚决不要穿。在秘书活动中，一位男士所穿的西装不管是过大还是过小、是过肥还是过瘦，都肯定会损害其个人形象。西装要真正合身，必须注意三条：一是了解标准尺寸；二是最好量体裁衣；三是认真进行试穿。

验证西装做工好坏特别需要从以下六个方面着手：要看其衬里是否外露；要看其衣袋是否对称；要看其纽扣是否缝牢；要看其表面是否起泡；要看其针脚是否均匀；要看其外观是否平整。

在选择西装时，除上述主要细节必须加以关注外，还要了解西装有正装西装与休闲西装的区别。一般来说，正装西装适合在正式场合穿着，其面料多为毛料，色彩多为深色，款式则讲究庄重、保守，且基本上是套装。休闲西装大都适合在非正式场合穿着。它的面料可以是棉、麻、丝、皮，也可以是化纤等。色彩多半都是鲜艳、亮丽的，且多为浅色。款式则强调宽松、舒适、自然，有时甚至以标新立异见长。通常，休闲西装基本上都是单件的。

（二）怎样穿西装

俗话说，西装是七分在做，三分在穿。

西装按照纽扣来分，有单排扣与双排扣之分。穿单排两粒纽扣式的西装，讲究“扣上不扣下”，即只扣上边那粒纽扣。穿单排三粒扣式的西装，要么只扣中间的纽扣，要么扣上面两粒纽扣。单排扣的西装也可以全部不扣纽扣。如果穿双排扣式样的西装，则需要扣上所有的纽扣。

西装按照件数来划分，有单件与套装之分。套装指上衣与裤子成套，其面料、色彩、款式一致，风格上相互呼应的多件西装。通常，西装的套装有两件套和三件套。两件套西装包括一衣和一裤。三件套西装包括衣裤和背心。两件套西装在正式场合不能脱下外衣。按习俗，西装里面一般不能加毛衣和毛背心。如果实在要加，最多也只能加一件 V 字领的薄型的单色羊毛衫或羊绒衫，否则会显得臃肿，破坏西装的线条美。

穿西装时不可将上衣的衣袖挽上去；在西装的衣袋、裤袋、背心袋里应少装或不装物品。在西装上衣上，左侧的外胸袋除可以插入一块用以装饰的真丝手帕外，不能再放其他东西，如放钢笔或挂眼镜等。内侧的胸袋可用来放钢笔、钱夹或名片夹等，但不宜放过大过厚的物品。外侧下方的两只口袋，原则上以不放任何东西为好。

西装有正装西装和休闲西装之分。正装西装适合在正式场合穿着，基本上都是套装。休闲西装适合在非正式的场合穿着，一般都是单件的，追求时尚和标新立异。

（三）怎样搭配西装

在国际上，人们往往用是否遵守“三一律”的色彩原则，来评价一位男士的着装品位，即是否使自己的公文包、皮鞋、腰带色彩相同。不管男士或女士，在正式场合的着装必须遵守“三色原则”，即指着装人全身上下的衣着，原则上应当控制在三种色彩之内。

与正装西装搭配的主要是衬衫，衬衫主要以高织精纺的纯棉、纯毛的面料为主，也有用以棉毛为主要成分的混纺面料制成的。正装衬衫应为单色调，一般以白色为主，也可以考虑蓝色、灰色、棕黑色的，以无图案为最佳，细的竖条衬衫也可以考虑，但必须避免同时穿竖条纹的西装。与正装西装搭配的衬衫必须是长袖的，其袖长应适度，一般稍长出西装的袖口 0.5 ~ 1 厘米为好。领子不能有污垢、油渍，且衬衫领子一般以高于西装的领子 0.5 ~ 1 厘米为好；不论是否穿外衣，衬衫下摆都要整齐放在西装裤里；穿西装时，衬衫的所有纽扣都要系好，只有在穿西装而不打领带时，方可解开衬衫的领扣。

领带是男士着西装时的重要饰物。最好的领带应该是用真丝或羊毛制作而成的，也可由涤纶丝织成。有时也可以使用由麻、绒、皮革、珍珠等物织成的领带，但不宜在正式场合佩戴。领带的理想色彩为蓝色、灰色、黑色、暗红色等单色或规则的几何斜条纹图案，在正式场合尽量少打浅色或艳色的领带，也不宜戴多于三种颜色的领带。佩带领带应注意场合，在上班、办公等执行公务的场合，最好系领带；在参加宴会、舞会、音乐会时，也可系领带；在休闲场合，通常不用系领带或选择休闲式领带。领带应结在西装脖领间的 V 字区中心，领结要饱满，与衬衫的领口吻合要紧凑，领带打好后的长短适度，标准的长度是领带打好之后，其下端的大箭头垂到皮带扣处为准。作为领带配件的领带夹也是西装的重要装饰品。领带夹应夹在领带的黄金分割点，即在领带结朝下的 3/5 处，约在衬衫自上而下的第三粒至第四粒纽扣之间。西装系好纽扣后，不应将领带夹外露。

领带最常见的系法有平结系法、温莎式系法与双环结系法等，如图 2-3-3 所示。

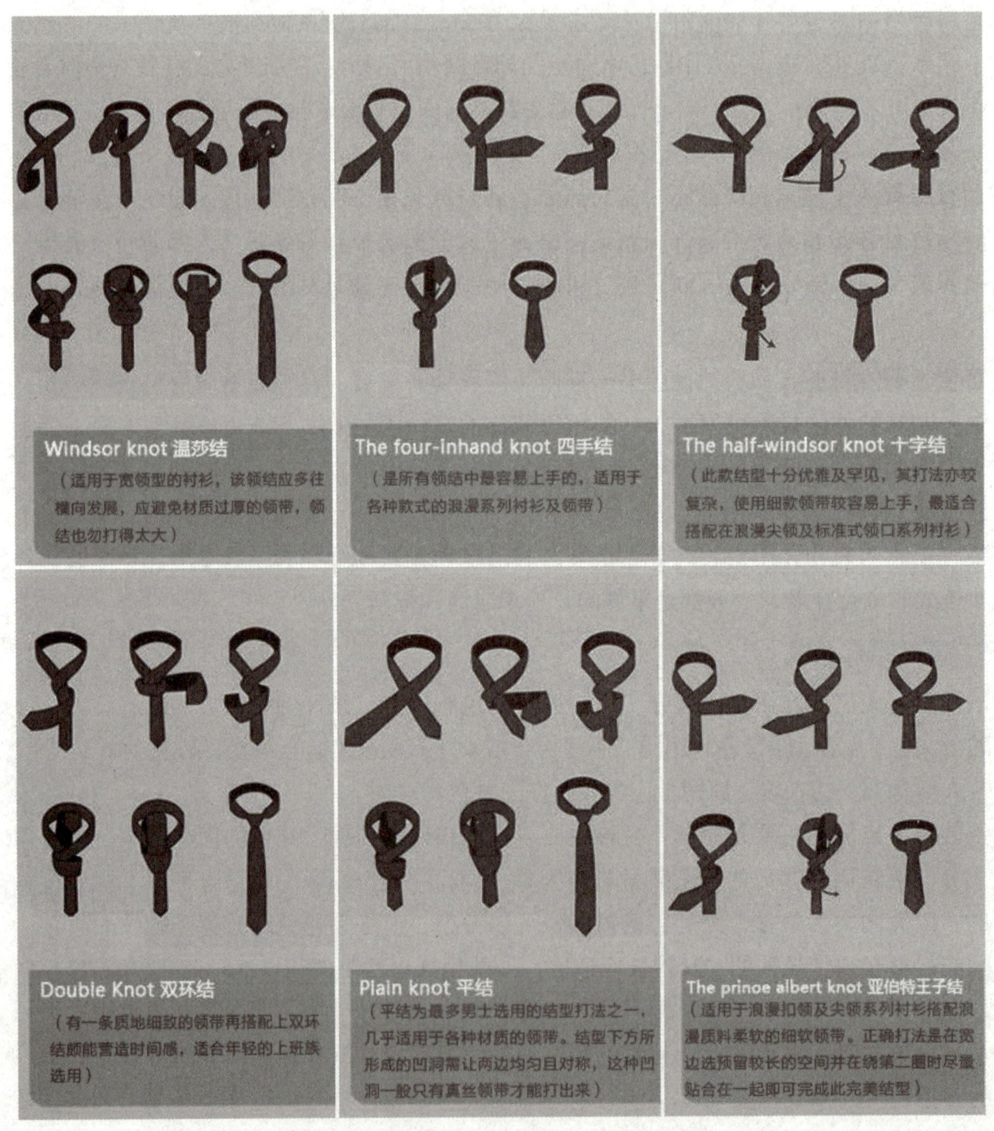

图 2-3-3　领带常见系法

鞋袜的穿戴也是西装着装中不能忽视的环节。穿西装只能穿皮鞋，而且最好选择真皮的，磨砂皮鞋、翻毛皮鞋属于休闲鞋，不适合与西装搭配，更不能穿运动鞋、轻便鞋、布鞋或露脚趾的凉鞋。

皮鞋的颜色应为深色或单色的，最适合与西装配套的首选黑色皮鞋。要保持皮鞋的清洁无异味。裤子应盖住皮鞋的鞋面。袜子是着装者最容易忽视的配件，恰恰是袜子会不动声色地显露出着装者的品味。穿正装皮鞋时，不可穿运动袜，而要穿羊毛袜或针织中筒袜，切忌穿半透明的尼龙或涤纶丝袜；袜子的颜色不能鲜艳夺目，也不能太浅，以深色或纯色为宜，袜子的颜色应比长裤颜色深，黑色皮鞋与黑色袜子是最佳搭配，即使是稍浅的栗色皮鞋，也应选深色袜子；不要穿太小或太短的袜子，太小的袜子易破，太短的袜子会使腿肚子外露出来，袜子的长短以坐下时腿肚子不外露为准。

四、女士着装

俗话说，云想衣裳花想容。相对于稳重单调的男士着装，女士的着装则丰富多彩得多。得体的穿着，不仅可以使女士更加美丽，还可以体现出一个现代文明女士的良好修养和独到的魅力。曾被称为美国最有权力的女人，美国前总统布什最信任的国务卿赖斯，不仅很注意自己的外表，甚至还可以说是挑剔自己的外表。她在办公室里挂了两面镜子，每次出门她总是看看前面，再瞧瞧后面。所以人们看到的赖斯总是衣着得体、充满自信。

（一）怎样合适地穿着

女士的穿着首先要符合自己的身材和身份，要用扬长避短的方式装扮自己，使自己更漂亮，更有品位。如何扬长避短？这需要客观地分析自己。

如果你的脖子短，而你的衣领上却有很多花边，会使你的脖子看上去更短。如果你的臀部很大，你就不要穿衣摆到臀部的衣服，更不要系一条腰带，否则会更强调你的臀部。如果你的腿很粗，再穿短裙子，就把你身上的缺点暴露了。身材矮的女士应当选择垂直线条式样的衣服，而不选在腰间系一条对比色的皮带或带子的衣服；穿高跟鞋可以加高身材，而头顶上梳高耸的发式，再加一顶高型的帽子，能使自己的身材增高。个子高的女士在穿着上与矮个子的女士相反，可以穿腰间分段的服装，腰间配上一条宽腰带，穿一件长外衣的套装等，都比较合适；可以穿低跟鞋和中跟鞋，不适合穿高跟鞋、戴帽子或梳高耸的发型，不能再增加高度。身材胖的女士最好选用黑色与深蓝色的衣服，这些色彩最能体现苗条身材，单色的或印着小花的也会不错，不能选用印有大花、大格子或看起来厚重的衣料。衣服裁制太紧，反而会显得胖，裁制得太宽松，会看上去臃肿。

总之，女士着装要注意“量体裁衣”和“合适选衣”，尤其是在挑选颜色与式样上，注意发扬优点，掩饰缺点。

（二）怎样有选择地穿

一般来说，男士有一套质地上乘的深色西装或中山装可以应对各种场面，但女士的着装则要随时间而变换。白天工作时，女士应穿职业套装或所在单位的工作服，以体现职业性和专业性；晚上出席鸡尾酒会、宴会就须穿晚礼服或民族服饰，也可多加一些修饰，如搭配一双高跟鞋，戴上有光泽的配饰，系上一条漂亮的丝巾等，服装的选择还要适合季节气候的特点，保持与潮流大势的同步。

女士的着装要与场合协调。参加正式会议、进行商务会谈等，衣着应庄重考究；在音乐厅听音乐或去剧院看芭蕾舞，则应按惯例着正装；出席正式宴会、招待会时，则应穿中国的传统旗袍或西式的长裙晚礼服等；其宴会越隆重，官方色彩越浓，举办的时间越晚，女士的服装就应当越华丽漂亮，而在朋友聚会、游览、健身、逛街、购物、假日等场合，应穿轻便舒适的休闲装。

随着地点的不同，女士的着装也各异。在自己家中接待客人，女主人可以穿舒适、整洁的休闲装，不要比应邀赴宴的女宾的服装显得更华贵，以免客人为此而自惭形秽；如果去别的公司或单位拜访，穿职业套装会显得更合适；外出旅游、访问等要顾及当地的传统和风俗习惯；去教堂或寺庙等场所，不能穿过于暴露或过短的服装。

（三）职业女性的套裙装

职业女性在正式场合应穿裙装。目前，较多企业、单位都要求职业女性穿裙装，其中又以套裙为首选。

套裙有以一件西装上衣和一条配套裙子组成的两件套，也有加上背心的三件套。套裙的上衣与裙子应当采用同一质地、同一色彩的面料。在裁制上讲究为着装者量体裁衣、扬长避短、做工考究。套裙的上衣要挺括、贴身，少用饰物或花边进行点缀；裙子以窄裙为主，并且裙长及膝或过膝。

（四）女性着装的四讲究

1. 要整洁平整

女士服装并非一定要高档华贵，但必须保持清洁，并熨烫平整，穿在身上才能大方得体、精神焕发。整洁并不仅仅为自己，更是着装者尊重他人的体现，是良好仪表的第一要素。

2. 把握色彩技巧

不同色彩会给人不同的感受，如深色或冷色调的服装，让人在视觉上产生收缩感，显得庄重严肃；而浅色或暖色调的服装会有扩张感，使人显得轻松活泼。为此，女士可以根据不同需要把握色彩的选择和搭配。

3. 配套要齐全

除了主体衣服以外，鞋子、袜子、手提包等的搭配也要从整体来考虑。如袜子的颜色，最容易配衣服的颜色是黑色和肉色。一般以透明近似肤色的为好，穿黑色系列衣服的，可以穿黑的丝袜，还能使腿显得苗条。带有花纹的袜子不能登大雅之堂。穿凉鞋时，不能穿袜子。为了御寒，人们习惯在冬天穿厚袜子，但如果参加晚宴，不论是春夏还是秋冬，袜子都应该是薄型的。如果穿裙子需要穿袜子时，不要穿短袜，一定要穿高过裙边的长丝袜，还要注意行走和坐下时，不要让袜口和腿上的皮肤露在外面。

鞋子的颜色也很重要，最好配衣服的是黑色皮鞋。当然，如果皮鞋的颜色与套装的颜色一致，也是不错的。鞋子的款式要大方，不要太多装饰，样式不要太复杂。如果让别人第一眼注意到的是你的鞋，那就是失败的穿着。女士们如果需要鞋子的款式不过时，又可使自己的腿看上去修长些，那就选择黑色的浅口皮鞋。在正式、庄重的场合不宜穿凉鞋或靴子。

手提包的选择和使用也有其规律。女士常用的手提包可以为一只较大且结实一点的手提包，上下班和工作的时候携带，比较实用，还可以放文件；一只中等大小的包，可以在工作以外的时间用；一只小巧考究的小提包，里面只放少量的化妆品、钥匙、钱等物品，穿上晚礼服，出席正式场合时可用。手提包的颜色也要搭配合适，要与自己衣服和皮鞋的颜色协调。

以前人们使用围巾主要用来挡风御寒，而今围巾的首要功能往往是装饰。如果出席鸡尾酒会，在简单而又纯色的衣服上披上一条色彩艳丽、光亮的大围巾，就会显得很有魅力。

4. 首饰点缀要巧妙

合理巧妙地佩戴首饰能够起到画龙点睛的作用，给人增添光彩。但是佩戴的首饰不宜过多，一般最多不超过三件，否则会分散别人的注意力，而且显得缺乏品位。应尽量选择同一色系的首饰，并且与整体服饰的搭配统一起来。不同的场合使用不同的首饰。

一般来说，首饰可分为休闲类和晚妆类。休闲类的首饰可以用木质、骨质、塑料、贝壳、陶瓷等质地的；但是晚妆类的首饰就要用金、银、珍珠、钻石等有光泽的材质，这样可以把人衬托得更有魅力。

五、男士着装

男士服饰与女士服饰相比，其款式少、颜色少、品种也少。我国男士的正式服装，在 20 世纪 70 年代之前以中山装为主，简洁而不失庄重，朴实而不失美观。一身相同面料、相同颜色的深色中山装，配上黑色的皮鞋，是一款很好的具有我国特色的礼服。穿中山装不仅要扣上全部的纽扣，还要把衣领上的风纪扣扣上。西装原是欧美国家的传统服饰样式，随着国际交往的日益广泛和频繁，逐渐成为国际性的礼服。

第四节 仪态礼仪

一、面部仪态

表情是人内心的思想情感在面部的外化。这种外化主要依靠面部肌肉的运动来完成。通过面部肌肉的运动所传递的信息就是表情。

表情管理对于任何人都非常重要。美国心理学家艾伯特·梅拉比安对人的感情表达信息的总效应进行了分析，并列出一个公式：感情表达信息的总效应 = 7% 语言 +38% 语调 +55% 外在形象及面部表情。这个公式是否科学，我们不作研究，但它说明表情在人际交往中发挥着重要的作用。日常生活中人的各种复杂的心理活动，常常容易在面部流露出来，如喜悦、愤怒、兴奋、沮丧、满意、懊恼、疑虑、厌恶、恐惧、绝望等。况且，通常人们把目光集中在对方脸上的时间，要超过对方的任何一个部位。在人际交往中，人的面部表情是满面笑容，还是阴云密布；是满腔热情，还是冷漠厌恶；是真诚自然，还是矫揉造作等，会对人际交往产生很大的影响。

（一）微笑

微笑是最常见的表情语言，是表情管理中非常重要的环节之一。适度的微笑是一种令人感觉愉快的表情，是交往者自然大方、真诚友善的体现，可以增强个人的亲和力，缩短人与人之间的心理距离，为深入沟通与交往创造温馨友善的气氛，如图 2-4-1 和图 2-4-2 所示。构建和谐社会尤其需要微笑。

图 2-4-1　女士微笑

图 2-4-2　男士微笑

1. 微笑的作用

世界各民族普遍认同微笑是交往的常规表情。你对他人微笑，他人也报以微笑。微笑被比喻为交际中的“货币”，人人都能付出，人人也乐于接受。在人际交往中，保持微笑至少有以下几方面的作用：

（1）表达主动热情的态度。在步入商场、饭店时，服务员用微笑来表示欢迎，顾客就会有宾至如归的感觉。

（2）表达真诚友善的姿态。对同事、朋友微笑，可以给人一种友好善良、真诚待人的感觉，使对方在与你交往的过程中自然放松，不知不觉地缩短了心理距离。

（3）表达乐观向上的修养。经常面露平和愉悦微笑的人，通常心情愉快，乐观向上，善待人生。这样的人能够产生吸引别人的魅力。

（4）表达充满自信的形象。面带笑容，说明对自己充满信心，以平和友善的态度与人交往，可以使人产生信任感，容易让人接纳。

（5）表达乐业敬业的风貌。在工作岗位上微笑，尤其在服务岗位上保持微笑，可以让人感觉到热爱本职工作的精神风貌，让服务对象倍感亲切与温暖。

微笑可以使人产生一种魅力。它是广交朋友、化解矛盾的有效手段。它可以使强硬者变温柔，使困难迎刃而解。微笑被认为是人际交往中的润滑剂。

例如，美国希尔顿酒店总公司董事长康纳·希尔顿在半个多世纪的管理生涯中，坚持不断地到设在世界各地的希尔顿酒店视察。在视察时，他经常问下级的一句话是“你今天对客人微笑了没有？”又如，在一次因民航班机的起落架无法放下，影响飞机安全降落的事件中，由于全体机组乘务员临危不惧，始终用微笑面对乘客，沉着冷静应对发生的一切，才使乘客心理上有了依靠，产生信任，然后积极配合乘务员，终于化险为夷。

微笑可以产生经济效益。目前，日本不仅出现了专门研究微笑艺术的学会，还开办了教人如何微笑的学校，甚至有许多部门积极开发与微笑有关的产品，“微笑产业”已成为一项每年可以创造出数千亿日元的赚钱行业。现在的日本，不仅有“微笑学校”专门培训经理人如何自信地微笑，而且一本有关如何在商业活动中明智地使用微笑的书也成为畅销书。一个名叫“笑颜研究所”的机构就专门提供微笑培训服务。该研究所的“微笑顾问”向零售业的人员传授如何通过微笑来获得更多的利润等。

微笑还可以成为求职的“敲门砖”。小杨是个学习成绩不错的高职学生，面临毕业的她好不容易有了一个去某通信公司营业部面试的机会。在同去面试的同学中，无论是学习成绩还是相貌，小杨都是上乘的，可是最后她却被淘汰了，落选的原因很简单，就是她缺少微笑。

可见，微笑的作用有时是无可估量的。

2. 微笑的练习方法

微笑要自然、发自内心，切忌生硬虚伪地假笑，皮笑肉不笑或轻浮地嬉笑。只有渗透着自己的情感、表里如一、毫无矫揉造作的微笑才有感染力。笑得自然得体并非人人都能做到，必要时可以进行训练。经科学的研究，最有感染力的微笑是上排牙齿露出 6 ~ 8 颗。每个人都有肌肉习惯，肌肉习惯并非难以改变，如图 2-4-3 所示。

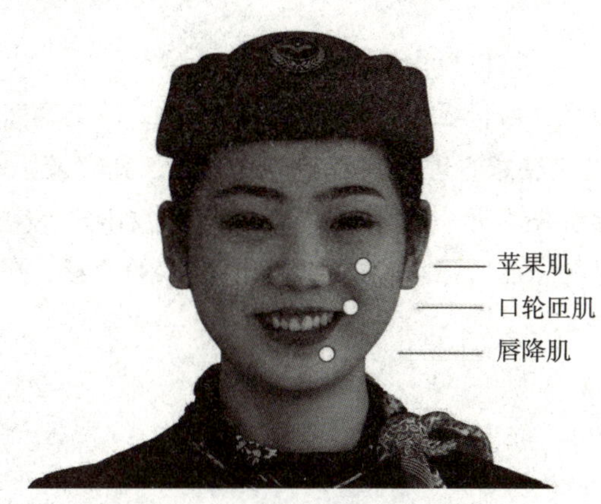

图 2-4-3 微笑练习

（1）如何改变肌肉习惯以拥有迷人的微笑?

首先，要认识迷人微笑的三个特点：五官不变形、强调下巴线条保持紧致的脸型、没有表情纹。

其次，要了解到微笑会牵扯到的三个肌肉主导，控制好便可以拥有看似不经意但却魅力十足的笑容。三个肌肉主导分别是苹果肌、口轮匝肌、唇降肌。要根据自己的脸型微调以上肌肉的发力比例。

方法如下：

方法一，苹果肌发力法。苹果肌发力法的笑容适合面中较平，脸型偏长的人，这样笑起来会显得特别灿烂，而且富有感染力，还可以缩短脸型，让脸部看上去更加饱满可爱。练习时有嘴角向上提的感觉，同时发出 yi 的音，然后调整到适合自己的力度。

方法二，口轮匝肌发力法。口轮匝肌发力法的微笑是微表情中常见的一种，适合颧骨高、苹果肌过于饱满的人，这种微笑看起来非常优雅，嘴角尖尖的看起来更加精致。练习：苹果肌不需太大浮动，靠的是嘴角两边发力，需要控制自己微笑的角度。为了使嘴角上翘，可将下巴稍微向下发力。表现为露出的牙齿不多，或是抿嘴式微笑，练习 ei 的音。找到发力点后，可对镜子调整角度，反复练习到肌肉记忆。

方法三，唇降肌发力法。唇降肌发力的微笑适合圆脸且下巴稍小的人，这种微笑可以在较小程度上拉长下巴，因此这种微笑不太适合长脸型的人。练习时，可以将下巴放松，发 ai 的音，使唇降肌发力。

（2）如何做到笑着说话？

说话时如没有微笑的带动，就会表现出态度不满意或是很严肃的样子，气氛也会变得紧张。练习方法：首先找到适合自己的微笑，做到“提、打、挺、松”，分别是提颧肌、打开牙关、挺上颚、松下巴。这样做不仅笑容变得好看，而且说话的语调和声音也会变得有笑意，很有亲和力。

（1）提颧肌。

（2）打开牙关。有些人在说话的时候能够做到提颧肌，但是不打开牙关说话，导致说话不清晰。练习时，可以像打哈欠一样，打开嘴巴，这样做显得说话很大方，声音出得来，也会非常清晰，有气质。

（3）挺上颚。挺上颚的说话，可以显得说话又暖又有力度

（4）放松下巴。以上三步完成后，要保持不要过度地用力，使笑容僵硬。

除了有意识的训练外，更应注意心理的调整，自然大方、真实亲切的微笑就会情不自禁地流露出来。其实微笑也是一种社会责任。有一位著名演员，在一场演出之前得知自己的慈母去世的消息。为了不影响演出，他忍着丧母的悲痛，强颜欢笑，保证了演出的精彩、圆满、成功。

实 例

有位空姐接待乘客时遇到这样一件事：飞机在跑道上滑行，即将升空之际，一位乘客按铃要求空姐送一杯水服药。空姐上前说：“对不起，为了您和大家的安全，待飞机平稳飞行时再给您送来好吗？”15分钟后，飞机早已进入平稳飞行状态。突然，乘客服务铃急促地响了起来。空姐猛然意识到：糟了，由于太忙，忘记给那位乘客倒水了。空姐连忙小心翼翼地把水送到那位乘客面前，面带微笑地说：“先生，实在对不起，由于我的疏忽，延误了您吃药的时间，我感到非常抱歉，以后一定改进。”这位乘客抬起左手，指着手表说道：“怎么回事，有你这样服务的吗？你看看，都过了多久了？”无论空姐怎样解释，这位挑剔的乘客都不肯原谅她的疏忽。

接下来的飞行途中，为了弥补自己的过失，空姐每次去客舱给乘客服务时，都会特意走到那位乘客面前，面带微笑地询问他是否需要水，或者别的什么帮助。然而，那位乘客余怒未消，摆出一副不合作的样子，并不理会空姐。临到目的地前，那位乘客要求空姐把留言本给他送过去，显然，他要投诉这位空姐。此时的空姐心里很委屈，但她仍不失职业道德，微笑着说：“先生，请允许我再次向您表示真诚的歉意，无论您提出什么意见，我都乐意接受您的批评。”那位乘客脸色一紧，准备说些什么，却又没有开口，接过空姐递过来的留言簿，开始在本子上写了起来。

请问，乘客在留言簿内大致写了什么内容？你能猜到吗？

分 析

飞机着陆后，空姐十分紧张，心想这下完了，扣奖金是肯定的，弄不好工作都可能丢掉。打开留言簿一看，空姐意外地发现，竟然不是投诉信，而是表扬信。上面写着：“你始终露着笑脸，虚心接受乘客的意见，你来过我处12次，也微笑了12次，深深地打动了我。我决定写表扬信，下次还将乘坐你们的航班。”可见，微笑服务可以转危为安，取得意想不到的效果。

（二）眼神

眼睛是人体传递信息最有效的器官，是“心灵的窗户”。人的心理特征的表达与接受，往往与眼睛分不开。眼神微妙的变化，准确、迅速地反映着人的深层心理情感的变化。在社交场合与人交谈时，眼神要温和、大方、亲切，眼睛正视对方的双眉到鼻尖的三角区域，经常与对方的目光保持接触，表明重视对方或对其谈话感兴趣，同时也体现自己的真诚。长时间地回避对方，眼神闪烁不定、左顾右盼、上下打量对方都是不礼貌的；反之，双眼瞳孔的焦距收缩，紧盯对方的眼睛，这种逼视的目光也是失礼的。因为，瞳孔的收缩和放大与人的心理活动有关。当人们看到有趣或心中喜爱的东西时，瞳孔就会放大，而看到不喜欢或厌恶的东西时，瞳孔就会缩小。表示礼貌的瞳孔焦距应该呈散射状，同时辅以真诚、微笑的面部表情。

在国内，不少人与异性交谈时，往往不好意思望着对方的眼睛，但如果在商务往来、对外交往中也是这样的话，会被对方认为是不礼貌和不真诚的。

不同的场合与不同的情况下可用不同的眼神。对初次见面的人，可以将头部微微一点，面带微笑地注视对方约三四秒，以示尊重和礼貌；见到熟悉的人，可以用炯炯有神的眼神注视对方，表达自己的喜悦、热情的心情；在集体场合开始讲话或演讲前，可以用双目扫视全场，以示请各位安静，自己要开始讲话或演讲了；在陶醉时，可以微闭双眼闭目养神；当与人见面握手时，眼睛注视对方的时间与握手同步；道别时，更应该注视对方的眼睛。

二、站姿

无论在人们的日常交往还是社交场合中，站立的姿势是最基本的仪态。虽然站姿属于以静为主的姿态，但是也不能太死板。“站如松”虽然要求站立要像傲然挺立的松树一样，但也不能站得面无表情。其基本美学原则是：男士要挺拔、庄重；女士要舒展、优雅。要想达到这些美学标准，必须要经过长期坚持、严格训练，像职业军人一样威武阳刚，像空姐一样仪态万方如图 2-4-4 和图 2-4-5 所示。

视 频

男服务人员站姿要求

（一）站姿的基本要求

头容正，肩容平，胸容宽，背容直。双目平视，下颌微收，面带微笑，挺胸，收腹，立腰，双肩放松，双臂自然下垂。

视 频

女服务人员站姿要求

1. 男士站姿要求

两膝并严，脚跟靠紧，脚掌分开呈 V 字形，挺髋立腰，吸腹收臀，双手置于身体两侧，自然下垂。也可以两腿分开，两脚平行，但不能超过肩宽。这种垂手式站姿一般用于较为正式的场合，如参加企业的重要庆典、聆听贵宾的讲话、商务谈判后的合影等。当然也有叉手（左手握右手腕）站姿和背手站姿，如图 2-4-4 所示。

视 频

前手式站姿

2. 女士站姿要求

双脚呈小 V 字形，膝盖和脚跟尽量靠拢，或者一只脚略前，一只脚略后，前脚的脚跟稍稍向后脚的脚内侧靠拢，后脚的膝盖向前方膝盖靠拢，呈丁字步。在基本站姿的基础上，双手搭握（女士为右手握左手，右手食指搭于左手指尖根部），稍向上提，放于小腹前。这种握手式站姿主要适用于女士，如图 2-4-5 所示。

视频

前腹式站姿

视频

背手式站姿

图 2-4-4 男士站姿

图 2-4-5 女士站姿

（二）站姿的注意事项

（1）在站立的姿势中，要尽量避免僵硬化，肌肉不能绷得太紧，可以适宜地变换姿态，追求动感美。静中有动，庄重也不失灵动。

（2）站立的时候，不要靠着门、墙、廊柱等，双手在交谈的过程中，可以自然地带一些手势，但是动作幅度不要太大。不要将手插入衣袋或者裤袋里，或者交叉抱在胸前、叉在腰间，更不能下意识地做小动作，如双手发抖、抠指甲、弄衣服角。

（3）站立的时候，不要耸肩驼背，弓腰缩胸，东倒西歪，左摇右晃，四脚拉叉。

（4）要注意精神气质，不能萎靡不振，要神清气爽，否则会给人一种缺乏自信的表现。最好不要将那些透漏你内心世界的姿势展示给别人。

视频

女士坐姿要求

视频

男士坐姿要求

视频

叠放式坐姿

三、坐姿

优雅的坐姿传递着自信、友好、热情的信息，同时也显示出高雅庄重的良好风范，要符合端庄、文雅、得体、大方的整体要求。坐姿与站姿同属一种静态仪态。正确规范的坐姿要求端庄而优美，给人以文雅、稳重、自然大方的美感。坐是仪态的主要内容之一，无论是伏案学习、参加会议，还是会客交谈、娱乐休息，都离不开坐。坐姿要求“坐如钟”，指人的坐姿像座钟般端直，当然这里的端直指上体的端直。优美的坐姿让人觉得安详、舒适、端正、舒展大方。不注意坐姿，很容易造成脊柱弯曲、身体畸形。

（一）坐姿的基本要求

神态从容自如（嘴唇微闭，下颌微收，面容平和自然），双肩平正放松，两臂自然弯曲放在腿上，亦可放在椅子或沙发扶手上，以自然得体为宜，掌心向下。坐在椅子上，要立腰、挺胸，上体自然挺直。女士坐姿要求双膝自然并拢，双腿正放或侧放，双脚并拢或交叠或呈小“V”字形。男士的坐姿要求两膝间可分开一拳左右的距离，脚态可取小八字步或稍分开以显自然洒脱之美，但不可尽情打开腿脚，否则会显得粗俗和傲慢。坐在椅子上，应至少坐满椅子的 2/3，宽座沙发则至少坐 1/2。落座后至少保持 10 分钟左右的时间不要靠椅背。时间久了，可轻靠椅背。谈话时应根据交谈者方位，将上体双膝侧转向交谈者，上身仍保持挺直，不要出现自卑、恭维、讨好的姿态，讲究礼仪要尊重别人但不能失去自尊，如图 2-4-6、图 2-4-7 和图 2-4-8 所示。

视 频

交叉式坐姿

图 2-4-6　女士坐姿

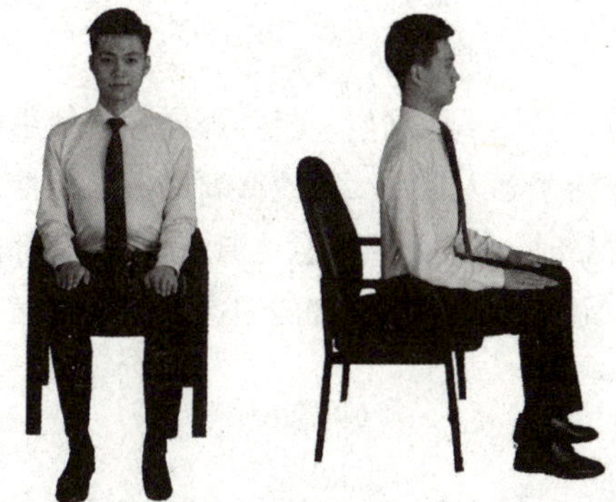

图 2-4-7　男士坐姿

图 2-4-8　交谈时的坐姿

（二）入座与离座的基本要求

1. 入座时的基本要求

在别人之后入座。出于礼貌，和客人一起入座或同时入座时，要分清尊卑，先请对方入座，自己不要抢先入座。

从座位左侧入座。如果条件允许，在就座时最好从座椅的左侧接近它。这样做是一种礼貌，而且也容易就座。在就座时，向周围的人致意，如果附近坐着熟人，应该主动跟对方打招呼，即使不认识，也应该先点点头。在公共场合，要想坐在别人身旁，还必须征得对方的允许，要放轻动作，不要使座椅乱响。

视 频

离座的基本要求

以背部接近座椅。在别人面前就座，最好背对着自己的座椅，这样就不至于背对着对方。得体的做法是：先侧身走近座椅，背对着站立，右腿后退一点，以小腿确认一下座椅的位置，然后随势坐下。必要时，用一只手扶着座椅的把手。

2. 离座时的基本要求

（1）事先说明。离开座椅时，身边如果有人在座，应该用语言或动作向对方先示意，随后再站起身来。

（2）注意先后。和别人同时离座，要注意起身的先后次序。地位低于对方时，应该稍后离座。地位高于对方时，可以首先离座。双方身份相似时，可以同时起身离座。

（3）起身缓慢。起身离座时，最好动作轻缓，不要“拖泥带水”，弄响座椅，或将椅垫、椅罩弄掉在地上。

（4）从左离开。和“左入”一样，“左出”也是一种礼节。

（三）坐姿的注意事项

（1）我们经常会见到一些不雅致的坐法，如两腿叉开，腿在地上抖个不停，而且腿还跷得很高。无论穿什么样的衣服、裤子或裙子，都不能这样做。

（2）女士应在站立的姿态上，在后方的腿能够碰到椅子的情况下，轻轻坐下来，两膝一定要并起来，腿可以放中间或放两边。如果想跷腿，两腿须是并拢的。假如穿着的裙子较短，一定要小心盖住。特别是一些经常走动工作或要上高台坐下的女士，都不适合穿太短的裙子，并且不能两腿分开。

（3）男士坐的时候膝部可以分开一点，但不要超过肩宽，也不能两腿叉开半躺在椅子里。

视频

蹲姿的基本要求

四、蹲姿

蹲姿是人在处于静态时的一种特殊体位，虽然不像站姿、坐姿那样频繁使用，但也是不能忽视的体态。适用情况：整理工作环境；给予客人帮助；提供必要服务；捡拾地面物品；自我整理装扮等。但一些人在拾取地上的物品时，比较习惯随意地弯下腰，使臀部向后翘起，上身向前倒，看上去既不雅观，也不礼貌，而且容易损伤腰部的肌肉。注意自己举止的人，尤其是女士，应该注意蹲的姿态。

视频

高低式蹲姿

（一）正确的蹲姿

一只脚在前，另一只脚在后向下蹲下，前一只脚的小腿垂直于地面，用全脚撑地，两大腿紧靠，后一只脚的脚跟提起，并用前脚掌撑地；前脚的膝盖高于后脚的膝盖，臀部向下，上身基本保持直线，稍向前倾。也可以两脚并拢，弯下膝盖朝下蹲，臀部向下，上身保持直线，如图 2-4-9 所示。

视频

交叉式蹲姿

（二）蹲姿的注意事项

（1）女士下蹲时，一定要将两腿靠紧，臀部向下。

（2）男士下蹲时，两腿间可有适当距离，如果能注意到头、胸和膝关节的角度，会使蹲姿更加优美。

视频

下蹲拾物

图 2-4-9　蹲姿

五、行姿

行姿是人体所呈现出的一种动态，是站姿的延续。行姿文雅、端庄，不仅给人以沉着、稳重、冷静的感觉，而且也是展示自己气质与修养的重要形式。生活中，人们走路的样子千姿百态，有的步伐矫健、轻松、敏捷，使人联想到健康、活力富有朝气；有的步伐稳健、自然、大方，给人以沉着、斯文的感觉；有的步伐铿锵有力，有的步伐如风一样轻盈，健美的步态可以表现一个人蓬勃向上的精神状态，会给人留下美好的印象。

（一）正确的行姿

简单来说，正确的行姿有三个要点：从容、平稳、直线。正确的行走姿态，应当是身体直立，收腹挺胸，两眼平视前方。行走迈步时，轻而稳，胸要挺，头抬起，两眼平视，脚尖微向外或向正前方伸出，脚跟先落地，脚掌紧跟着落地，两腿交替迈步，大致走在一条等宽的直线上，两脚之间相距约一只脚到一只半脚，跨步均匀，步伐稳健轻快，步履自然，要节奏快慢适当，要“行如风”，两臂应在身体两侧自然摆动，给人一种矫健轻快、从容不迫的动态美。如果能坚持正确的行姿，那么颈椎会终生受益，如图 2-4-10 所示。

视 频

男士行姿

女士的步态要自如、匀称、轻柔，以显示出端庄、文静、温柔、典雅的女子窈窕之美。女士穿裙子时要走成一条直线，使裙子的下摆与脚的动作显出优美的韵律感，如图 2-4-11 所示。穿裤子时，走成两直线，即左右脚内侧呈一条直线，步幅稍微加大。走路的美感产生于下肢的频繁运动与上体稳定之间所形成的对比和谐，以及身体的平衡对称。要做到出步和落地时脚尖都正对前方，挺胸抬头，迈步向前。

视 频

女士行姿

走路时步态美不美，是由步度和步位决定的。如果步度和步位不符合标准，那么全身摆的姿态就失去了协调的节奏，也就失去了自身的步韵。女士穿的是旗袍或筒裙，脚下又穿了高跟鞋，那么步度就要比平时穿裤子或平底鞋要小一些，因为旗袍的下摆小，高跟鞋从脚跟到脚尖的长度比平底鞋短，而穿着高跟鞋走路，步度便显得婀娜多姿。走路时，膝盖和脚腕都要富于弹性，肩膀应自然轻松地摆，使自己走在一定的韵律中，显得自然优美，否则会失去节奏感，显得浑身僵硬。

图 2-4-10 男士行姿

图 2-4-11 女士行姿

（二）各种场合的行姿

行姿也需要分场合，脚步的强弱、轻重、快慢、幅度及姿势，应与人所处的场合相适应，步态要因人、因事、因地而宜。

花园里散步要轻而缓；走进会场、走向话筒、迎向宾客，步伐要稳健、大方；进入办公场所、拜访别人，在室内脚步应轻而稳；办事联络，步伐要快捷、稳重，以体现效率、干练；参观展览、探望病人，脚步应轻而柔，不要出声响；参加婚礼等喜庆活动，步态应轻盈；参加丧事活动，步态要缓慢、沉重，以反映悲哀的情绪。

（三）行姿的注意事项

走路的姿势不正确，会影响人的美观、导致腿部肥胖。下面提示几种错误的走路姿势。

（1）走路最忌内八字和外八字。

内八字走法长久下来会造成O形腿；外八字走法会使膝盖向外，没有气质，长期下来腿型也会扭曲，甚至造成X形腿。

（2）不要踢着走。有些人因为怕地上的脏水或脏东西弄脏鞋子或裤子，会有一种习惯就是踢着走。踢着走的时候身体会向前倾，走路时只有脚尖踢到地面，然后膝盖弯曲，脚跟上提，走路的时候腰部很少出力，很像走小碎步一般。如果有踢着走的习惯，那么最好改正，以免使腿部变胖。

（3）不要压脚走。与踢着走很类似，压脚走的方式是双脚着地的时间比提脚走的人长。走的时候身体重量会整个压在脚尖上，然后再抬起来。长久下去，会导致腿肚的肌肉越来越发达，导致出现O形腿。

（4）不要踮脚尖走。踮着脚尖走的人，其实本意是为了使步伐更美妙。由于过于在脚尖上用力，会使膝盖因为脚尖用力的关系而使腿肚过于用力，很容易导致萝卜腿。

（5）走路时，不要甩手或把手插入衣袋内，不要倒背着手。

（6）走路不要扭腰摆臀，歪肩晃膀，弯腰驼背，这样有伤大雅，不美观。

（7）走路不要左顾右盼、盯住行人乱打量或指指点点对别人评头论足而有失礼貌。

（8）女性走路时双脚踩着两条略宽的平行线，或膝盖向外侧用力，都是有失雅观的。两只脚所踩的应是一条直线，而不是两条平行线，即一只脚的内侧线不可超出另一只脚足迹，如图2-4-12所示。

图2-4-12　足迹范围

扩展阅读

“三紧”是宋代学者朱熹对古人服饰方面的要求所作的总结。所谓“三紧”，就是帽带要紧、腰带要紧、鞋带要紧。三者都扎紧了，人的精神状态才会显得振作，才能表现出对人、对事的郑重。现代服饰虽然不同于古代，但穿衣得体、整洁、庄重、大方的要求，却无二致。

所谓“七不”，是《礼记》中所记载“不敢哕噫、嚏咳、欠伸、跛倚、睇视；不敢唾；寒不敢袭；

痒不敢搔；不有敬事；不敢袒裼；不涉不撅、亵衣衾不见”等七条规定。这些规定既适用于与父母、尊长共用的场所，也适用于工作场所。在严肃、正规的场合，打饱嗝、打哈欠、伸懒腰、吐唾沫、擤鼻涕、歪坐、斜视、跷二郎腿，或者只穿睡衣、内衣，甚至赤膊，都显得随便、懒散，缺乏敬意。

为人子者，居不主奥，坐不中席，行不中道，立不中门，食飨不为概，祭祀不为尸，听于无声，视于无形，不登高，不临深，不苟訾，不苟笑。

中国自古以来就是礼仪之邦，体态端正、服饰整洁、尊敬他人是个人的修养，是一个人必备的品质。

第三章 社交礼仪

社交礼仪是指人们在人际交往过程中形成的应共同遵守的行为规范和准则。

第一节　社交礼仪的原则与禁忌

社交在当今社会人际交往中发挥的作用越来越重要。通过社交，人们可以沟通心灵，建立深厚友谊，取得支持与帮助；通过社交，人们可以互通信息，共享资源。掌握规范的社交礼仪，能为交往创造出和谐融洽的气氛，建立、保持、改善人际关系，对取得事业成功大有裨益。

一、社交礼仪的原则

在社交场合中，如何运用社交礼仪，发挥礼仪应有的效应，创造最佳人际关系状态，同遵守礼仪原则密切相关。

（一）真诚尊重的原则

苏格拉底曾言："不要靠馈赠来获得一个朋友，你须贡献你诚挚的爱，学习怎样用正当的方法来赢得一个人的心。"可见，在与人交往时，真诚尊重是社交礼仪的首要原则。只有真诚待人、尊重他人，才能创造和谐愉快的人际关系，真诚和尊重是相辅相成的。

真诚是对人对事的一种实事求是的态度，是待人真心实意友善的表现，真诚和尊重首先表现为对人不说谎、不虚伪、不骗人、不侮辱人；其次表现为对他人的正确认识，相信他人、尊重他人，所谓心底无私天地宽，真诚的奉献，才有丰硕的收获，只有真诚尊重才能使彼此的友谊地久天长。

但是，还需要注意的是，在社交场合中，一味地倾吐自己的所有真诚，甚至不管对象如何、不管对方能否接受，凡是自己不赞同的或不喜欢的一味的抵制排斥，甚至攻击，都是非常糟糕的。因此，在社交中，在倾吐衷言时，对于对方的一些观点不喜欢、不赞同，不宜针锋相对地批评，更不能嘲笑或攻击，可以委婉地提出或适度地表示对此问题的观点。这也是给人留有余地，是尊重他人的另一种表现，自然也是真诚在礼貌中的体现。有时，彬彬有礼的表态，更显尊重他人的大将风度，这既是礼貌的表现，同时也是心理上战胜对方的表现。要表现出真诚和尊重，在社交场合中，切记三点：给他人充分表现的机会，对他人表现出你最大的热情，给对方永远留有余地。

（二）平等适度的原则

在社交场合中，礼仪行为总是表现为双方的，你对对方施礼，自然对方也会相应地还礼于你，这种礼仪施行必须讲究平等的原则。平等是人与人交往时建立情感的基础，是保持良好的人际关系的诀窍。在交往中，平等表现为不要骄狂，不要我行我素，不要自以为是，不要厚此薄彼，也不要傲视一切，目空无人，更不能以貌取人，或以职业、地位、权势压人，而是应该时时处处平等谦虚待人，唯有此，才能结交更多的朋友。

适度原则即交往应把握礼仪分寸，根据具体情况、具体情境而行使相应的礼仪，如在与人交往时，既要彬彬有礼，又不能低三下四；既要热情大方，又不能轻浮谄谀；要自尊却不能自负；要坦诚但不能粗鲁；要信人但不能轻信；要活泼但不能轻浮；要谦虚但不能拘谨；要老练持重，但又不能圆滑世故。

（三）自信自律的原则

自信的原则是社交场合中一个心理健康的原则，唯有对自己充满信心，才能如鱼得水，得心应手。自信是社交场合中一份很可贵的心理素质。一个有充分自信心的人，才能在交往中不卑不亢、落落大方，遇到强者不自惭，遇到艰难不气馁，遇到侮辱敢于挺身反击，遇到弱者会伸出援助之手；一个缺乏自信的人，就会处处碰壁，甚至落花流水。

自信但不能自负，自以为了不起、一贯自信的人，往往就会走向自负的极端，凡事自以为是，不尊重他人，甚至强人所难。那么如何剔除人际交往中自负的劣根性呢？自律原则正是正确处理好自信与自负的又一原则。自律乃自我约束的原则。在社会交往过程中，在心中树立起一种内心的道德信念和行为修养准则，以此来约束自己的行为，严以律己，实现自我教育，自我管理，摆正自信的天平，既不必前怕虎后怕狼以致缺少信心，又不能凡事自以为是而自负高傲。

（四）遵循“三 A 原则”

除此之外，还要遵循“三 A 原则”——接受（accept）、重视（attention）、赞同（agree）。就是要以自身的实际行动，去接受对方，重视对方，赞同对方。接受对方，是要能容纳对方，不要排斥对方。重视对方，是使对方感受到你尊重他，而且在你心目中十分重要。赞同对方，是要善于发现对方的长处，并及时加以肯定，既不自高自大，也不刻意奉承。

二、社交礼仪的禁忌

在与他人交往中，我们要注意一些社交礼仪禁忌。首先确保我们在交往中不犯忌，然后才能继续交往。

（一）言而无信

我们每个人都会反感言而无信的人。既然如此，我们自己就要做到严于律己、言而有信、以诚待人。言而无信，只是图了一时的方便和嘴上的痛快。长远地说，失去了别人的信任，慢慢地就失去了人脉。

（二）恶语伤人

语言修养也是个人修养的一部分。虽然不至于处处做到语言多么文明，但至少我们可以避免不要恶语伤人。恶语一旦出口，无论如何解释，也难以让人谅解，因为伤害的是对方的尊严。

（三）随便发怒

医学认为，发怒容易伤及肝脾，易发怒的人，平均寿命明显低于正常的人，更容易衰老，而且还会伤了彼此的和气。所以，遇事要学会“换位”思想，冷静地站在对方的角度考虑。发怒于事无补，反而容易引起他人的不快、误解，同时也对事情的解决起不到促进作用。

（四）流言蜚语

在背后散播流言蜚语的做法，不仅会伤害朋友或同事间的情谊，甚至会造成反目成仇的后果，同时也反映出流言制造者的低下品格。所以应做到不谈及别人的隐私，不传播小道消息，不造谣，不对别人的过失幸灾乐祸。

（五）过分玩笑

开玩笑是常有的事，但要注意分寸，不可以过分。如与拘谨的人，少开甚至不开玩笑。不要用他人的缺点开玩笑。对于异性，特别是男性对女性，开玩笑要注意分寸，必须适当。不要拿别人的姓名开玩笑或乱起绰号、乱叫绰号。对长辈和领导，开玩笑一定要在保持对方的尊严的基础上。与性格开朗、大度的人交流，适度玩笑可以使气氛更加活跃。在悲哀、不幸的气氛中或别人正专心致志的场合以及庄重的集会、重大的社会活动中，不要开玩笑。开玩笑要特别注意内容健康、幽默、高雅，不要开庸俗的玩笑。

第二节　常用见面礼仪

一、点头礼

在交往礼仪中，点头礼是对他人表示友善的行为礼仪之一。微微点头对人表示礼貌，既适用于已经熟识的朋友、同事等，也适用于初次相遇的人，不仅暗含着对人友好的表示，也有着拉近彼此距离的作用。

视频

点头礼的基本要求

在社会交往中，目空一切，一副对谁都爱搭不理的样子，这是极其失礼的表现。点头礼简单实用，只要运用得当，会使人在社会交往、商务交际中左右逢源，建立广泛的人际网络，为成功打下坚实的基础。

点头礼应注意：

（1）男子戴礼帽时，可施脱帽礼，即两人相遇可摘帽点头致意，离别时再戴上帽子。

（2）如果在途中与相遇者并无实际交涉的内容，只是侧身而过，从礼节上讲，可说声“你好”，并微微点头。

（3）遇见身份高的领导，应有礼貌地点头致意或表示欢迎。

视频

鞠躬礼

二、鞠躬礼

鞠躬礼是人们在日常人际交往中普遍使用的一种礼节，表示对他人尊敬、恭敬、感谢、致歉之意。既适用于庄严肃穆、喜庆欢乐的仪式，也适用于一般的社交场合，如图 3-2-1 和图 3-2-2 所示。

图 3-2-1 鞠躬礼

图 3-2-2 鞠躬礼

（一）常见鞠躬礼的分类及礼仪要领

常见的鞠躬礼有以下三种：

1. 三鞠躬

三鞠躬，也称最敬礼。三鞠躬一般为参加追悼会，向遗体告别时行三鞠躬礼，应注意庄重、严肃。或在喜庆的结婚仪式中，新郎新娘相对三鞠躬，应面带微笑，自然大方，切忌轻佻、敷衍、扭捏。

三鞠躬的基本动作规范为：行礼之前应当先脱帽，摘下围巾，身体肃立，目视受礼者。男士的双手自然下垂，贴放于身体两侧裤线处；女士的双手下垂搭放在腹前。身体上部向前下弯约 90°，然后恢复站立原状，如此三次。

2. 深鞠躬

其基本动作同三鞠躬，区别就在于深鞠躬一般只鞠躬一次即可，但要求弯腰幅度一定要达到 90°，以示敬意或歉意。

3. 社交鞠躬礼

行礼时，面向受礼者，立正站好，保持身体端正；距离为两三步远；以腰部为轴，身体上部向前下弯，行 15° ~ 60° 鞠躬礼，具体视行礼者对受礼者的尊敬程度而定，同时问候“您好”“早上好”“欢迎光临”等。一般用于朋友或同志初次见面，行 15° 鞠躬礼或点头礼；晚辈对长辈、学生对老师、下级对上级、宾主之间可行 30° ~ 45° 鞠躬礼；表演者对观众、对观众的掌声报以鞠躬致谢或领奖人上台领奖时，向授奖者和全体与会者行礼等都可以行 60° 或更高程度的鞠躬礼。

在国外，鞠躬礼也比较普遍。尤其在日本、朝鲜、韩国等国家较为盛行。日本人们习惯行 60° ~ 90° 的鞠躬礼。而朝鲜、韩国的妇女在行鞠躬礼时，一般是一手提裙，一手下垂鞠躬，面对客人微笑而立。在西方，日常鞠躬时上体前倾约 15° 。

（二）鞠躬礼的注意事项

（1）行鞠躬礼前，须脱帽、立正、目视对方、面带笑容。行礼时，随上身下弯视线下移。

（2）当受到他人向自己行鞠躬礼时，应该立即还以鞠躬礼。但长辈对晚辈、上级对下级不鞠躬，欠身点头即示还礼。演员对观众致鞠躬礼后，观众或听众以掌声还礼。

（3）地位较对方低的人要先鞠躬。当对方是长辈、师长、领导时，应该先鞠躬；在以主人的身份欢迎客人时，也要先鞠躬，表示尊敬或欢迎。

（4）地位较低的人鞠躬要相对深些。这也是行鞠躬礼需要讲究的。

三、握手礼

握手是交往中很常见的一种见面礼节，如图 3-2-3 所示。握手礼的由来有三种说法。一种说法是，战争期间，骑士们穿着盔甲，随时准备冲向敌人。如果表示友好，互相走近时就脱去右手的甲胄，伸出右手，表示没有武器，互相握手言好。当今行握手礼也都是不戴手套，朋友或互不相识的人初识、再见时，先脱去手套，才能施握手礼，以示对对方尊重。另一种说法是，最早发生在人类还处于“刀耕火种”的时代，那时，在狩猎和战争中，人们手中经常拿着棍棒、石头等武器，遇见陌生人时，如果大家都无恶意，为了表示友好，就要放下手中的猎具，并伸开手掌，让对方抚摸手掌心，表示手中没有拿着武器。后来，这个动作被武士们学到了，他们为了表示友谊，不再互相争斗，就互相摸一下对方的手掌。随着时代的变迁，这个动作就逐渐形成了握手礼。说法三则来源于原始社会。当时，原始人居住在山洞，他们经常打仗，使用的武器是棍棒。后来他们发现可以消除敌意，结为朋友，而最好的表达方式是见面时先扔掉手中棍棒，再挥挥手。

（一）适用范围

握手是大多数国家的人在见面和离别时的礼节，含有欢迎、欢送、初见、久未见后的相见、告辞、感谢、慰问、鼓励、祝贺等意。例如，与来访者握手，表示欢迎；与欢送者握手，表示告别；与同盟者握手，表示期待；与对立者握手，表示和解；与悲伤者握手，表示慰问；与成功者握手，表示祝贺；与失败者握手，表示理解等。

图 3-2-3 握手礼

（二）握手礼的正确使用

1. 规范

标准的握手姿势应该是大方地伸出右手，手掌与地面垂直，手指尖稍稍向下，虎口撑开其余四指并拢，用手掌和手指稍稍用点力，全部握住对方的手掌。也可以使用双手式握手，即伸出左手，握住双方已经相握的手，轻轻地晃上几下。但男士对女士不适宜，不熟悉的人也不合适。握手时身体稍往前倾，不能挺胸昂头。当老者伸手时，应急步趋前，用双手握住对方的手。

2. 适度

握手时间适度。握手的时间不能过长，一般以 3 ~ 5 秒为宜，关系亲近的当然可以相握的时间长些。匆匆握一下就松手，让人感觉是在敷衍；久久地握着不放，也会让人感到尴尬，男士尤其不能长时间地握着女士的手。

握手力度适度。握手的力度过重过轻都不宜，过轻会被人误解为拘谨或虚伪敷衍，过重会让人感到难以承受，特别不能太重地握着女士的手。为此，握手要注意因时间、地点、对象不同而适度对待。

与异性握手应该落落大方，大可不必“拘谨”“矜持”，否则会有敷衍了事冷落对方之嫌。

3. 真诚专注

除悲伤的场合外，握手时，应该面带微笑，注视对方的双眼，以表示诚意。可以边握手边说:“你好”，或者“欢迎”等。倘若人多，也要真诚专注、一个个地与对方握手，切不可握着对方的手，眼神却瞟望其他人，这是很不礼貌、非常忌讳的动作。

4. 先后有序

握手时，应该懂得先后有序的礼节。

（1）长辈与晚辈之间，应当等长辈先伸手，晚辈再及时伸手接握。

（2）上级与下级之间，下级应该待上级主动伸手后再伸手。

（3）男士与女士之间，应让女士先主动伸手，男士才能伸手相握，如果女方没有握手的意思，男方可用点头礼表示礼貌。

（4）老师与学生之间，应该老师先伸手，然后学生再伸手接握。

（5）主人与客人之间，主人对前来拜访的客人，不论长幼、上下级或男女，均应先伸手，向来客表示热烈的欢迎。但客人道别时，应客人先伸手，意思是告诉主人：到此为止，请你留步；如果此时主人先伸手就成了“逐客令”了。

（6）一人与多人握手时，在熟悉的情况下应该按照由尊而卑的顺序一一握手。在不熟悉交往人员的情况下，如果对方是一字排开的话，要由近及远地逐个相握；如果对方是围成圈的，应该沿着顺时针方向逐一握手。

别人伸手同你握手，而你却熟视无睹不伸手，是不友好、不礼貌的行为。但是，当平辈、朋友或熟人间见面时，则先伸手为有礼。当对方没有按照以上的礼仪要求主动与你握手时，作为“尊者”就不能太计较“规则”而不伸手，以免对方尴尬。

（三）注意事项

（1）应注意双手的卫生，用不干净或湿的手与人握手是不礼貌的。不便握手时，可与对方说明原因，并表示歉意。

（2）切忌用左手与人握手，除非你有特殊原因，也应加以说明。

（3）多人同时握手时，注意不要交叉握手，这会相互影响，可以待别人握过之后再去握。

（4）握手时不可把另一只手放进口袋里，应将之自然地放在身体的另一侧，否则会有对交往对象不屑一顾之嫌。

（5）忌戴着手套与人握手，但在寒冷的冬天的户外，或者因时间仓促来不及脱掉手套，可以在握手时向对方表示歉意。只有女士在社交场合可以戴着薄纱手套与人握手。

（6）不要戴着墨镜或戴着帽子与人握手，这也是不合适的。

（7）不要坐着与人握手，除非两个人都坐着；更不能坐着与站着的人握手，这是对人的不尊重。如果你是坐着的，有人走过来和你握手，必须站起来，表现出对他人的尊重，同时表现出对自己的尊重，除非你有不便或有疾病在身不方便起身，此时要向对方表示歉意。

四、合十礼

合十礼又称“合掌礼”，通行于泰国、斯里兰卡、印度等国家与地区。我国的傣族聚居区也用合十礼。行礼时，两掌合拢在胸前，十指向上并拢，手掌向外倾斜，头略低，神情自然、安详，同时问候对方“您好”等。行合十礼的最大讲究是合十于身前的手掌所举的高度不同，给予交往对象的礼遇便有所不同。通常，合十的双手举得越高，表示行礼者对受礼方越尊重。

合十礼主要有跪合十礼、蹲合十礼和站合十礼三种。如佛教徒拜佛祖或高僧时，以跪合十礼为最尊敬。行礼时右腿跪地，双手合掌于两眉之间，头部微微低下，以表恭敬虔诚。子女拜见父母，学生拜见师长时，行蹲合十礼。行礼时身体下蹲，将合十的掌尖举至两眉之间，以示尊敬。公务人员拜见长官时，行站合十礼，以示敬意，但其合十的掌尖以举到口部为限；如果平民之间、平级官员之间相见，行站合十礼，其合十的掌尖举到胸部即可。

在国际交往中，当对方用合十礼致敬时，应还以合十礼。需要注意的是，不要在双手合十的同时点头，那会显得不伦不类。

五、中华传统礼节

（一）跪拜礼

跪拜礼早在原始社会就已产生，但那时人们仅仅是以跪拜的形式表示友好和敬意，并无尊卑关系。进入阶级社会后，特别是在封建社会里，“跪拜”是一种臣服的表示，“拜，服也；稽首，服之甚也。”即使是平辈跪拜，也有彼此恭敬的意思。“跪拜礼”的表现形式有多种，但主要有以下几种：

（1）“稽首”：是臣拜君之礼。拜者头首着地，并停留较长一段时间。

（2）“顿首”：即叩首、叩头。头一触地就起，是一种用于平辈间的，比较庄重的礼节。古人就常常在书信的头或尾书以“顿首”二字，以表敬意。

（3）另外，还有“空首”“再拜”等。

（二）揖让礼

“揖”是作揖，双手抱拳打拱，身体向前微倾；“让”表示谦让。这是一种大众化的礼节，一般用于宾主相见时，或平辈间、比较随便的场合。“打拱作揖”既是一种引见，也表示一种寒暄问候。这一礼节，最能体现中华民族“谦让”的美德。

（三）拱手礼

拱手致意在我国是一种传统的见面礼，是人们表示祝贺、祝愿、祝福的一种施礼方式。其姿势是起身站立，上身挺直，两臂前伸，双手在胸前高举抱拳，通常为左手握空拳，右手抱左手，拱手的位置齐眉，上下略摆动几下。

1. 拱手礼的使用场合

（1）凡遇重大节日，如春节等，亲朋好友、街坊邻居、同事之间见面时，人们常常喜欢拱手为礼，以表祝愿；在为欢庆节日而召开的团拜会上，大家欢聚一堂，互相祝愿，也常用拱手礼以表敬意。

（2）凡遇婚礼、生日、庆功等喜庆场合，来宾也可以向新郎、新娘及其父母，或向寿星和当事人等行拱手礼表示祝贺和祝福。

（3）当双方告别、互道珍重时，向对方表示歉意等时，也可用拱手礼表示。拱手致意时，往往与寒暄语同时进行，如可以说“恭喜、恭喜”“节日快乐”“久仰、久仰”“请多多关照”“后会有期”等。

2. 拱手礼的优越性

（1）行拱手礼比握手卫生。因为我们的手每天都要接触各种各样的东西，没有办法时时保持干净卫生；一旦遇见有传染病的熟人，当对方热情地伸出手时，虽然心里恐惧，但碍于情面也不得不“舍命陪君子”。如果双方行拱手礼，就不至于那么尴尬了。

（2）行拱手礼比握手方便自如。当多位客人同时到访时，主人用拱手礼表示欢迎，可以避免一时应接不暇或者厚此薄彼的场面。

（3）拱手礼不受行礼距离的约束，在较远较大的范围内都能起到施礼的效果。

第三节　称谓礼仪

一、称谓礼仪的分类

称谓也叫做称呼，用以指代亲戚、朋友、熟人或其他有关人员等，是表达人的不同思想感情的重要手段。人际交往，礼貌为先；与人交谈，称呼在前。正确、恰当地掌握和运用称呼，是日常人际交往中不可忽视的一个重要环节。表示尊敬、亲切、儒雅的称呼，可以使交往的双方感情融洽，心灵沟通，并且缩短彼此间的距离。

（一）亲属称呼

中国素有“文明古国、礼仪之邦”的美称，自古以来，在使用亲属称呼时十分讲究，父系家属和母系家属的不同，男方亲族与女方亲族各异，还有直系长辈、晚辈和旁系长辈、晚辈之间的称呼等，都分得很清楚。虽然现代家庭称呼远没有古代那么庞杂，但基本的称呼还是要了解的。

为了便于表述和记忆，下面将父系、母系、夫家、妻家、兄弟姐妹等亲属的称呼，按照对象的称呼和自称排列。

1. 对父系亲属的称呼

对父系亲属的称呼如表 3-3-1 所示。

表3-3-1　对父系亲属的称呼

对象	称呼	自称
父亲的祖父	曾祖父（太爷爷）	曾孙（曾孙女）
父亲的祖母	曾祖母（太奶奶）	曾孙（曾孙女）
父亲的父亲	祖父（爷爷）	孙子（孙女）
父亲的母亲	祖母（奶奶）	孙子（孙女）
父亲的后妻	继母（妈妈）	继子（继女）
父亲的哥哥	伯父（大伯、大爷）	侄子（侄女）
父亲的嫂嫂	伯母（大妈、大娘）	侄子（侄女）
父亲的弟弟	叔父（叔叔）	侄子（侄女）
父亲的弟媳	叔母（婶婶）	侄子（侄女）
父亲的姐姐	姑母（姑姑）	内侄（内侄女）
父亲的姐夫	姑父（姑丈）	内侄（内侄女）
父亲的妹妹	姑母（姑姑）	内侄（内侄女）
父亲的妹夫	姑父（姑丈）	内侄（内侄女）
父亲的侄子	堂兄、堂弟	堂兄、弟、姐、妹
父亲的侄媳	堂嫂、堂弟媳	堂兄、弟、姐、妹
父亲的侄女	堂姐、堂妹	堂兄、弟、姐、妹

续表

对象	称呼	自称
父亲的侄婿	堂姐夫、堂妹夫	堂兄、弟、姐、妹
父亲的姑父	姑爷爷	内侄孙（内侄孙女）
父亲的姑母	姑奶奶	内侄孙（内侄孙女）
父亲的舅父	舅爷爷	舅外孙（舅外孙女）
父亲的舅母	舅奶奶	舅外孙（舅外孙女）
父亲的姨夫	姨爷爷	姨外孙（姨外孙女）
父亲的姨母	姨奶奶	姨外孙（姨外孙女）
祖父的哥哥	伯祖父（伯公、爷爷）	侄孙（侄孙女）
祖父的嫂嫂	伯祖母（伯婆、奶奶）	侄孙（侄孙女）
祖父的弟弟	叔祖父（叔公、爷爷）	侄孙（侄孙女）
祖父的弟媳	叔祖母（叔婆、奶奶）	侄孙（侄孙女）
祖父的姐妹	祖姑母（姑婆、姑奶奶）	内侄孙（内侄孙女）
祖父的姐夫	祖姑父（姑公、姑爷爷）	内侄孙（内侄孙女）
祖父的妹夫	祖姑父（姑公、姑爷爷）	内侄孙（内侄孙女）
祖母的兄弟	舅公（舅爷爷）	外甥孙（外甥孙女）
祖母的嫂嫂	舅婆（舅奶奶）	外甥孙（外甥孙女）
祖母的弟媳	舅婆（舅奶奶）	外甥孙（外甥孙女）
祖母的姐妹	祖姨母（姨婆、姨奶奶）	外甥孙（外甥孙女）
祖母的姐夫	祖姨父（姨公、姨爷爷）	外甥孙（外甥孙女）
祖母的妹夫	祖姨父（姨公、姨爷爷）	外甥孙（外甥孙女）

2. 对母系亲属的称呼

对母系亲属的称呼如表 3-3-2 所示。

表 3-3-2　对母系亲属的称呼

对象	称呼	自称
母亲的祖父	外曾祖父（太外公）	外曾孙（外曾孙女）
母亲的祖母	外曾祖母（太外婆）	外曾孙（外曾孙女）
母亲的父亲	外祖父（外公、姥爷）	外孙（外孙女）
母亲的母亲	外祖母（外婆、姥姥）	外孙（外孙女）
母亲的后夫	继父（爸爸）	继子（继女）
母亲的兄弟	舅父（舅舅）	外甥（外甥女）
母亲的嫂嫂	舅母（舅妈）	外甥（外甥女）
母亲的弟媳	舅母（舅妈）	外甥（外甥女）
母亲的姐姐	姨母（姨妈）	外甥（外甥女）
母亲的姐夫	姨父（姨丈）	外甥（外甥女）
母亲的妹妹	姨母（阿姨）	外甥（外甥女）
母亲的妹夫	姨父（姨丈）	外甥（外甥女）

续表

对象	称呼	自称
母亲的侄子	表兄、表弟	表兄、弟、姐、妹
母亲的侄媳	表嫂、表弟媳	表兄、弟、姐、妹
母亲的侄女	表姐、表妹	表兄、弟、姐、妹
母亲的侄婿	表姐夫、表妹夫	表兄、弟、姐、妹
母亲的姑父	姑公（姑姥爷）	侄外孙（侄外孙女）
母亲的姑母	姑婆（姑姥姥）	侄外孙（侄外孙女）
母亲的舅父	舅公（舅姥爷）	舅外孙（舅外孙女）
母亲的舅母	舅婆（舅姥姥）	舅外孙（舅外孙女）
母亲的姨父	姨公（姨姥爷）	姨外孙（姨外孙女）
母亲的姨母	姨婆（姨姥姥）	姨外孙（姨外孙女）

3. 对夫家亲属的称呼

对夫家亲属的称呼如表 3-3-3 所示。

表 3-3-3　对夫家亲属的称呼

对象	称呼	自称
丈夫	夫（爱人）	妻
丈夫的祖父	祖父（爷爷）	孙媳
丈夫的祖母	祖母（奶奶）	孙媳
丈夫的父亲	公公（爸爸）	儿媳
丈夫的母亲	婆婆（妈妈）	儿媳
丈夫的哥哥	大伯	弟媳
丈夫的嫂嫂	嫂嫂	弟媳
丈夫的弟弟	小叔	嫂嫂
丈夫的弟媳	弟媳	嫂嫂
丈夫的姐姐	大姑子	内弟媳
丈夫的姐夫	姑爷	内弟媳
丈夫的妹妹	小姑子	内兄嫂
丈夫的妹夫	姑爷	内兄嫂
丈夫的姑父	姑父	内侄媳
丈夫的姑母	姑母	内侄媳
丈夫的舅父	舅父	甥媳
丈夫的舅母	舅母	甥媳
丈夫的姨父	姨父	甥媳
丈夫的姨母	姨母	甥媳

4. 对妻家亲属的称呼

对妻家亲属的称呼如表 3-3-4 所示。

表3-3-4　对妻家亲属的称呼

对象	称呼	自称
妻子	妻（爱人）	夫
妻子的祖父	岳祖父（爷爷）	孙婿
妻子的祖母	岳祖母（奶奶）	孙婿
妻子的父亲	岳父（爸爸）	女婿
妻子的母亲	岳母（妈妈）	女婿
妻子的哥哥	内兄（大舅子）	妹夫
妻子的嫂嫂	内嫂	妹夫
妻子的弟弟	内弟（小舅子）	姐夫
妻子的弟媳	内弟媳	姐夫
妻子的姐姐	姨姐（大姨子）	姨妹夫
妻子的姐夫	襟兄	襟弟
妻子的妹妹	姨妹（小姨子）	姨姐夫
妻子的妹夫	襟弟	襟兄
妻子的姑父	内姑父	内侄婿
妻子的姑母	内姑母	内侄婿
妻子的舅父	内舅父	内甥婿
妻子的舅母	内舅母	内甥婿
妻子的姨父	内姨父	内甥婿
妻子的姨母	内姨母	内甥婿

5．对兄弟姐妹亲属的称呼

对兄弟姐妹亲属的称呼如表3-3-5所示。

表3-3-5　对兄弟姐妹亲属的称呼

对象	称呼	自称
哥哥	哥哥（兄）	弟（妹）
嫂嫂	嫂嫂（嫂）	夫弟（妹）
弟弟	弟弟（弟）	兄（姐）
弟媳	弟媳	夫兄（姐）
姐姐	姐姐（姐）	弟（妹）
姐夫	姐夫	内弟（妹）
妹妹	妹妹（妹）	兄（姐）
妹夫	妹夫	内兄（姐）
姐（妹）夫的父母	姻家父、姻家母	姻家子（女）

6．常见的亲属合称

父亲和母亲称“父母”，父亲和儿子称“父子”，父亲和女儿称“父女”，母亲和儿子称“母子”，母亲和女儿称“母女”，祖父和孙子、孙女称“公孙”，叔父、伯父和侄儿、侄女称“叔侄”，公公和婆婆称“公婆”，公公和儿媳称“翁媳”，婆婆和儿媳称“婆媳”，岳父母和女婿称“翁婿”，舅父母和外甥称“舅甥”，兄和弟称“兄弟”，姐和妹称“姐妹”，夫和妻称“夫妻”，兄妻和弟媳妇称“妯娌”，丈夫的姐妹和嫂嫂、弟媳称“姑嫂”，姐妹的丈夫之间称“连襟”，姐、妹的丈夫和内兄、弟称“郎舅”等。

7. 家庭成员的介绍

在介绍家庭成员时，可以记住“家大舍小令他人”。这就是说，称呼亲属中比自己辈分高的，在称呼前加一个“家”字，如，“老张，这是家父。”“丁先生，这是家兄。”等。称呼亲属中比自己辈分低的，在称呼前加一个“舍”字，表示谦虚，如舍弟、舍妹、舍侄等。称呼他人的亲属时，不分长幼尊卑，前面一律加“令”字作为敬语，如，尊称对方的父亲为“令尊”，尊称对方的母亲为“令堂”，尊称对方的哥哥为“令兄”，尊称对方的弟弟为“令弟”，尊称对方的儿子为“令郎”，尊称对方的女儿为“令爱”或“令媛”等。

在使用“家、舍”的自谦语时，已经包含了第一人称的意义，同样，在用敬辞“令”时，也已经包含了第二人称的涵义，因此，在使用过程中，不必再添人称代词，如果称“您令堂”“我舍弟”，就是画蛇添足了。

（二）社会称呼

在日常生活中，除了亲属外，还需要与社会上不同年龄、不同性别、不同行业、不同职务和职称的人交往，恰如其分、恰到好处地称呼别人，会给对方留下好印象。

根据不同年龄、辈分，如在街坊邻里，可称“王大妈”“陈大爷”“张阿姨”“郑家阿弟”等。现在对长辈老者，以“老”字相称的较多，如“老人家”“老先生”“老伯”等，对德高望重的老前辈，常在其姓后加“老”字，如“杜老”“程老”“吴老”等。

根据不同的性别，一般对男士统称“先生”，对女子的称呼则有不同，也可统称“女士”。在国际交往中，通常称已婚女子为“夫人”，称未婚女子为“小姐”。称呼一个不明婚姻情况的女子，可称“女士”。无论是“先生”“小姐”“女士”，都可以连名带称呼一起用，如“社长先生”“凯瑟琳小姐”“王女士”等。

根据不同行业的称呼。在学校称“鲍老师”“汪老师”，在医院称“戴医生”“蒋大夫”，在工厂称“常师傅”“朱师傅”等。

根据不同职务的称呼。职务的称呼相当普遍，以表对被称呼者的尊重和礼貌。如“叶局长”“钱科长”“曹经理”“许院长”“邹书记”等。

也有对专业技术人员根据职称称呼。如“俞教授”“赵工程师”“范会计师”“谢医师”等。

按学位称呼，可以称人“杨博士”“侯博士”一般其他的学士、硕士学位，不能作为称呼来用。

二、称谓礼仪的注意事项及正确使用

（一）称谓礼仪的正确使用

正确的称呼不仅反映着自身的教养、对对方的尊重，甚至还体现着双方关系达到的程度和社会风尚。运用生活中的称呼、工作中的称呼、国际交往中的称呼，对称呼的禁忌应细心掌握、认真区别。

（1）称呼要视对方的年龄、性别、身份、职业等不同而不同。对年长者要体现谦恭、尊重的语气；

对同辈要体现诚恳、友好的语气；对青年人要体现慈爱、谦和的语气。在单位尽量称呼对方的职务、职称，如果有几个职务或职称，尽量称呼高的。可以根据时间、场合，适地、适时地使用不同称呼。

（2）生活中的称呼应当亲切、自然、准确、合理。

（3）工作中以职务、职称相称的称呼是有特殊性的，要求庄重、正式、规范。

（4）国际交往中，基于国情、民族、宗教、文化背景的不同，称呼显得千差万别。一是要掌握一般性规律；二是要注意差异性。

（5）在英国、美国、加拿大、澳大利亚、新西兰等讲英语的国家里，姓名一般由两个部分构成，通常名字在前，姓氏在后。对于关系密切的人，不论辈分可以直呼其名而不称姓。例如，俄罗斯人的姓名有本名、父名和姓氏三个部分，妇女的姓氏婚前使用父姓，婚后使用夫姓，本名和父名通常不变。

（6）日本人的姓名排列和我们一样，日本妇女婚前使用父姓，婚后使用夫姓，本名不变。

（二）注意事项

（1）错误称呼。常见的错误称呼是误读或是误会。

误读也就是念错姓名。为了避免这种情况的发生，对于不认识的字，事先要有所准备；如果是临时遇到，可以谦虚请教。误会，主要是对被称呼人的年纪、辈分、婚否以及与其他人的关系作出了错误判断。例如，将未婚妇女称为“夫人”，就属于误会。

（2）不通用称呼。有些称呼，具有一定的地域性，例如山东人喜欢称呼“伙计”，但南方人觉得“伙计”是“打工仔”，不喜欢这种称呼。

（3）不当称呼。工人可以称呼为“师傅”，道士、和尚、尼姑可以称为“出家人”。但如果用这些来称呼其他人，容易产生误解。

（4）易引起误解或歧义的称呼。例如对于王姓，称呼的时候问：“你是小王吧！”容易让人反感。另外，简称也应加以注意。简称无可厚非，但要注意避免歧义，例如姓范的局长，简称“范局”（饭局），就显得欠妥；而姓项的工程师，简称“项工”（相公），也容易引起误会。

（5）庸俗称呼。有些称呼在正式的商务场合、政务场合、服务场合不适合使用。例如，“兄弟”“哥们儿”等一类称呼，虽然听起来亲切，但显得太随意。

（6）称呼外号。对于关系一般的人，不要自作主张给对方起外号，不能用道听途说的外号称呼对方，也不能随便拿别人的姓名乱开玩笑。

（7）在众人交谈的场合，注意称呼时的顺序。一般要求先长后幼，先上后下，先女后男，先疏后亲。

（8）称呼的对象。“师傅”“同志”是我国除了亲属以外的一种常用礼貌称呼，但是不注意对象就会适得其反。如，到医院称医生为“师傅”，在学校见老师也叫“师傅”，都会让人啼笑皆非。

（9）东西方的文化差异。在我国称年长的人谓“老”，是对长者的敬重，但是西方的一些国家却忌讳别人称自己“老”。在涉外场合，不宜使用“爱人”这个称呼，因为“爱人”在英语里是“情人”之意，容易被误解。

（10）现在是信息社会，“陌生人”的概念存疑义，易让人产生不友好的看法，意味着一定程度上的危险。但是很多信息都来自“陌生人”，拒绝和陌生人说话，实际上也就拒绝了和社会交往。这只会使人信息闭塞，放弃人际交往，更谈不上什么礼仪了。

三、传统称谓

（一）姓、名、字、号

1. 姓

姓，是氏族、家族共用的。中华民族关于姓的历史十分悠久，关于姓的起源，还没有一个确切的说法，在上古时代，最初可能多以自然物为氏族的图腾标志，与领地有关，故有熊、牛、马、羊之姓。一般认为姓起源于母系社会，"姓"字本身就包含"女"字，古人姓中也多含"女"字。如：姬、姜、姚、妘、嫦、娲等，"姓"作为区别婚配的作用，自始至终都在延续。

2. 名

人的称号。根据《礼记·内则》记载，上古时期，婴儿在出生三个月的时候由父亲给命名，这就是古人"名"的由来。这大概是由于从前医疗条件差，出生满三月的小孩存活概率大，长辈才帮小孩正式取"名"。"名"是幼时在家供亲长称呼之用，通常称"小名"，或叫"乳名""奶名"。先秦之世，人"名"或不忌雅俗，例如，晋成公名黑臀，鲁成公名黑肱，齐桓公名小白。其实在我国民间，部分地区至今仍保留着婴儿满月时才命名的习俗，不过是命名的权利不再由父亲一人拥有，而是由婴儿的亲人共同拥有。

3. 字

古人不仅有"名"，而且有"字"。《礼记·檀弓上》记载："幼名，冠字"。孔颖达疏："始生三月而加名……年二十，有为人父之道，朋友等类不可复呼其名，故冠而加字"。男子二十岁举行冠礼，并取"字"；女子十五岁许嫁，举行笄礼，并取"字"。

"名"与"字"，通常"字"由"名"衍生而来，意义上有其密不可分的关联。《白虎通·姓名》说："或傍其名而为之字者，闻名即知其字，闻字即知其名"，大体上分为以下七大类：

（1）同义互训。名与字的意义相同，字是对"名"的解释或补充，它和"名"相表里，故旧时常对人客气地称作"表字"。

《离骚》记载："名余曰正则兮，字余曰灵均"。屈原名"平"字"原"，"正则"即"平"，"灵均"即"原"。名"平"与字"原"，是有意义上之表里关系的；诸葛亮，字孔明；"亮"与"明"同义。

（2）反义相对。名与字的意义相反，两者对立相应，取其制衡之意。如：连战，字永平。

（3）使典用事。有些名、字援引经史载记，使用典故。如：陆羽，字鸿渐（《易·渐卦》："鸿渐於陆，其羽可用为羽仪"）

（4）景仰前贤。如：牛僧孺，字师黯（汲黯，字长孺，汉武帝赞之为社稷之臣）。

（5）崇奉宗教。如：王维，字摩诘（维摩诘，佛家菩萨名）。

（6）原名变化。对名加以简单变化，便成为字。如：李白，字太白。

（7）记实志盛。有些人名、字间，根本无法望文生义。如：张耒，字文潜；若非陆游《老学庵笔记》卷四记录"张文潜生而有文在其手，曰耒，故以为名，而字文潜"，任谁也猜不透其名字意义上之关联。

名与字除了表称呼外，还能显现亲属关系。最常见的形式是：兄弟姊妹在名字中共用一字，以表示同辈关系;如为单名,则共用同一偏旁,例如苏轼、苏辙兄弟。此外,名字也可以表现长幼排行,先秦时多在名前加上孟(伯、长)、仲、叔、季来表示。例如:孟姜女;孔丘,字仲尼;伯夷、叔齐两昆仲。唐代则以数字来表示,称为行第(大排行)。例如高适《人日寄杜二拾遗》中的“杜二”是指杜甫,白居易《与元九书》的“元九”指元稹,韩愈《祭十二郎文》等,都是以名字来表示长幼秩序。另外,甚至还可以以排行为字,例如管夷吾字仲,范雎字叔。不过这种情况极为少见。贵族女子字的前面加上姓,姓的前面再加上孟(伯)、仲、叔、季表示排行,字的后面加上“母”或“女”表示性别,这样就构成了女子字的全称。例如孟妊车母,中姞义母。也可省去“母”字、“女”字或排行,例如季姬牙、姬原母。有时甚至可以单称“某母”或“某女”,例如寿母、帛女。

一般认为,古人的名和字之间有意义上的联系。一种情况是名和字意义相同或相近,例如屈原,名平,字原。(《尔雅·释地》:“广平曰原。”)又如岳飞,字鹏举。而“鹏举”即是大鹏展翅高飞的意思。另一种情况是名和字的意思正相反。例如曾点,字皙。(《说文》:“点,小黑也。”而“皙,人色白也。”)当然,随着历史的发展,许多词语的语义发生了变化,对于古人名和字的语义联系就很难看出来。不过只要有心,仍然可以发现许多先贤的名和字的含义。

4. 号

除了名、字之外,古人还有称号的习俗。“号”,是一种固定的别名,故又叫“别号”。别号多为本人自取,故更能从中标榜一个人的性格、情操。如陆游,自号“放翁”。《中国风俗史·周初至周之中叶》:“夏禹之世,有名有姓而无字与谥,亦无氏,贵贱皆呼其名不相讳。至周时,呼字之俗起。丈夫二十冠而命字,无称名者,惟于臣子及幼贱者名之。谥法亦自周始。人死则诔其行以立谥,而讳生时名。有物与死者同名,臣子必易其物名”《中国风俗史·魏晋南北朝隋》:“名与字相同,起于晋宋之间。史之所载,晋安帝讳德宗字德宗,恭帝讳德文字德文……”

(二)传统称谓

(1)初见面之人问姓,曰贵姓,问名,曰台甫。自说姓曰敝姓某,说名曰草字某某。

(2)有亲戚世交者,应各以其名分彼此相称。普通称人曰先生或某兄,自称曰弟。老者长者,称曰老先生,自称曰后学,或称自名。

(3)称人之父曰令尊,母曰令堂。向人称自父母,曰家严,曰家慈。见朋友之父,称老伯,母称伯母,自称晚或侄。

(4)称人之祖,曰令祖公,祖母曰令祖太夫人。向人称自祖曰家祖。祖母曰家祖母。见人之祖父祖母,称太老伯,太伯母。自称己名即可。

(5)称人之兄弟,曰令兄,曰令弟。向人称自兄弟,曰家兄舍弟。称人之姊妹,曰令姊令妹。向人称自姊妹,曰家姊舍妹。见人之兄弟,称令先生,或令兄,自称小弟。见人之姊妹,统称令姐,称自曰小弟。(书款则称侍。)

(6)称人之妻,曰令正或尊夫人,向人称自妻,曰拙荆或贱内。见人之妻称嫂,自称己名。(女子可自称妹。)

(7)女子称人之夫,曰尊府某先生,向人称自夫,曰外子。见人之夫称某先生,自以避免称呼为佳,如必要时,只称本人即可。

(8)称人之子,曰令郎或公子,称人女曰令爱,或女公子。向人称自子,曰小儿,女曰小女。

见人子称世兄，自称弟，称女曰世姐，自不称。

（9）称人之孙及孙女，曰令孙曰令女孙。向人称自孙，及女孙，曰小孙，曰小女孙。见人之孙及女孙，称令公子令小姐。

（10）称人或称自之已故上辈，统加一先字。如称人之故父母，曰令先尊令太夫人；称自之故父母，曰先严先慈之类。称人已故下辈不必另加字，只云“以前某兄”即可，称自故下辈，但加一亡字，或云“以前某某”亦可。

（11）称人之姑丈姑母，曰令姑丈令姑母。向人称自姑丈姑母，曰家姑丈姑母。见人之姑丈姑母，称老先生老太太；交厚者，可称老伯及老伯母。

（12）称人之舅父舅母，曰令母舅令舅母。向人称自舅父舅母，曰家母舅家舅母。见人之舅父舅母，称谓仿前。

（13）称人之岳父岳母，曰令岳令岳母。向人称岳父母，曰家岳家岳母。见人之岳父母，称谓仿前。

（14）称人之内侄，曰令内侄。称人之甥，曰令甥。称人之婿，曰令婿。向人称自内侄，甥，婿，曰敝内侄，曰舍甥，曰小婿。

（15）称人之亲友，曰令亲曰贵友。向人称自亲友，曰舍亲敝友。

（16）称人之师，曰令师，生曰令高足。向人称自师，曰敝业师。称自生曰敝徒。自称师，曰夫子或吾师。称自曰受业，或曰门生。

（17）称人之长官，曰贵某长（院部厅局等）。称人之属员，曰贵部下或贵属。向人称自长官，曰敝某长，称自属员，曰敝同事或敝属，称其某姓某职亦可。

（18）称人之主人，曰贵上；称人之仆，曰尊纪。向人称自主人，曰敝上；称自仆，曰小价。

第四节　介绍礼仪

介绍是人们相互认识，彼此建立友谊的一种社交方式。在人际交往中，根据介绍者，即由何人作介绍的不同，介绍可以分为自我介绍、他人介绍、集体介绍三种基本类型。

一、介绍自己

自我介绍，是在必要的社交场合，由自己担任介绍的主角，将自己介绍给其他人，是向被交往对象推荐并让之了解自我的一种重要而有效的社交方式。自我介绍要注意以下几个细节。

（1）知晓途径。自我介绍的一般途径有：除了口头介绍之外，可以用辅助的工具，如用名片进行自我介绍；也可以用辅助人员，即请一位既熟悉自己又熟悉需要相识对象的人，为自己进行“引见”。

（2）了解顺序。自我介绍的顺序，要遵循“位低者先行”、“位尊者有优先知情权”的礼仪原则，即地位低者与地位高者之间，地位低者应先向地位高者作自我介绍。如：晚辈与长辈之间，晚辈应先向长辈作自我介绍；男士与女士之间，男士应先向女士作自我介绍；职务低者与职务高者之间，职务低者应先向职务高者作自我介绍；学生与老师之间，学生应先向老师作自我介绍；主人与客人之间，主人应先向客人作自我介绍等。

（3）掌握方式。自我介绍的方式也有几种。如：面对一面之交，只要用应酬的方式，介绍自己的姓名即可；遇上公务交往，除了介绍自己的姓名外，还要介绍自己所代表的单位、所在的部门、具体的职务，或者从事的工作、职业，所学的专业等，让对方对自己的基本情况有所了解；也可以根据对方所咨询的问题，有针对性地进行自我介绍。

（4）把握时机。自我介绍一般在较为正式的场合，要选择适当的时机介绍自己。如：应选择与对方初次见面的时候，选择对方对自己比较专注的时候，选择外界干扰较少的时候等。

（5）实事求是。与人交往必须讲诚信，介绍自己时理应实事求是，让对方了解一个真实的自我。为此，既不要妄自菲薄、过分谦虚，也不要高傲自大、胡乱吹嘘。诚实交往才能赢得真心朋友。

二、介绍他人

介绍他人是指介绍者以第三者的身份，为彼此不相识的双方进行引见，就是替他人作介绍，又称为第三者介绍。介绍他人也有礼仪规则。

视频

介绍手势

（1）谁来介绍。由谁介绍他人，根据礼仪规则，不同的场合需要不同的人物。一般由熟悉双方的人作介绍。在公务往来中，由双方的专业人士，如办公室主任、领导秘书、前台接待、公关人员等人士作介绍。

（2）为谁介绍。作为介绍人事先一定要熟悉情况，不要盲目介绍。如：要为双方都不熟悉的人作介绍；要为需要有相识欲望的不相识双方作介绍。千万不要自作多情，以免弄巧成拙。

（3）介绍顺序。这里同样要讲究关于“位尊者有优先知情权”的礼仪原则。介绍双方时，首先介绍位低者，然后介绍位高者。如:介绍长辈与晚辈时，要先把晚辈介绍给长辈;介绍女士和男士时，要先把男士介绍给女士；介绍职务高者与职务低者时，要先把职务低者介绍给职务高者；介绍老师与学生时，要先把学生介绍给老师，等等。

三、集体介绍

集体介绍是指两个团体之间或者交往者个人与团体间的双向或单向的介绍。一般都在比较正式的场合进行。团体介绍也要注意几个礼节。

（1）介绍类型。团体介绍主要分团体与团体间的介绍和团体与个人间的介绍。如某单位组织代表团到另一个单位进行交流访问，或者上级领导部门到下级单位检查督导，且在两个团体之间并不熟悉的情况下，需要团体之间的相互介绍。又如，贵宾、专家、领导等个人到某单位参观、指导等，被造访的机构需要多人（即团体）出面时，就需要进行团体与个人间的介绍。

（2）介绍顺序。团体之间的介绍顺序，也要遵循“位低者先行”的礼仪原则，即把地位低的一方先介绍给地位高的另一方。如果遇到外单位团体来参观访问，作为东道主的接待方，应该先把本团体的成员逐个向客人团体介绍。如果是上级部门莅临指导或检查工作，作为下级单位的团体，理应先向上级部门的团体介绍参与接待的每一位成员。

团体与个人间的介绍，要视情况而定。如贵宾、专家、领导等个人到某单位造访，倘若参与接待的人不多，应该先向访问者介绍所有参与接待的人员。反之，就不必再介绍来访者了。

（3）其他细节。团体双方出面介绍的人，一般应该是所在团体的最高长官。虽然团体介绍需要遵循“位低者先行”的礼仪原则，但在介绍某团体人员时，必须遵从“由高而低”的顺序，即先介绍本团体职务高的人，再介绍职务低的成员。

介绍和被介绍是社交中常见而重要的一环。介绍的规格虽不必严格遵守，但了解这些礼节就等于掌握了一把通往社交之门的钥匙。特别是对于企业家来说，经常需要与陌生人打交道，了解了这些礼节就能更好地进行社交活动，而对职场新人无疑更是入门指南。

第五节　拜访礼仪

拜访是指个人或单位代表以客人的身份，有一定目的地去探望有关人员的一种社交方式。在国内外的交往中，互相拜访是一种常见的形式。拜访有事务性拜访、礼节性拜访和私人拜访三种，而事务性拜访又有商务洽谈性拜访和专题交涉性拜访之分。不管哪种拜访，都应遵循一定的礼仪规范。

一、拜访的基本礼仪

（一）提前预约

任何拜访都需要相约在先，尤其是事务性拜访，不论事情大小或时间长短，都要事先约定时间，如果未经约定就贸然前往，会让人措手不及，不受欢迎。预约一般至少提前 3 天。如果是公务拜访，在约定的具体时间通常应当避开节假日、用餐时间、过早或过晚的时间，及其他一切对方不方便的时间，应该选择在被访者的工作时间。如果是非公务的或较熟悉的私人登门造访，一般可在节假日的下午或平时的晚饭后，要避免在吃饭和休息的时间拜访。

相约的方式可以是相识的人电话联系，或以信函或电子邮件等形式约定。相约的信函、邮件的行文语气要婉转、恳切和有礼貌，不需要太详细、具体，只要简单说明约会的理由或主题，并提出一个合适的时间和地点，请求对方同意即可。

拜访地点的选择也要考虑被访者的方便。公务拜访尽量选择到被访者单位。私人拜访，可以在被访者同意的前提下到私人居所。对远道而来的被访者，如果去对方下榻的宾馆拜访，应选择在大堂或其他可会客的场所，不要直接去客房，尤其避免夜间去。

（二）守时践约

约定时间后，不能轻易失约或迟到。这不只是为了讲究个人信用、提高办事效率，而且也是对交往对象尊重友好的表现。一旦因故不能准时抵达，务必及时通知对方，并表示歉意。必要时，还可将拜访另行改期。在这种情况下，一定要记住向对方郑重其事地道歉。拜访要准时到达，尽量不要提前到，可能对方正有要事，提前闯入会使对方十分尴尬。

（三）登门有礼

拜访者应注意上门拜访时的礼节，切忌不拘小节，失礼失仪。首先要整理一下自己的衣服、发型，并把鞋擦干净，然后按门铃或敲门求进，表示对被访者的尊重。按门铃的时间不宜太长，敲门也不宜太重或太急，一般轻轻敲三下即可。如门掩着或开着，也不可贸然进入，仍要按铃、敲门或问一声：

“某某先生（小姐、女士）在吗？我能进来吗？”待对方允许时方可入内。

当主人开门迎客时，务必主动向对方问好，恭敬地通报姓名，说明来意，互行见面礼。如果主人一方不止一人之时，则对对方的问候与行礼，必须在先后顺序上合乎礼仪惯例。标准的做法有二：其一是先尊后卑，其二是由近而远。在此之后，在主人的引导下，进入指定的房间，切勿擅自闯入，在就座之时，要与主人同时入座。倘若自己到达后，主人这处尚有其他客人在座，应当先问一下主人，自己的到来会不会影响对方。如果带着其他人同往，要介绍给主人。

入室后的“四除去”是指帽子、墨镜、手套和外套，进门后应该摘掉、脱掉。女士戴的装饰帽可以不摘。随身带的公文包等物品，不要放在主人的桌上、茶几等地方。

（四）举止有方

与主人或其家人进行交谈时，语言应适度，表达准确，不夸大其辞，信口开河，出言无忌，也不要过于谦卑，要慎择话题。与异性交谈时，要讲究分寸。对于亲朋之间的拜访，不要随意谈主人不愿提及的话题，或谈他人的隐私。

对于主人家里遇到的其他客人要表示尊重，友好相待。不要在有意无意间冷落对方，置之不理。若遇其他客人较多时，要以礼相待，一视同仁。切勿明显地表现出厚此薄彼，而本末倒置地将主人抛在一旁。

拜访时，拜访者不要随意脱衣、脱鞋、脱袜，也不要大手大脚，动作嚣张而放肆。除了在客厅或指定的会客点外，未经主人允许，不要在主人家中四处乱闯，更不能随意去主人的卧室。即使与主人的关系非同一般，也不要未经同意随意乱翻、乱动、乱拿主人家中的物品。

主人端上茶来，应从座位上欠身，双手捧接，并表示感谢。吸烟者应在主人敬烟后，方可吸烟；但如果客厅里面没有放烟灰缸之类的器具，就表示主人不欢迎在此吸烟；在有“禁止吸烟”标志的室内，就更不能吸烟了。

（五）适可而止

拜访应注意掌握时间，有良好的时间观念。不要因为自己停留的时间过长而打乱对方既定的其他日程。在一般情况下，公务拜访不要超过半小时；礼节性的拜访，尤其是初次登门拜访，应控制在 15 分钟至半小时之内。最长的拜访，通常也不宜超过 2 小时。有些重要的拜访，往往须由宾主双方提前议定拜访的时间和长度。在这种情况下，务必严守约定，绝不单方面延长拜访时间。私人拜访也控制在 1 小时左右为好。有要事须与对方商量或向对方请教时，应尽快表明来意，不要东拉西扯，浪费时间。告辞时，应对主人表示感谢，虽主人表示挽留，仍须执意离去，但要向对方道谢；如果主人出门相送，拜访者可请主人留步，不必远送。

在拜访期间，若遇到其他重要的客人来访，或主人一方表现出厌客之意，应当机立断，知趣地告退。

（六）馈赠礼节

当拜访的任务已完成时，就应该起身告辞，如备有礼物，可在此时献给被拜访者。当然，如果按欧美人士的习惯，一见面就送礼物也可以。

二、拜访的注意事项

（一）拜访前的充分准备

有句话说得好：不打无准备之仗。商务拜访前同样要做好充分准备。拜访之前必须提前预约，一般情况下，应提前三天给拜访者打电话，简单说明拜访的原因和目的，确定拜访时间，经过对方同意以后才能前往。拜访必须明确目的，出发前对此次拜访要解决的问题应做到心中有数。在拜访前，还要因拜访的时间、场合、拜访对象的不同适当选择着装。

（二）拜访过程中的礼节

拜访他人可以早到却不能迟到。早些到可以借富裕的时间整理拜访时需要用到的资料，并正点出现在约定好的地点。在拜访时，应举止大方，温文尔雅。见面后，打招呼是必不可少的。如果双方是初次见面，拜访者必须主动向对方致意，简单地做自我介绍，然后热情大方地与被拜访者行握手礼。见面礼行过以后，在主人的引导之下，进入指定房间，待主人安排座位后，自己再坐在指定的座位上。拜访时，谈话切忌啰唆，简单的寒暄是必要的，但时间不宜过长。由于被拜访者可能有很多重要的工作等待处理，没有很多时间接见来访者，这就要求谈话要开门见山，简单的寒暄后直接进入正题。当对方发表自己的意见时，不能打断对方讲话。

（三）拜访结束

拜访结束时，如果谈话时间已过长，起身告辞时，要向主人表示“打扰”。出门后，回身主动与主人握别，说“请留步”。待主人留步后，走几步再回首挥手致意“再见”。

第六节　交谈礼仪

一、交谈的方式

（一）态度要诚恳

语言是人们进行社会交往的工具。说话能否打动别人，使交谈顺利进行，并达到自己所预期的目的，关键取决于交谈者的态度。推心置腹、以诚相见的态度会使对方感到和谐、融洽。诚恳的态度应该是平易、稳重、热情和坦诚的，而不是傲慢、轻浮、冷淡和虚假的。要牢记“精诚所至，金石为开”。

（二）神态要专注

在交谈时特别要注意自己的眼神和体态。眼睛是心灵的窗户，与人交谈时双目应正视对方以示尊重，不要东张西望、心不在焉，也不要不敢正视对方、似听非听。不要在交谈时打哈欠、伸懒腰，也不要漫不经心地一边与人讲话，一边做小动作。应该神态专注、态度亲切、神情自然、柔和平稳地注视对方。

（三）语言要文明

语言也是一个人道德情操、文化素养的反映。在与他人交往中，如果能做到言之有礼，就会给人留下良好的印象;反之,如果满嘴脏话,甚至恶语伤人,就会令人反感讨厌。文明礼貌的10字用语，即“您（你）好、请、谢谢、对不起、再见”，通俗易懂、简洁明了。如果能在交往中经常使用这10字用语，就可以避免许多不必要的误会和摩擦。

（四）说话有“分寸”

要让自己说话有“分寸”，除了提高自己的文化素养和道德修养外，还要注意：其一，说话要认清自己的身份，任何人在任何场合说话，都有自己特定的身份，如有时是子女，有时是长辈，有时是下属，有时是领导；其二，说话要尽量客观，就是要尊重事实，要实事求是地反映客观实际，不要主观臆测，信口开河；其三，说话要有善意，要与人为善，说话的目的是要让对方了解自己的思想和感情，俗话说：“好话一句三冬暖，恶语伤人六月寒。”

二、交谈的技巧

（一）善于言辞

1. 诙谐幽默

在日常交往中，人们不可避免地会碰到一些难题、尴尬事等，如果采取针锋相对、生硬的方法处理，往往适得其反，不但于事无补，甚至会把小事酿成大祸。如果交谈者能适时地运用幽默，就可以避开锋芒，创造欢快轻松的气氛，化解因各种矛盾引发的紧张氛围。幽默可以“化险为夷”，创造快乐的结局。许多心理学家、精神学家的研究表明，幽默是可以通过学习获得的。只要了解幽默的特征，并以此来锻炼自己的思维方式和表达能力，幽默就会经常地自然流露。

2. 寻找共同点

人际交往中需要与各种人打交道，根据人的气质特性不同，可以分为四种典型气质类型，即胆汁质、多血质、黏液质和抑郁质。不同的气质、心理特点使有的人含而不露或夸夸其谈，有的人腼腆或爽直，有的人忧郁或快乐。只有了解对方的情况，并根据不同的交谈对象寻找谈话的共同点，才能达到预期的效果。

3. 因人而异

因人而异是人际交往中一条必须掌握的谈话艺术。因为语言交流的对象在年龄、性格、思想、习惯、爱好等方面都有很大的差异，所以要因人而异地进行交谈，才能达到预期的目的。

在国际交往中尤其要注意因人而异，因为国家不同、民族不同，交际的用语也应各不相同。例如，中国人家庭观念重，喜欢与人谈家庭、儿女，可这在欧美却不大受欢迎。

4. 学会拒绝

与人交往除了说“是”以外，也有“不”。“是”是语言中最美的词，而“不”恰恰是语言表达中的否定，或许会招到对方的不满或怨恨。如果掌握了婉言拒绝的艺术，就能努力使对方谅解，并把失望和不快降低到最小的范围内。

第一，不论我们用什么方式拒绝对方，都要注意语气诚恳、态度和善、面带笑容、语速缓慢。要多讲“对不起，这件事我实在无法办理，请原谅。”“很抱歉，……”等致歉语。尽力让对方在愉快宽松的环境下理解、接受。

第二，可以幽默地说“不”。以幽默风趣的语言，婉言拒绝别人的要求，既坚持了原则，又可以不使对方难堪。

第三，可以用转移话题的办法暗示“不”。用转移话题的办法为自己解脱困境，有时也是委婉拒绝的方式。

第四，可以用替代方案说“不”。当对方提出的要求不能满足时，可以用另一种解决方案替代。

第五，诱导对方自我否定。当对方提出不能解决的问题时，不要直接拒绝，要讲道理，诱导对方自我否定、自动放弃。

5. 学会迂回

在与人交往中，经常会遇到矛盾或冲突，为了不发生正面的冲撞，又能巧妙地说服对方接受自己的观点，就可以采用迂回的方式。用迂回的方式与对方沟通，最终得到对方的认同，也可以达到自己的目的。

（二）善于聆听

在与人交谈的过程中，每个人既是说话者，又是聆听者。有一句名言“善言，能赢得听众;善听，才会赢得朋友。”善于言辞是一门艺术，那么善于聆听更体现一个人的修养。它不仅可以满足对方的自尊心，又能调动对方说话的兴趣。人们往往会把忠实的听众视作可以信赖的知己。有些人喜欢把自己要说的话“一吐为快”，但即使是才气横溢的演说家，也不要忘记他人。在交谈中最忌讳的是一个人滔滔不绝，说个没完。善于聆听的人不仅能得到朋友的信任，而且容易受器重。根据美国俄亥俄州立大学一些学者的研究，成人在一天时间里，有 7% 用于交流思想；在这 7% 的时间里，有 30% 用于讲，高达 45% 的时间却用于听。聆听别人的讲话，要做到耳到、眼到、心到，同时辅以适当的神态和表情等。

1. 注视说话者

聆听别人说话时，就应全神贯注，并保持与之目光接触，不可东张西望、神色不安、心不在焉。听别人说话时，不要摆弄眼镜、笔或者其他与聆听无关的物品。对外界造成的干扰，应尽量不要分心，做到视而不见、听而不闻。主观上产生的心理干扰，也要尽量控制。同时，可以通过点头、微笑及其他体态语言的运用，使聆听者具有一种感染力，并引起对方的谈话兴趣。

2. 积极呼应和配合

认真倾听不是毫无反应地傻听，应随着谈话者情感和思路的变化而积极呼应配合。当说话者所讲的内容与自己的观点相一致时，可以适时表达赞同或轻轻点头以示赞同；当对方讲到精彩的地方，可以用手势或给予恰如其分的赞许;当听到不太理解的地方，可以适当地插问;当谈话者讲到幽默处，即以笑报之，呼应配合可以极大地调动说话人的情绪。

3. 不要打断对方的谈话

聆听别人说话时，应让人把话说完。随意打断对方，或随便插入其他话题，都是很不礼貌的，如因特殊原因必须打断时，也应适时示意，并先致歉后插话。如，“对不起，能打断您的话吗？”“很抱歉，您说的内容很精彩，可惜我有重要的事等着处理，不能洗耳恭听了。”

4. 不要与别人争辩

在聆听别人说话的过程中，或许会有一些话令人感到不舒服，如果不涉及大是大非等原则性的问题，不要与对方争辩。即使你当时很生气，也要耐心地听完对方的表达，然后心平气和地说出自己的看法，才能不失君子风范，体现良好的修养。

5. 正确判断对方的语意

在聆听时，要注意听清对方话语中的内在含义和主要思想观点。当自己还不能完全摸透对方意图时，切不可随便附和赞同，以免误会对方的说话意图。为了使自己准确地理解对方的意思，对一些重要的意见，最好能得到对方的确认。如可以问“我理解你的意思是……是这样吗？”如果符合对方的意图，便会得到肯定；反之，对方会加以解释。

第七节 馈赠礼仪

一、馈赠常识与守则

馈赠是团体之间、个人之间以及团体与个人之间为了表达情感、沟通信息，向对方表示心意的物质行为，也是国际上通用的社交方式之一。

中国有句俗话“礼轻情意重”，送礼的目的在于情，而不在于礼品的价值有多昂贵。除非常亲密的人外，一般如以太重的礼品送人反而不妥当，易引起“重礼之下，必有所求”的嫌疑。其实选择礼品在符合时尚潮流的前提下，贵在精心构思、有创意，并不在于礼品的经济价值，因为赠送有意义的、有独创性的礼物，会使受赠者有“特别的爱给特别的你”的感受，其效果就可想而知了。

中国人在送礼的时候习惯说“礼不好，请笑纳。”但西方国家的人认为这有遭贬之嫌。我们往往还喜欢在受礼的时候谦虚一番“受之有愧”等，而他们认为这是不礼貌的。接受朋友、来宾的礼物时，还应以双手接下礼物，并真诚地向对方表示感谢。

凡是赠送物礼的人，都希望以此表达自己的感情，并给对方留下深刻的印象。但是，并非每个人都能如愿以偿，有时甚至会适得其反。怎样才能使双方满意呢？这就应该注意把握以下因素作为原则：

（一）“Who”——赠送的对象

礼物送给谁，是我们首先应该考虑的因素，不能“物”不达意。送礼者应该事先考虑受礼方的年龄、性别、兴趣、习惯和禁忌等。给恋人的礼物要有纪念意义，给老人的礼物要注意实用性，对家境差一些的，礼物要实惠；对远方来客，除了注意礼物的地方特色外还应注意所送的礼物应轻巧、易携带，结实不易碎。

送礼尤其要注意对方的忌讳。“钟”与“终”谐音，因此不宜给年长者送钟，免得被误有“送终”之嫌。在日本送乌龟表示祝愿对方健康长寿之意，但在我国却有骂人的意思。向一位无抽烟喝酒习惯的人送烟酒，向一位刚刚丧偶的人送情侣表等物品，都会让对方感到不舒服。

在国际交往中，更应了解对方的风俗习惯。总之，礼品要因人而异，给不同的对象送不同的礼物。

（二）“Why”——赠送的目的

送礼有各种各样的原因和目的，尽量做到恰如其分。如恭贺新禧、祝贺生日、庆贺婚典、乔迁之喜、探望病人和答谢回赠等，如果赠送的目的不明确，就很难使对方满意，甚至适得其反。张冠李戴、毫无目的的送礼，会让人啼笑皆非。

（三）“How”——赠送的方式

（1）通常，习惯的送礼方式是当面赠送。信息时代的到来，人们的工作、生活节奏加快了，送礼的方式也随之多起来，如托人转送、代购代送、邮寄、特快专递等，但是对有些重要的受礼对象，还是当面赠送为好。

（2）礼物的精心包装也可以表示对受礼者的尊重。在美国，几乎所有赠送别人的礼物都要包装，若因各种原因来不及包装的，他们一定要为没有包装而向你表示歉意。有时包装的费用甚至比礼品本身还要贵。其实，包装本身和礼物一样重要，表示你对这份感情的重视。包装的选择也很重要，还可根据对方喜欢的颜色进行礼物的包装。

但是，礼物的包装尽量不要过于奢华，也不要过多层次的包裹，应注意节俭，符合低碳生活的要求。

（四）“When”——赠送时机的把握

送礼也要把握时机，不能随时想送就送。找不准送礼的时机，往往会让人误解，甚至不快。一般来讲，春节、清明、端午、中秋、生日、结婚、生子（女）、圣诞节、情人节、母亲节等，都是送礼的好时机。通常情况下，送礼选择在相见或道别时比较恰当。如给远行的朋友送礼物，最好在其临行前的几天，以便对方整理打包，如果匆匆忙忙地把一大包礼物塞给即将登机、登车的人，反而给对方增添了麻烦。

在国际交往中，把握送礼时机很重要。如果你初次与法国人相识就送礼，是不恰当的，应等到下次相逢的适当时机再送。在英国，合适的送礼时间往往选在晚上。在西欧，当你去别人家里作客，应当在到达时向主人送上礼物。作为东道主接待外宾时，如欲赠送一些礼品，可在来宾向自己赠送礼品之后进行回赠，也可在来宾临行前一天，前往其下榻处进行探访时回赠。

送礼都应放在事先，一般来说，事后送礼是“马后炮”，也是不礼貌的。

（五）“Where”——赠送场合的选择

同样的礼物在不同的地方赠送，其意义是不一样的。有的物品在此国家很受欢迎，可到了别的国家则不然，甚至受到厌恶和反对。

在何处赠送也有讲究。有些国家，要当在场人数不多时送礼，而有的则相反。中国自古就是礼仪之邦，送礼也是人们最能表情达意的一种沟通方式，但是送礼的场合掌握不好也会适得其反。如果是公务交往的礼物，应该在公众场合赠送；如果是私人礼品，应该在私下送，在办公室赠送私人礼物很不合适，容易遭到对方的拒绝，更易引起他人的误解。

（六）“What”——礼物的选择

选择礼物时，要尽可能考虑受礼人的喜好。俗话说“送人千金，不如投其所好。”好的礼物在于它的合适、有特色和有意义，而不在于它的价值是多少。

在社交的正式场合，礼品应该体现赠送者的真情实意，并反映其聪颖、幽默、想象力和创造力。赠送礼物应尽量送对方所喜欢的东西。平时要注意细心观察受礼者的喜好，使对方能高兴地收下礼物。当求人办事，又不知道对方喜欢什么时，往往送烟送酒，或选购一些当地的土特产送人。虽然这些礼物的价钱不贵，但很受欢迎。赴国外参观访问，更要带些具有中国民族特色的工艺品，或者具有本单位特色的礼品赠送异国朋友。凡是具有特色、富有情调的礼品，对方都会很乐意接受的。日本人、韩国人对中国的文房四宝、名人字画等情有独钟；来自欧美的女士，对中国的丝绸喜爱有加。

二、送礼与受礼礼仪

很多人知道送礼是要有礼数的，但是受礼也是有礼数的。善于送礼，也要懂得受礼。受礼时，含蓄的传统习惯，使得我们中国人往往不好意思当场打开所赠的礼品。如果你与欧美人交往，收到礼物时应立即表示感谢，如果打开包装，欣赏一下所受的礼物，并由衷地表示“我很喜欢”或“我正要这个”，说明领情，表现出的是惊喜，期待对方的心意，会使对方十分高兴。另外，当面拆开礼物，也是表示自己收下礼物后不会再转手送予他人。

当朋友送你礼物后，对方其实是很期待知道你是否喜欢收到的礼物，因此，你能够很快用上，对方会更高兴。曾经一位学者送给其老师一个紫砂壶，但其老师并不太喜欢喝茶。然而在多年后，这位老师退休以后专门请了一位茶艺大师到家里开壶泡茶，认真学习，记录并拍摄了开紫砂壶过程，记录了不同的茶入壶、浇壶、泡茶的过程，将拍摄的视频和照片发给了这位学者。这位学者收到视频和照片后，心里的那种温暖比别人送自己礼物还要感动。所以，收下一份礼物，要让对方知道自己领情，领情也是一种智慧，送出去的是“礼”，收回来的是“情”。因此，不一定还礼才叫礼数，还“情”有时候是更好的礼尚往来。

三、礼物的选择及禁忌

馈赠之前，要对礼品进行认真选择，第一件事就是考虑对方有什么爱好、兴趣和禁忌；其次要考虑送礼的原因和目的，尽量使礼品恰如其分；同时送礼不可太贵重，过于贵重的礼品易使对方产生不安，有行贿之嫌，总觉得背负你的“人情债”，就事与愿违了；最后还得注意礼品的包装。

过时送礼、事后补礼都应避免，互赠礼物是必要的，但要了解对方的送礼禁忌。

1. 我国香港特别行政区和台湾省馈送禁忌

在我国香港特别行政区和台湾省风俗中，丧事后以毛巾送吊丧者，非丧事一律不能送毛巾；剪刀是利器，含有“一刀两断”之意，以剪相送会使对方有威胁之感；甜果是祭祖拜神专用之物，送人会有不祥之感；“雨伞”音同“给散”，若送雨伞会引起对方误解；扇子是夏季用品，台湾省俗称“送扇无相见”；台湾省的居丧之家习惯不蒸甜食、不裹粽子，如果以粽子相送，会被对方误解，十分忌讳。

2. 国外馈赠禁忌

日本人忌“9”“4”，因为“9”与“苦”音同，“4”与“死”音同；欧美人喜单数却忌“13”；英国人不能送百合花，认为有“死亡”之意；荷兰人不能送食品；波兰人除爱人、情人，不能给其他异性送红玫瑰；日本人不能送菊花，以为你看不起他。

第八节 通信礼仪

一、电话礼仪

使用电话通信，有主动地拨打电话与被动地接听电话之别。从礼仪方面来讲，拨打电话与接听电话时有着各自不同的标准做法。以下分别对其加以介绍。

（一）拨打电话

1. 择时拨打

有的人只以自己的情况为判断标准，选择自己方便的时候拨打电话，这实际上是对通话对象重视、尊重不够的表现。设身处地地考虑对方的情况，是选择通话时机的基本原则。例如不宜在休息的时间给他人打电话，晚上9点之后、早上7点之前，没有什么特别的急事不要打电话。万一有急事打电话，要先说:“抱歉，事关紧急，打搅了！”否则这种不礼貌的做法会让对方感到厌烦。再者，就餐时不宜给他人打电话。另外，如果不是重大事情，节假日不宜打电话。拨打国际长途电话，尤其是美国、欧洲这样距离较远的国家时，还要考虑到时差的问题。当然，在工作中遇到紧急情况，可随时与有关部门和人员电话联络，但是也要注意把握分寸。

2. 注意语言与声调

语言应当简洁、明了、文明、礼貌。在通话时，声音应当清晰而柔和，吐字应当准确，句子应当简短，语速应当适中，语气应当亲切、和谐、自然。不要在打电话时为自己的情绪所左右，要么亢奋激动，大声吼叫，震耳欲聋；要么情绪低沉，断断续续，小声小气地如同“耳语”或“哀怨”一样，让对方干着急也听不清楚。打电话时最好双手持握话筒。讲话时，嘴部与话筒之间应保持3厘米左右的距离。这样就不会使对方接听电话时，因语音过高或过低而感到不舒服了。

3. 重要的“第一声”

在打电话时，亲切、优美的招呼声会让对方感到很愉快，使双方对话能顺利展开，并留下较好的印象。因此，开口所讲的第一句话，都事关自己留给对方完全不同的印象，同时也有“代表单位形象”的意识。如果电话接通后，自己所说的头一句话是“喂，喂”或“兴达公司吗？”“小李在不在？”，则既不礼貌也不规范。规范的“开场白”有两种：第一种适用于正式的商务交往中，要求使用礼貌用语并讲明双方的单位、职衔、姓名。其标准的“模式”是：“您好！我是A公司营销部经理×××，我想找贵公司经理×××先生。”第二种适用于一般性的人际交往，在使用礼貌性问候以后，应同时准确地报出双方完整的姓名。其标准的“模式”是:“您好！我是韩莉。麻烦请×××听电话。”另外，“捉迷藏”类的开场白，如：“我是老李啊，我找小刘”，常会让接电话的人一头雾水。人家很可能既不知道“老李”是谁，也不清楚要找的“小刘”到底是哪一位。

4. 尊敬代接电话者

如果电话是由总机接转，或他人代接，在对方礼节性问候之后，应当“礼尚往来”，使用“您好”、“劳驾”、“请”等礼貌用语与对方交谈，不要对对方粗声大气、出口无忌，或随随便便将对方呼来唤去。得知要找的人不在时，可以过后再打。无论如何，说话都要礼貌、客气。

5. 妥善处理通话中的“突发事件”

在通话时，若电话中断，按礼节应由打电话者再次拨回。拨通以后，须稍作解释，以免对方产生误解。如遇拨错电话的情况，应向对方道歉。

6. 通话时围绕主要议题提高通话效率

打电话时所使用的语言应当礼貌而谦恭，用比较简练的语言将所要叙述的事情讲完，避免浪费别人的时间。若非事关重大的时间、数据等，一般没有必要再三地复述。

7. 礼貌结束通话

当通话结束时，应礼貌向对方道一声“再见”“早安”“晚安”等。按照惯例，电话应由拨电话者挂断。挂断电话时，应双手轻放。

（二）接听电话

在接听电话时，也有许多礼仪。有礼貌地接听电话，也能表现出接听电话者的个人修养，以及对待拨打电话者的态度。在通电话的过程中，接听电话的一方显然是被动者，尽管如此，在接听电话时，也必须专心致志、彬彬有礼。在接听外来电话时，也要一律给予同等的待遇，不卑不亢，为自己树立良好的形象。

1. 注意态度与表情

虽然固定电话是“只闻其声”的通话方式，表面上看，接电话时的态度与表情对方是看不到的，但实际上对于这一切对方其实完全可以从通话过程中感受到。电话一般应在铃响三声之内接听。接电话时，第一句话当自报单位名称或所属部门，不论内线或外线，应一律用统一的客套话应答，态度应当殷勤、谦恭。在办公室里接电话，最好以双手捧起话筒，以站立的姿势，面含微笑地与对方友好通话。不要坐着不动，拽过电话，抱在怀里、夹在脖子上通话；不要拉着电话线，走来走去地通话；也不要坐在桌角、趴在沙发上或把双腿高抬到桌面上，大模大样地与对方通话。在通话过程中，不要对着话筒打哈欠，或吃东西。不要在通话的同时与其他人闲聊，让对方由此产生不被尊重的感觉。

2. 注意语言和语气

在办公室接电话声音不要太大。接电话声音太大会影响其他人工作，而且对方也会感觉不舒服。在正式的商务交往中，接电话后所讲的第一句话，有三种常见形式：第一种，是以问候语加上单位、部门的名称以及个人姓名。这种形式最为正式。例如“您好！ 我是 ×× 公司 ×× 部门 ×××。您请讲。”第二种，是以问候语加上单位、部门的名称，或以问候语加上部门名称，适用于一般场合。例如“您好！ ×× 公司广告部。请讲”或者“您好！人事部。请讲”。后一种形式主要适用于内部电话。第三种，是以问候语直接加上本人姓名，仅适用于普通的人际交往。例如“您好！ ×××。请讲。”需要注意的是，在接电话时，不宜以“喂，喂”或者“你找谁”开场。

3. 礼貌对待误拨电话

如遇对方误拨入电话，应耐心说明，及时告之，要口气和善，不可恶语相加。

4. 礼貌结束通话，真诚道别

结束通话时，应真诚地道别，确定对方已经挂断电话，才能轻轻挂上电话，不宜抢先挂断。在通话时，接电话的一方不宜率先提出中止通话的要求。万一自己正在开会、会客，不宜长谈。另有其他紧急或重要的电话接进来，需要中止通话时，应说明原因，并告之对方“稍候给您回电话。”免得让对方觉得厚此薄彼。如遇对方不能适时结束通话时，应当委婉、含蓄地结束通话，不要令对方难堪。不宜说“你说完了没有？我还有别的事情呢！”

5. 在接电话时，要注意代接电话时的态度

代接电话时，讲话要有板有眼。被找的人如果就在身旁，应告诉打电话者“请稍候”，然后立即转交电话，不要抱着恶作剧或不信任的态度，先对对方“调查研究”一番，尤其是不宜将这类通话扩音出来。被找的人如果在别处，应迅速过去寻找，注意不宜大喊大叫“× 人找 ×× 人”，闹得“世人皆知”，让他人的隐私“公开化”。如果被找的人不在，应在接电话之初立即相告，也可以适当地表示自己可以“代为转告”的意思。代为转达时，要询问清楚对方姓名、电话、单位名称，以便为受话人提供便利。在不了解对方的动机、目的是什么时，不要随便说出指定受话人的行踪和其他个人信息，如手机号等。在表示自己可以“代为转告”的意思时，应当含蓄一些，例如“需要我为您效劳的话，请吩咐”，听上去就“可进可退”。代接电话时，对方如有留言，应当场笔录下来，并再次复述一次，以免有误。

6. 确认听话内容

听不清楚对方说话内容时，应语气平和地请对方改善；在电话中传达有关事宜，应重复要点，对于号码、数字、日期、时间等信息，应再次确认，以免出错。

二、移动电话礼仪

现今社会，移动电话（手机）深入我们的生活，已经成为沟通交流必不可少的工具，其用途越来越广泛。移动电话使用礼仪也是一门学问。

（一）移动电话通话礼仪

1. 不同场合中的移动电话通话礼仪

在公共场合，如在图书馆、影院或剧院接打移动电话是极其不合适的，如果有紧急事情必须通话，可离场或采用静音的方式发送手机短信。特别是在医院、公交车内、楼梯间、电梯间、路口、人行道等地方，不可旁若无人地使用移动电话，应该把自己的声音尽可能地压低。

在职场中，接听移动电话时一定要注意不要影响他人，可以先去办公室外接电话，以免影响他人工作，特别是一些私人的通话更应注意。

在会议中，应将手机关闭或调至静音状态。这样既显示出对别人的尊重，又不会打断发话者的思路。不要在会议中接打电话。

在聚餐时，把移动电话调至静音状态是必要的。当进餐过程中需要接听电话时，应离场后再通话，这样不仅充分体现对共餐者的尊重，也展现出个人的良好素质。

打移动电话时，应想到对方所在场合是否方便接电话。在拨打对方打移动电话时，应注意从听筒里听到的回音来鉴别对方所处的环境。如果很静，应想到对方在会议上，有时大的会场能感到一种空阔的回声；当听到噪声时，对方就很可能在室外，开车时的隆隆声也是可以听出来的。有了初步的鉴别，对能否顺利通话就有了准备。但不论在什么情况下，是否通话还是由对方来定为好，因此“您现在通话方便吗？”通常是拨打移动电话的第一句问话。其实，在没有事先约定和不熟悉对方的前提下，很难知道对方什么时候方便接听电话。因此，在有其他联络方式时，还是尽量不打对方移动

电话为好。

2. 使用移动电话的其他礼仪细节

移动电话在没有使用时，都要放在合乎礼仪的常规位置。可放在随身携带的公文包里，也可置于上衣的内袋里。现在的铃声更是五花八门，个性彩铃本是无可厚非，但在公共场所，尤其是相对比较安静的办公场合，手机铃声的设置直接体现了使用者的公共意识程度。不宜设置搞怪和噪声很强或具有刺激性的铃声。铃声音量尽量调小，最好选择静音或震动模式。除了在私人空间，其他场合均不宜使用免提功能接听或拨打电话。

（二）移动电话短信礼仪

移动电话短信应该和通话文明一样受到重视。因为通过短信，表达了发消息的人赞同、至少不否认短信的内容，也同时反映了发消息的人的品位和水准。因此编辑或转发的短信应规矩、礼貌，充分显示出对他人的尊重。

（1）在需要保持安静的公共场所，或在与人交谈时，将短信接收提示音调至静音或振动状态。

（2）不在与人谈话时查看或编发短信。

（3）编发短信用字用语规范准确、表意清晰。短信内容后最好留姓名，以使接收方知晓发送人。

（4）不编发有违法规或不健康的短信，不随意转发不确定的消息。收到不良短信可建议或告诫发送者停止发送。

（5）给亲友以外的人发短信要署名。

短信署名既是对对方的尊重，也是达到目的的必要手段。例如元旦前一天，工作关系繁多的秦先生收到了 70 多条祝福短信。其中有 60 条是不署名的，好多内容还相同。秦先生也搞不清楚这些人都是谁和谁。这种祝福没有起到应有的作用。如果是公事，不署名更会误事。

（6）短信祝福一来一往足矣。现在每逢节日，人们都会发短信祝福。来而不往非礼也，因此别人发来短信，自己就要回一个短信。接到对方短信回复后，一般就不要再发致谢之类的短信，因为对方一看，又得回过来。就祝福短信来说，一来一往足矣。

（7）有些重要电话可以先用短信预约。有时要给身份高或重要的人打电话，知道对方很忙，可以先发短信“有事找，是否方便给您打电话？”如果对方没有回短信，一定不是很方便，可以在较久的时间以后再拨打电话。

（8）及时删除自己不希望别人看到的短信。一些人经常把移动电话放在桌上，如果出办公室办事或者去卫生间，也许有好奇之人就会顺手翻看短信。如果上面有一些并不希望别人看到的短信，就可能引起麻烦。如果不幸被对方传播出去，后果就更严重。因此经不起推敲的短信一定要及时删除。

（9）上班时间不要没完没了发短信。上班时间每个人都在忙着工作，即使不忙，也不能没完没了地发短信，否则就会打扰对方工作，甚至可能让对方违纪。如果对方正在主持会议或者正在商谈重要事项，闲聊天式的短信更会让对方心中不悦。

（10）发短信不能太晚。有些人觉得晚上 10 点以后不方便给对方打电话了，发个短信告知就行。短信虽然更加简便，但如果太晚，也一样会影响对方休息。

（11）提醒对方最好用短信。如果事先已经与对方约好参加某个会议或活动，为了怕对方忘记，最好事先再提醒一下。提醒时适宜用短信而不要直接打电话，这是由于打电话似乎有不信任对方之感，短信就显得非正式、亲切得多。短信提醒时语气应当委婉，不可生硬。

三、电子邮件礼仪

电子邮件是职场中人们经常使用的一种联络方式，是利用网络，向交往对象所发出的一种消息。在使用电子邮件进行对外联络时，应当遵守礼仪规范，可以在有效提高工作效率的同时促进交流合作，体现个人乃至企业单位的良好形象。

（一）电子邮件应当认真撰写。

向他人发送的电子邮件，一定要精心构思、认真撰写。在撰写电子邮件时，必须注意以下三点：

其一，主题要明确。一个电子邮件，大都只有一个主题，并且往往需要在电子邮件的“主题”或“标题”一栏注明。如果将其归纳得当，收件人见到它便对整个电子邮件一目了然了。很多人在撰写电子邮件时习惯不写标题，这样对方可能会误认为是恶意邮件，在没打开之前就删除了。

其二，语言要流畅。电子邮件要便于阅读，语言就必须流畅。尽量别写生僻字、异体字。引用数据、资料时，最好标明出处，以便收件人核对。

其三，内容要简洁，格式要规范。邮件正文要简洁，不可长篇大论，以便收件人阅读。用语要礼貌，以示对收件人的尊重。特别要注意使用标点符号，正确地断行、断句。如果撰写英文邮件，不要清一色采用大写字母。

（二）收到邮件后应及时回复

当收到电子邮件尤其是重要的邮件时，应即刻回复对方，回复邮件时要附加原邮件，必要时使用模板来回答频繁出现的常规问题，这也是为了提示对方邮件已被收到。但对于发邮件方，不要请求回复和阅读回执，不要向收件人强制要求回消息。

（三）电子邮件应当避免滥用

在信息社会中，任何人的时间都很珍贵，若无必要，不要轻易向他人乱发电子邮件，尤其是不要利用电子邮件与他人谈天说地，也不要只为了检验一下自己的电子邮件能否成功地发出就给对方发无意义的邮件。

（四）注意电子邮件的正规性

很多人喜欢加一些东西在信件里，如图释、缩写或表情符号等，在用于处理公务的正式电子邮件中使用这些符号，显得过于随意，应当予以避免。

（五）定期打开收件箱查看邮件，以免遗漏或耽误重要邮件的阅读和回复

一般应在收到邮件的当天予以回复。如果涉及较难处理的问题，要先告诉对方自己已收到邮件，来信处理后会及时予以正式回复。

四、书信礼仪

（一）信电类文书基本礼仪

1. 书写规范，用语礼貌

书写规范是指信电书写格式要规范。笺文中的称谓、开头应酬语、正文、结尾应酬语、祝颂敬

词、署名及日期等，都要注意结构顺序和书写格式。信电是一种书面谈话，语言要有礼貌，使收信人有一种亲切感和被尊重感。

2. 内容可信，表达艺术

信电无论写给谁看，所写的内容都应实实在在，所表之情都要直率真诚。在信电中，应把自己的意思表达得完整准确、清晰明白，同时还要观点正确、叙述晓畅、层次清楚。要让公关信电的内容表达真正做到亲、简、明、雅。

3. 融入情感，激活兴趣

信电贵在沟通，注重情感，应使对方从中感到你的尊重和关心。信电写作选择的最佳角度，往往是以“对方态度”讲话，善于从对方的立场和处境出发，替他人着想，为他人打算。

信电的内容能引起对方的注意和兴趣，才能使其产生强烈的阅读愿望。因此，信电的开头应直截了当，开门见山地提及主要的事项或观点。

（二）常用信电类文书

1. 表扬信

表扬信是用来表彰有突出贡献者和颂扬好人好事的一种专用信函。表扬信可以直接写给表扬对象，也可以写给表扬对象的所属单位，还可以写给报刊社、电台、电视台等新闻媒体。

（1）格式与写法：

① 标题。写成“表扬信”即可。

② 称谓。顶格书写，称呼后面加冒号。一般写给被表扬人的上级领导单位。

③ 正文。首先要陈述事实，以说明表扬的缘由。然后要加以评价，予以表扬，或提出希望和建议。如果是上级写给下级，则要对下级所取得的成绩予以表扬，并对今后的工作提出希望或要求。如果是个人写给单位或单位写给单位的，则要表明态度，顺致谢意，并请求或建议有关方面给予表彰。结尾用如“顺致谢意”、“致以最诚挚的敬礼”等祝颂语。上级给下属单位的表扬信，一般不用祝颂语。上级给下属个人的则可视表扬内容，恰当使用祝颂语，以示尊重。

④ 落款。在正文结束后的右下方署名，即写上单位名称或个人姓名。在署名下方注明准确日期。

（2）礼仪要求：

内容真实，准确无误，评价恰如其分；叙述清楚，详略适宜；语气要热情、恳切、流畅，文字要朴素，篇幅要短小。

例文一

表扬信

××大学：

我们是中国人民解放军驻×部×连的全体官兵。2月4日我连干部家属陈××自杭州携三岁女儿来部队探亲，不慎在××火车站将所有的现金和火车票丢失。正当陈××万分焦急之时，贵校张××和施××同学向她伸出了援助之手：他们为陈××买了到××的火车票，并一路悉心护送母女俩到××火车站，使陈××母女平安到达部队驻地。

张××和施××两位同学这种助人为乐的精神令我们全连官兵十分感动，我们号召全连官兵向他们学习，为祖国奉献自己的青春。我们感谢贵校培养了这样优秀的大学生，诚请贵校对张 ×× 和施 ×× 两位同学予以公开表扬。

此致

敬礼！

中国人民解放军驻 × 部 × 连的全体官兵

二〇二一年三月一日

2. 感谢信

感谢信是各级机关、企事业单位、社会团体和个人，对帮助、支持自己的单位或个人表示感谢的信函。感谢信是一种不可少的公关手段，感谢信是文明的使者。感谢信可以直接寄到受信者单位的领导，或寄给受信者个人；感谢信还可以寄送新闻媒体；也可以用告示方式直接张贴到受信者单位。

（1）格式与写法：

① 标题。一般有 3 种常见写法：一是只写文种“感谢信”；二是由受文单位加文种组成，如“致 xxx 的感谢信”；三是由发文机关 + 受文单位 + 文种组成，如“×× 总公司致 ××× 商场的感谢信”。

② 称谓。写被感谢的单位名称或个人姓名，顶格书写在标题下一行。

③ 正文。主要写感谢的事由和感激心情，简明扼要地写出以下几个方面：简要叙述对方的好思想、好品德、好风格及其应感谢的事迹。在叙述的过程中，要交代清楚人物、事件、时间、地点、原因、结果。重点说明在关键时刻对方的关心、支持、帮助所产生的客观效果。应热情赞扬对方的可贵精神及其影响，并恳切地表示向对方学习的态度和决心。结尾写致敬语，表示祝愿、敬意，方式可以灵活多样。

④ 落款。正文下一行署写信的单位名称或个人姓名，并在署名下行署上成文日期。

（2）礼仪要求：

内容要真实，评誉要恰当。感谢信的内容必须真实，确有其事，不可夸大溢美。感谢信以感谢为主，兼有表扬，所以表达谢意时要真诚，说到做到。评誉对方时要恰当，不能过于拔高，以免给人一种失真的印象。

用语要适度，叙事要精练。感谢信的内容以主要事迹为主，详略得当，篇幅不能太长。感谢信的用语要求是精练、简洁，遣词造句要把握好一个度，不可过分雕饰，否则会给人一种不真实、虚伪的感觉。

感谢信

湖南鸿冠食品有限公司：

我公司在贵公司的大力支持下，在 ×× 产品的开发和研制上取得了重大的成绩，经过同行专家的鉴定，达到了国内的先进水平，为此，特向你们致谢！

多年来，贵公司为了帮助我们解决研制 ×× 产品中的一些技术问题，派出技术人员到我公司实验室跟我公司技术人员一同攻关熬夜，还毫不保留地把自己的经验和体会告诉我们。你们无私的援助和高尚的风格，将永远激励着我们前进。在此，向贵公司深表谢意，并建议对 ×××、×××、××× 等专家给予表扬。

此致

敬礼!

宏远公司

二〇一九年十月二十八日

3. 贺信（电）

贺信（电）是表示庆祝的函电的总称。一般用于领导机关、企事业单位或个人对取得巨大成绩、作出卓越贡献的集体或个人表示祝贺，或对国际、国内发生的重大喜事，对一些重要会议、节日、婚礼、寿辰表示祝贺。一般篇幅较简短，感情充沛，文字明快。

（1）格式与写法：

① 标题。一般有几种常见写法：一是只写“贺信”或“贺电”二字；二是写谁发出的贺信（电），如“×× 公司贺信（电）”；三是写给谁的贺信（电），如“给 ×× 公司的贺信（电）”；四是写谁给谁的贺信（电），如“×× 协会给 ×× 公司的贺信（电）”。

② 称谓。标题下一行顶格书写，后缀职务、职称或“先生”“女士”“小姐”。祝贺会议则写会议名称。

③ 正文。开头用简练的语言写祝贺之由，并表示祝贺。如“值此……之际，谨代表……向……表示热烈祝贺”。主体因对象的不同，主体的内容与措词也有所区别：祝贺取得成绩的贺信（电）要充分肯定和热情颂扬对方所取得的成绩，述评取得成绩的原因及意义，表示向对方学习，提出希望或勉励；祝贺会议贺信（电）侧重说明会议召开的重要意义和深远影响；祝贺领导履新贺信（电）侧重祝愿对方在任期内取得新成就，并祝愿双方友谊加强。结尾可再次写祝愿、鼓励和希望方面的话，也可不写。

④ 落款。正文下一行右下方写明发文的单位名称或个人姓名，并在下一行署成文的时间。

（2）礼仪要求：

强烈感情色彩。感情热烈真挚，发自内心；实事求是。内容要实事求是，评价、颂扬和祝贺要恰如其分；语言简练。语言要简练流畅，篇幅力求短小精悍。

例文一

贺信

天图公司：

值此贵公司成立 10 周年纪念大会暨产品展销会开幕之际，我谨代表宏远公司，向大会表示热烈地祝贺！

10 年来，贵公司秉承锐意创新、敢为人先的经营理念，自力更生、艰苦创业，在计算机通信产品的研发领域连续取得重大突破，开发出许多新型产品，培养了众多技术人才，在国内同行业中具备了很强的竞争实力，为国人争得了荣誉。相信此次纪念大会暨产品展销会将会为贵公司赢得更大的经济与社会效益。多年来，贵公司与我公司建立了良好的合作关系，在技术力量方面，贵公司给予我公司多方面的帮助和支持。对此，我们表示衷心的感谢！我们要努力学习贵公司锐意创新的精神，继续加强与贵公司的合作，不断提高产品质量，为使我公司产品达到同行业先进水平而奋斗！

最后，祝贵公司成立10周年纪念大会暨产品展销会取得圆满成功！

宏远公司总经理 廖鹏

二〇一九年十月八日

4. 慰问信

在生活中，当他人处于特殊的情况下（如战争、自然灾害、事故），或在节假日，向对方表达真挚的、自然的、真切的慰问之情时就须用到慰问信。慰问信是以组织或个人的名义向集体或个人表示关怀、问候、安慰和鼓励的一种书信。一般分为安慰式慰问信、鼓励式慰问信、节日慰问信三种。

（1）格式与写法：

① 标题。一般只写文种，也可以用完整标题：发文者 + 致 + 收文者 + 文种。如“xx 市政府致消防部队官兵的慰问信”。

② 称谓。写被慰问的单位名称或个人姓名。个人姓名之后还应加上必要的称呼，如“先生”、“同志”，后边加上冒号。

③ 正文。主体部分根据慰问对象的不同有区别。

a. 安慰式慰问信。首先，说明写慰问信的背景和原因。即简明扼要、高度概括地交代社会形势和受信者受到的挫折，然后写表示深切慰问的话。其次，概括地叙述受信者在与困难作斗争中所表现出来的战胜困难、不畏艰险、顶着困难锐意进取的可贵精神，并鼓励他们继续发扬这种精神，然后，向他们表示慰问和学习。再次，表示愿意同受信者一道团结起来，共同战胜困难、渡过难关的愿望和决心；展望光明美好的未来。另外，如果有随信附上的钱、物等，可另起一段作附加说明。

b. 鼓励式慰问信。首先，说明写慰问信的背景、原因。即简明扼要、高度概括地交代社会形势和肯定受信者所取得的成绩，然后写表示深切慰问的话。其次，对受信者的先进事迹或所取得的成绩作进一步稍为详细的叙述，然后对受信者表示劝勉、鼓励，并表示向其学习的决心。再次，表示共同的心愿。

c. 节日慰问信。首先，说明写慰问信的背景和原因，亦即介绍当时的社会形势，以及快到什么节日，所以向对方发出慰问信。然后加上表示亲切问候的话语。其次，集中、概括地总结、介绍受信者，或受信者以及发信者共同在某一特定时期内所取得的成绩，对受信者表示节日的慰问以及对新时期工作和生活的祝愿。再次，提出目前和以后的任务和要求，表明共同携手开创未来，取得更大成绩的愿望和决心。尾语主要写表达良好祝愿的话，如“祝取得抗灾斗争的胜利”、“祝节日愉快”、“此致敬礼”等。

d. 落款。在正文的下一行右下方署慰问者的名称。慰问者的名称可以是单位名称，也可以是个人姓名。单位名称应当写其全称或对其成员的统称。

（2）礼仪要求：

要根据所慰问的不同对象，确定信的内容。字里行间要洋溢着同志间深厚感情，要充分体现组织的关心和温暖，使受慰问者在精神上得到安慰和鼓励，增强克服困难的勇气和继续前进的信心。

慰问信的抒情性较强，语言亲切、生动。

例文一

中国疾病预防控制中心致赴汶川地震灾区抗震救灾队员的慰问信

中心全体抗震救灾一线的队员：

你们辛苦了！

在你们离开中心奔赴汶川地震灾区的时候，我们的心也和你们一道飞到了抗震救灾第一线。每当在电视转播里看到余震频发、山石滚落，我们的心也随之震颤、紧缩；每当在电波里传来防疫工作进展顺利的消息，我们也由衷地欢欣鼓舞；这是因为你们在那里工作、战斗、拼搏！因为你们是我们的兄弟姐妹，是我们的骄傲，我们时时刻刻牵挂着你们。

现在灾区卫生防疫工作已经成为抗震救灾的重点,能否实现“大灾之后无大疫”已进入关键时刻。党中央和国务院看着我们，全国人民在看着我们，全世界都瞩目着我们，中心广大干部职工都期盼着我们中国疾控队伍打胜仗。我们相信中国疾控人有决心、有能力打好抗震防病这一仗，我们会用聪明才智和顽强拼搏，向党和人民交上一份满意的答卷。灾区的工作条件和生活条件很差，地质灾害还没有过去,地震滋生灾害的危险还在严重地威胁着大家。衷心希望你们保重身体,注意规避灾害,尽可能地抓紧时间休整，保持旺盛的战斗力。同时，在你们条件允许的情况下，请经常给家里亲人和单位打个电话，报个平安。

祝你们在抗震救灾中平安、健康，盼望你们早日凯旋。

中国疾病预防控制中心

二〇一八年五月二十日

5. 请柬

请柬是各级机关、企事业单位、社会团体或个人为邀请有关人员参加某项活动而专门制发的礼仪文书。

在现代社交礼仪中，请柬的使用非常普遍。请柬既表示邀请者的郑重态度，也表明主人对客人的尊敬。通过发请柬既可以密切主客之间的关系，也可以使客人能够自然地接受邀请。请柬的个性化设计非常重要，具有鲜明特色的请柬对成功的公关活动无疑会发挥重要作用。

请柬有印制和手写两种，一般分为封面、封里两部分。

（1）格式与写法：

① 标题。即写“请柬”。如果请柬是折页纸，封面写“请柬”二字，封面还要做些艺术加工，图案装饰，文字用美术体，并可套红或烫金。如果请柬是单页纸，第一行正中写“请柬”二字。有些还加上事由，如“庆祝 ×× 公司成立 10 周年请柬”。

② 称谓。另起行（或一页）居左顶格书写被邀请者的姓名或单位名称。姓名之后要加职务、职称等称谓,或用“同志”“女士”“先生”“教授”“主任”等。如邀请夫妇两人,要将其姓名并列书写,加“伉俪”两字。为表示恭敬，有时可在前面加“尊敬的”“尊贵的”等敬语。

③ 正文。要写明受邀请人的姓名，拟举行的活动名称，活动的时间、地点及注意事项等。如果是小型活动，人数较少，还要写清“× 楼 × 号房间”等具体地点。结尾一般写“敬请光临”“欢迎

届时光临”“恭候莅临”等邀请语。

④ 落款。在正文下一行居右署名，用于公务的请柬如果是个人署名，要写明职务或身份。若单位所发请柬有时还需加盖公章。日期写在署名之下。

（2）礼仪要求：

采用书面语。格调较高的甚至采用文言文词语。语言要求“雅”。文字简短明确。只写明活动的时间、地点、内容和一两句表示邀请的话语即可，应使人一目了然。一般用红纸或较为鲜艳的彩色纸，封面可用花边、图案等装饰，以表示喜庆和对被邀请者的尊敬。

例文一

请柬

尊敬的鸿冠食品有限公司经理刘××先生：

兹订于2010年11月6日上午10时在红星广场举行金华大厦开业典礼。

敬请届时光临。

红星广场管理委员会

二〇二一年五月一日

第九节　求职礼仪

一、求职前的准备

毕业生或由于组织、个人等原因重新寻找职业者在求职过程中应遵循的一种礼仪形式。求职礼仪的关键是面试这一环节。

（一）个人简历及其书写内容

个人简历是一种书面的自我介绍，应尽量提供自己最优秀的一面，但不能吹嘘，必须实事求是、诚实守信。同时，个人简历要简练，一般自荐信的篇幅不要超过两页纸，而且最好使用打字的方法，不能出现文字或语法错误、涂改擦痕。个人简历应包含：姓名、性别、出生年月、政治面貌、学历学位、职务职称、住址、通讯方式、求学经历情况，所获荣誉与奖励、主修专业及课程、工作经历及原工作职务与成就、个人总结等。

（二）求职面试

首先要设法了解你希望就职的那个公司或单位尽量多的情况。其次，要尽可能全面地了解你自己，该工作是否有助于实现个人目标，还应清楚通过何种途径可以证明你以前的经历能使你胜任未来的工作。并且记住以下建议：

（1）准时赴约，切不可让接见你的人等候。可提前到达面试地点，这样也可以适当调整自己紧张的情绪，熟悉并适应周边环境。

（2）要等接见者请你就座时才能按指定位置入座，一般以面对面为佳，并注意端正坐姿。

（3）服饰打扮要端庄正式，衣着要整洁，头发要梳理整齐，不可披头散发、蓬头垢面，皮鞋要擦亮。

（4）备好个人简历、证件、介绍信或推荐信等必要的材料，见面时，一定要保证不用翻找就能迅速取出所需材料。

（5）讲话时要面带微笑、充满自信，回答提问尽量详细准确，但不要展开发挥，要按接见者的话题进行交谈。

（6）及时告辞，有些接见者以起身表示面谈的结束，另有用“同你谈话我感到很愉快”或“感谢你前来面谈”这样的辞令来结束谈话。对此，面试者应敏锐，及时起身告辞。

（7）注意礼貌礼节，面试过程中应始终遵守礼仪准则，告辞时可同接见者握手，面带微笑地表示感谢，可加深印象。

二、面试礼仪细节

（1）女士服饰：素颜、短发或盘发是标准职场形象；佩戴首饰讲究“两宜两忌”；指甲颜色不夸张，香水味道不张扬；丝袜以连裤袜为宜，最好带多双以防脱丝；鞋子不露脚跟脚趾；头发要梳理整齐，不遮住眼睛，给人清新的感觉。

（2）男士服饰：西服颜色首选藏青色为宜；三颗纽扣仅扣上面两颗；领带选择真丝面料，打好后长度不遮挡皮带扣；西服口袋基本不放东西；西服整体搭配注意“三色原则”。

（3）握手：握手比只说“您好”“很高兴见到您”之类的泛泛问候更有意义。

（4）同步性：当两个人在交流时，身体语言会有一些类似于“镜像效应”的反应，一个人的身体语言感染着另一个人，使两个人的动作有相似之处，这就是同步性。这表明两个正在交流的人同时进入了同一种虚设情景。

（5）姿势：面试过程中要有信心，下颚略收，两只手很自然地垂放或者相合。

（6）眼神接触：在不回避面试官眼神的同时，也注意不要直勾勾地盯着对方看，在诸位考官的眼神碰撞之间游离也是很有技巧的。但是，眼神迅速转移是不礼貌的，往往说明你对对方问题的忽略，这一点不可大意，尤其是自我介绍或主考官提问的时候。

（7）玩弄头发或手指、衣角：面试时不要玩弄头发、手指、衣角，这是很不合适的。如果是紧张情绪所导致，那要慢慢改掉这个毛病，学会调整情绪，提高自己应变能力。

第四章 服务礼仪

第一节 服务礼仪概述

一、服务礼仪的内涵及原则

（一）服务礼仪的内涵

1. 服务的释义

服务的英文是 SERVICE，其每个字母都有着丰富的含义。

S —— smile（微笑），微笑服务是服务人员最基本的服务要求。

E —— excellent（出色），服务人员应将每一个服务程序、每一个微小服务工作都做得很出色。

R —— ready（准备好），服务人员应该随时准备好为顾客服务。

V —— viewing（看待），服务人员应该平等地看待每一位顾客，并以热情的态度为其提供优质的服务。

I —— inviting（邀请），服务人员都应该显示出诚意和敬意，主动邀请顾客再次光临。

C —— creating（创造），服务人员精心创造出使顾客能享受其热情的服务使其满意。

E —— eye（眼光），每一位服务人员应该以热情友好的眼光关注顾客，适应顾客心理，预测顾客需要，及时提供有效的服务，使顾客时刻感受到满意服务。

2. 服务礼仪的内涵

一般而言，服务礼仪指服务人员在自己的工作岗位上严格遵守的行为规范，是服务行业人员必备的素质和基本条件，是在服务行业内的具体运用。服务礼仪的实际内涵，是指服务人员在自己的工作岗位上，出于对客人的尊重与友好，注重仪表、仪容、仪态和语言，发自内心地热忱地向服务对象提供标准的、规范的、热情的、周到的服务，表现出服务人员良好的精神风貌与素养。

3. 服务礼仪的功能

其一，有助于提高服务人员的个人素质；其二，有助于更好地尊重服务对象；其三，有助于进一步提高服务水平与服务质量；其四，有助于塑造并维护企业的整体形象；其五，有助于企业创造出更好的经济效益和社会效益。总而言之，在当前我国加速推行社会主义市场经济的时代潮流中，服务行业若是对于普及、推广服务礼仪疏于认识、不予以重视、行动迟缓，很可能会为此付出沉重的代价。

（二）服务礼仪的原则

服务礼仪应遵循的原则是：良好形象、态度热情、用语文明、表达准确清晰、使用普通话。

二、服务意识

服务意识，即自觉主动做好服务工作的一种观念和愿望，服务意识发自服务人员的内心。它是服务人员的一种本能和习惯；它是可以通过培养、教育训练形成的。服务意识有强烈与淡漠之分，有主动与被动之分。这是认识程度问题，认识深刻就会有强烈的服务意识；有了强烈展现个人才华、体现人生价值的观念，就会有强烈的服务意识；有了以公司为家、热爱集体、无私奉献的风格和精神，就会有强烈的服务意识。服务意识必须存在于我们每个人的思想认识中，只有大家提高了对服务的认识，增强了服务的意识，激发起人在服务过程中的主观能动性，搞好服务才有思想基础。

具有服务意识的人，能够把利己和利他行为有机协调起来，常常表现出“以别人为中心”的倾向。首先，要以别人为中心，服务别人，才能体现出自己存在的价值，才能得到别人对自己的服务。服务意识也是以别人为中心的意识。拥有服务意识的人，常常会站在别人的立场上，急别人之所急，想别人之所想；为了别人满意，不惜自我谦让、妥协甚至奉献、牺牲。实际上，多为别人付出的人，往往得到的才会更多，这正是聪明人的做法。缺乏服务意识的人，则会表现出“以自我为中心”和自私自利的价值倾向，把利己和利他矛盾对立起来。实际上，这常常是懒人们的哲学，从本质上说，这违背了人与人之间服务与被服务关系的规律。这种人越多，社会就越不和谐。

服务意识是人类文明进步的产物。所谓文明，即人区别于一般动物的部分。所谓文化，即人的文明化或去动物化。人的文明程度的高低，即人被文明化的程度高低。换言之，人的文明化程度的高低，即人的社会化程度的高低。由此可见，人的文明程度或文化程度的高低，并非是指接受学校教育的年限和学历的高低。

三、服务礼仪的法则

（一）白金法则

在服务工作中，服务人员亟待解决的一个重要理念问题是：服务人员如何端正自己对待顾客的态度，摆正与顾客之间的位置。倘若这一理念问题不能认真解决，则服务人员在工作中的态度必受影响，积极性、主动性难以获得发挥，工作甚至生活的质量也会为此而大打折扣。

观念决定思路，思路决定出路。对服务人员而言，解决这一问题的捷径，就是要认真领会、努力遵守服务行业里所通行的白金法则。白金法则是由美国著名学者亚历山德拉、奥康纳等人于 20 世纪 80 年代末期提出来的。白金法则的基本内容是：在人际交往中，尤其是在服务岗位上，若要获取成功，就必须做到把交往对象放在第一位，即交往对象需要什么，就应当在合理合法的条件下，努力去满足对方的需要。在服务行业中，白金法则早已被人们普遍视为服务通则和基本定律。

就本质而言，白金法则的要点有两个：第一，在人际交往中必须自觉地知法、懂法、守法，行为必须合法；第二，成功的关键在于凡事以对方为中心。

具体来说，白金法则对服务人员的启迪也有两个方面：第一，必须摆正自己的位置；第二，必须端正自己的态度。

1. 摆正自己的位置

在日常生活与工作中，每一个人都有自己的位置，了解自己所应占据的位置，不但可以使自己适得其所，而且还可以提高自身的工作效率和生活质量。这一点，对于服务人员来说，其意义是不言而喻的。服务人员若忽略了这一点，整个人心态与工作质量都会受到很大的影响。

具体而言，在工作岗位上要求服务人员摆正位置，首先，服务人员必须明确地意识到，不论自己具体从事何种工作，其本质都是服务于人。进言之，服务人员的工作性质，就是为顾客服务，为社会服务，为我国的社会主义事业服务，为实现中国梦而服务。这是不容置疑的。服务的实质就是为别人工作，那要求时时处处以顾客为中心，时时有求必应，事事不厌其烦。若认识不到这一点，就无从谈起恪尽职守、做好本职工作了。服务人员要想做好服务工作，必须从以下两个方面入手。

（1）强调人际交往中的互动。过去，中国人长期生活在传统的农业社会中，农业社会的一大特点是生活自给自足，交往以自我为中心，而不太在乎自身行为的实际效果，即不善于进行互动。实际上，如果人际交往的具体效果不佳，交往本身往往就变得毫无意义。可以设想一下，假使赞美别人时用词不当、方式不好、表达不佳，在对方听来等于辱骂他一般，那么此种赞美起不到赞美的效果。

（2）坚持以交往对象为中心。也就是不允许凡事都我行我素、以自我为中心。在人际交往中，尤其是在服务中，如果不能够坚持做到凡事以顾客为中心，根本就不要指望可以做好本职工作。在服务岗位上，要求服务人员凡事以顾客为中心，实际上就是进一步要求其明确自己的具体位置，就是要求其更好地、全心全意地做好自己的服务工作。

其次，善于换位思考。在日常性的具体工作中，服务人员都必须充分认识到自己所面对的广大服务对象不仅男女有别、长幼有别、性格有别、教养有别、民族有别、宗教有别、职业有别、地位有别，不单单内外有别、中外有别、外外有别，而且人人有别、事事有别、时时有别、处处有别。因此，服务人员要想提高服务工作的质量，就一定要善于进行换位思考。日常生活与工作实践早已充分证明了这一点。一个人所处的时间、空间、地位不同时，其所作所为往往大相径庭；而具有不同性别、年龄、职业、教育、民族、宗教的人处于同一时间、同一空间、同一位置时其个人感受通常也难见“众口一词”。既然人与人之间多有不同，既然做好服务工作的基本要求是以交往对象为中心，那么每一名服务人员在具体工作中，都必须积极主动地进行换位思考。换位思考的主要要求是：与他人打交道时，尤其是当服务于顾客时，必须主动而热情地接待对方，必须善于观察对方、了解对方、体谅对方，必须令自己认真站在对方的位置上来观察思考问题，从而真正全面而深入地了解对方的所思所想、所作所为，以求更好地与之进行互动。

2. 端正工作态度

服务人员在日常工作中，要想真正地摆正自己与顾客之间的位置，就必须认真解决的一个重要问题是必须端正自己的态度。在人际交往中，态度往往决定一切。一个人有什么样的态度，就会有什么样的工作。服务人员的个人心态如果调整得不好，在日常工作中就不能真正地端正自己的态度，就无从谈起前面所要求的服务“以交往对象为中心”。具体而言，要求服务人员端正态度，需要注意如下三个方面：

（1）接受对方。所谓接受对方，就心态而言，主要是要求服务人员在接待时，尤其是在对服务对象进行服务时，不要站在对方的对立面，不要有意无意地挑剔对方、捉弄对方、难为对方、排斥对方，不要不容忍对方，不要存心与对方过不去。简言之，容纳对方，善待对方，而不是排斥对方。实践证明，与人交往时，接受对方是双方交往取得成功的重要前提，做不到这一点，交往成功就是一种奢谈。服务人员在与服务对象进行接触时，首先必须真心实意地接受对方。这一点要是不明确或者做不到，“以交往对象为中心”的理念便难以真正实施。

服务礼仪强调“尊重为本”。在服务岗位上，接受对方，意在表示对顾客的高度尊重。在服务岗位上，尊重顾客就是服务礼仪对服务人员所提出的基本要求。就操作层面而言，在服务岗位上，要求服务人员尊重顾客，实际上就是要求其尊重顾客的一切合乎情理的选择，而不允许对其越俎代庖，横加干涉。还要求服务人员宽以待人，尊重服务对象，善待服务对象，它并非要求服务人员对顾客处处肯定。当顾客的所作所为有违法律道德、有辱国格人格、有损行业利益、有害于企业形象时，服务人员仍须对其据理力争，针锋相对，毫不退让。

（2）善待自我。毛泽东同志曾经说过，世间一切事物中，人是第一宝贵的。因此，服务人员在其繁重而艰辛的实际工作中，要善待自我。善待自我的基本要求，是提醒每一名服务人员在生活与工作中，都要尊重自己、爱护保护自己。一个人如果不尊重自己，就不可能赢得他人真正的尊重。同样的道理，每一名服务人员假如不懂得爱护自己，就不可能更好地为国家、为社会、为单位、为顾客工作，就会辜负国家、社会和本单位对自己的殷切期望。

在日常的服务工作中，每一名服务人员均应具有的健康心态是善待自己，善待顾客。二者实际上互为因果，往往缺一不可。一方面，服务人员只有善待自己，才能够更好地善待顾客；另一方面，服务人员善待顾客，其实就是善待自己。

（3）和而不同。2002年10月23日，江泽民同志在美国发表演说，正式提出了“和而不同”的外交理念。“和而不同”外交理念的基本点是：必须维护世界的多样性，必须尊重世界上所客观存在的一切差别，必须承认世界各国相互依存。与此同时，还应当坚持每一个国家在国际交往中求同存异，并倡导世界各国维护和平，共同发展。在外交实践中行之有效的“和而不同”的科学理念，对服务人员做好服务工作，也具有十分重要的参考价值。在服务工作中要具体贯彻“和而不同”的理念，服务人员须做到以下两点：①尊重多样性。世界的多样性，本质上在于各国文明的多样性，认识到这一点是非常重要的。只有尊重世界的多样性，各个国家、各个民族、各种文明才能和谐相处，相互学习，相互借鉴，相得益彰。服务人员和顾客在社会地位、职业、文化素养、生活习惯，民族特征等方面多有差异，其世界观、人生观、价值观乃至思维方式、行事规则等必然多有不同，所作所为往往相去甚远。只有真正认识了这一点，服务人员才容易理解别人、尊重别人。②承认相互依存。当今世界不仅是一个多样性的世界，而且还是一个相互依存的世界。世界是丰富多样的，各种文明和社会制度应该而且可以长期共存，在竞争比较中取长补短、在求同存异中共同发展。从本质上看，服务人员与顾客自然也是相互依存的。如果服务人员不接受、不容忍顾客，非但本职工作难以做好，而且本人的生活也会受到影响。

（二）三A法则

根据服务礼仪的规范，服务人员欲向顾客表达自己的尊敬之意时，要善于运用三A法则，即接受顾客（accept）、重视顾客（appreciate）、赞美顾客（admire）。

三A法则主要是服务人员向顾客表达敬重之意的一般规律。欲向顾客表达自己的敬意，并且能够让顾客真正地接受自己的敬意，关键是要在向顾客提供服务之时，以自己的实际行动去接受顾客、重视顾客、赞美顾客。认识到服务礼仪的核心在于恰到好处地向顾客表达自己的尊敬之意，对于广大服务人员改进服务作风、端正服务态度、提高服务质量，必将大有益处。在服务实践里，必须善于透过现象看本质，善于抓住重点环节，善于举一反三，针对具体问题进行具体分析，要真正做到对于顾客接受、重视与赞美，三 A 法则具有一系列具体的规定和要求。

1. 接受顾客

接受顾客，主要体现为服务人员应当积极、热情、主动地接近顾客，淡化双方间的戒备、抵触和对立的情绪，恰到好处地向顾客表示亲近友好之意，将顾客当作自己的朋友来看待，不能怠慢顾客、冷落顾客、排斥顾客、挑剔顾客、为难顾客。现在，顾客选择的余地已经越来越大。在这种情况下，顾客所要购买的往往不只是某一种商品，与此同时，他们也在购买服务，对于服务质量越来越关注。有时，服务人员服务质量的好坏，甚至成了顾客选择消费时的决定性因素。而服务质量通常泛指服务人员的服务工作的好坏与服务水平的高低。服务质量主要由服务态度与服务技能两大要素构成。在一般情况下，顾客对服务态度的重视程度，往往会高于对服务技能的重视程度。对于一般顾客来说，服务人员的服务态度极差，则会引起顾客的厌恶，甚至恼羞成怒，以偏概全，会认为在这家企业内，所有的工作人员都是这样，对整个企业形成一个很差的印象。

接受顾客，说到底是服务态度是否端正的问题。尊重顾客，就要尊重顾客的选择。真正地理解了“顾客至上”这句话的含义，自然而然就应当认可对方、容纳对方、接近对方，才能真正地提高服务质量。在工作岗位上，服务人员接受顾客，不仅仅是思想上的接受，而且还应当在实际行动上体现这样的理念。例如为顾客提供服务时，切勿毫无缘由地上下打量顾客，或斜着眼睛、翻着眼睛注视顾客，这种行为显然不是接受顾客的表现。当见解与对方截然不同时，也要尽可能地采用委婉的语气表达，而不宜直接与对方针锋相对，更不要任意指出顾客的种种不足之处，特别是不应该明言对方生理上、穿着上的某些缺陷，否则就等于是宣告自己不接受对方。

2. 重视顾客

三 A 法则要求服务人员真心实意地重视顾客。重视顾客是服务人员对顾客表示敬重之意的具体化，主要表现为认真对待顾客，主动关心顾客，通过为顾客提供服务，使顾客真切地体验到：自己备受服务人员的关注、看重，在服务人员眼中自己是非常重要的。

服务人员在工作岗位上要真正做到重视顾客，首先应当做到目中有人，有求必应，有问必答，想对方之所想，急对方之所急，尽力满足对方的要求，努力为其提供良好的服务。与此同时，服务人员还须注意，在为顾客提供服务时应对顾客采用尊称表示尊敬。特别需要注意的是，在采用尊称时必须准确地对顾客进行角色定位，力求使自己所使用的尊称能够为对方所接受，不然，即使采用也不会令对方高兴。因此，要根据顾客的身份采用恰如其分的称呼。

其次，要注意倾听顾客的要求。要达到说话双方的真正沟通，光能说、会说还不行，还要能听、会听、善听。听，不仅是接收信息的主要手段，而且是反馈信息的必要渠道。有关语言交际资料表明：在人们日常的语言活动中，“听”占 45%，“说”占 30%，“读”占 16%，“写”占 9%。也就是说，人们有近一半的时间在听，可见“听”在日常交际活动中的重要地位。现代社会要求我们在听话能力上做到：听得准、理解快、记得清。倾听是在他人阐述见解时，专心致志地认真听取。倾听的实质就是对于被倾听者最大的重视。当顾客提出某些具体要求时，服务人员最得体的做法，是要对顾客的讲话认真倾听，并尽量予以满足。从某种意义上说，全神贯注地耐心倾听，这本身就会使顾客在一定程度上感到满足。“少说多听”，不但是常人必须知道的处世之道，而且对于服务人员来说也是必须掌握的服务技巧。服务人员在倾听顾客的要求或意见时，切忌弄虚作假、敷衍了事。如有必要，还可以主动地与顾客进行交流。“说话听声，弹琴听音。”服务人员不仅必须懂得及重视倾听顾客的一言一语的重要性，而且不只用耳朵接收信息，还必须用心去理解，做出应有的反应。倾听要做到耐心、虚心和会心。

再次，三A法则要求服务人员恰到好处地赞美顾客，这也是对顾客的肯定。赞美顾客，其实质就是对顾客的接受与重视，从某种意义上说，赞美他人实质上就是在赞美自己，就是在赞美自己的虚心、开明、宽厚与容人。从心理上来讲，正常人都希望自己能够得到别人的欣赏与肯定，而且别人对自己的欣赏与肯定最好是多多益善。获得他人的赞美，就是对自己最大的欣赏与肯定。一个人在获得他人中肯的赞美时内心的愉悦程度，常常是任何物质享受都难以比拟的。

赞美顾客，具体来说就是要求服务人员在向顾客提供具体服务的过程中，要善于发现对方之所长，并且及时地、恰到好处地对其表示欣赏、肯定、称赞与钦佩。这种做法的最大好处，是可以争取顾客的合作，使服务人员与顾客在整个服务过程中和睦友善地相处。服务人员在赞美顾客时，要注意以下三点：

一是赞美别人要适可而止。虽说赞美被视为服务过程中的一种有效的人际关系润滑剂，但是服务人员在具体运用时，必须有所控制，并限量使用。

二是实事求是地赞美他人。服务人员必须明确：赞美不是吹捧。赞美和吹捧有所区别，真正的赞美是建立在实事求是的基础上的，是对于他人长处的一种实事求是的肯定与认同。吹捧则不然，吹捧是指无中生有或夸大其词地对别人进行恭维和奉承，目的是讨他人欢心。这种情况发展到了极端，就是哄人、骗人、蒙人，因此绝对不可取。

三是恰如其分地赞美他人。对他人的赞美要想被顾客所接受，就一定要了解顾客的情况。否则，可能适得其反。

服务人员尤其要注意，切勿自以为是地用顾客不爱听的话语进行赞美，这很可能使顾客听起来不那么舒服，让对方感觉是在讽刺他。

（三）首轮效应

首轮效应，有时又称首因效应，主要是指一个人或一个企业留给他人的客观印象是如何形成的问题。换言之，首轮效应就是一种有关个人形象、企业形象的成因及其塑造的理论。因此，服务人员应当对这一理论和现象加以足够的重视。

从总体上讲，首轮效应理论的核心内容是：人们在日常生活中初次接触某人、某物、某事时所产生的即刻印象，通常会在对该人、该物、该事的认知方面发挥明显甚至是举足轻重的作用。对于人际交往而言，这种认知往往直接制约着双方的关系。

1. 第一印象

在人际交往中或者在平时对某人的接触过程中，人们对于交往对象或所接触的事物形成的印象，特别是在与对方初次交往或初次接触时所形成的对于该人、该事物的第一印象，通常至关重要。第一印象的好坏，往往不但会直接左右着人们对于自己的交往对象或者所接触的事物的评价，而且还会在很大程度上决定着人际交往中双方之间关系的好坏，或者人们对于某一事物的接受与否。

总之，首轮效应理论的第一个观点就是认为人的第一印象至关重要，甚至会决定一切。这一观点是首轮效应理论中最重要的观点，即“第一印象决定论”。

2. 心理定式

一般情况下，人们对于某人、某物、某事所形成的第一印象，大致都属于非理性的。第一印象的产生，主要基于对方在双方相逢之初的具体表现以及自己根据以往的生活经验对其进行的即刻判断。这种即刻判断往往能够扩散出一种相当迅速的反应和一种纯粹个人的感觉，可能并不一定需要循规蹈矩地进行复杂的理性思维或逻辑推论，未必百分之百全面、客观、正确，但是它在人际交往中的客观存在与实际作用，却是每个人必须充分重视的。

第一印象的非理性特征还表现为人们对于某人、某物、某事形成的第一印象通常都很难逆转，产生某种心理定式，对于双方之间的交往或认同发挥着一定的指导作用或影响。虽然从本质上说，第一印象仅是一种较为初步的了解和判断，但就是这样的一个初步了解或判断，在实际生活中却往往起着使人际交往继续或停止，使人们对于某物、某事接受或排斥、否定的重要作用。

3. 制约因素

首轮效应理论认为，人们对于某人、某物、某事所形成的第一印象，主要来自双方交往之初所获取的某些重要信息，以及据此对对方的基本特征所做出的即刻判断。这些人们在与某人、某物、某事交往之初所获取的某些重要信息，即为形成第一印象的主要制约因素。

从根本上来说，第一印象的形成主要取决于某些制约因素。具体而言，在形成第一印象的过程中发挥制约作用的主要因素，通常是各不相同的。

（1）个人方面

对于个人来说，直接影响外界对其第一印象的制约因素，主要有以下五个方面：

① 仪容。一个人如果仪容整洁、神采奕奕、相貌端正，往往会使人产生好感。相反，要是脏乎乎的、满面晦气、外形丑陋，自然就不会为他人所欣赏。

② 仪态。仪态犹如人们的一种身体语言，同样也能够向外界传递一个人的思想、情感与态度。在许多情况下，人们的身体语言所传递的信息，较之于口头语言与书面语言，通常会更真实、更准确。

③ 服饰。在现实生活中，一个人的服饰，不仅仅是其遮羞、御寒之物，更重要的是，通过服饰可以体现出一个人的个人修养、生活阅历和审美品位。

④ 语言。在人际交往中，语言是一种最重要的交际工具。语言除了可以传递信息之外，也可以向交往对象表现自己对其尊重与否。因此，对一个成年人来说，重要的不是会不会说话，而是如何把话说好。

⑤ 应酬。无论是在工作交往中还是在私人交往中，人们都不可避免地要接触其他人，并且与对方进行一定程度的应酬。应酬就是待人接物，在应酬时的态度、表现，往往会留给交往对象极其深刻的印象。

（2）事物方面

对于一种事物来说，直接影响外界对它的第一印象的制约因素，主要有以下四个方面：

① 观感。观感是指人在接触某一事物时，对其外观所产生的直观感受。它包括该事物的形态、体积、大小、色彩、质地、质量等。这些观感，通常对于人们形成对该事物的第一印象起到的作用很大。例如，在餐饮服务中的观感是指酒店大堂、餐厅内陈设，餐桌的形状及色彩，餐具的摆放，台面的设计等。

② 氛围。氛围一般指的是在某种特定的环境中给人以某种强烈感觉的现场景象、特殊情调或精神表现。不可否认，某一事物所处的具体氛围，往往会直接左右着人们对其所产生的第一印象的好坏。

③ 传播。这里的传播具体指的是与某一事物直接或间接相关的信息散布与交流。就传播渠道而言，常见的三种传播渠道有大众传播、群体传播与个体传播。对于事物的各种形式的传播，特别是在其接触该事物之前所接收的与其有关的各种形式的传播，常常会先入为主地直接或间接地影响对于它的整体看法或评价。

④ 人员。在现实生活中，人们在接触某一事物的同时，往往遇到一些与该事物存在着某种关系的人。如在旅游餐饮服务中，餐厅的服务员、酒店的引领、厨师、收银员等，这些人员的表现，尤其是他们在涉及该事物时的所作所为，毫无疑问地对于外人对该事物第一印象的形成有很重要的影响。

值得注意的是，对一个人或一种事物所产生的第一印象的制约因素不尽相同，它们在实际上往往又各自发挥着不同的作用，因此，若想让外界对自己或某一事物产生良好的第一印象，就必须分别从以上方面着手，不然就很有可能会使自己的努力方向出现偏差，徒劳无功。

在学习首轮效应理论时，有两个问题是至关重要的：一是要真正地认识到在人际交往中留给他人良好的第一印象是非常重要的。二是要充分注意到，在人际交往中想给别人留下良好的第一印象，需要从哪些具体的细节问题着手。

（四）亲和效应

所谓亲和效应，就是人们在交际中，往往会因为彼此之间存在某些共同之处或近似之处，从而感到相互之间更加容易接近。交往对象由接近而亲密、由亲密而进一步接近的这种相互作用，有时被人们称为亲和力。亲和效应理论，是服务礼仪的基础理论之一。

心理定式在有些情况下也被叫作心向，它是一个人在一定的时间内所形成的具有一定倾向性的心理趋势。一般来说，人们的心理定式大体上可以分为肯定与否定两种形式。肯定式的心理定式，主要表现为对于交往对象产生好感和积极评价。否定式的心理定式，则主要表现为对于交往对象产生反感和消极评价。人们在人际交往和认知过程中，往往存在一种倾向，就是对于自己较为亲近的对象，会更加乐于接近，俗称“自己人”，大体上是指那些与自己存在着某些共同之处的人。这种共同之处，可以是血缘、地缘、学缘、业缘关系，可以是志向、兴趣、爱好、利益，也可以是彼此共处于同一团体或同一组织中。

与“自己人”之间的交往效果一般会更为明显，其相互之间的影响通常也会更大，并形成肯定式的心理定式，从而对对方表现得更为亲近和友好。所有这一切反过来又会进一步加深并固化自己对对方原有的积极性评价。在这一心理定式的作用下，“自己人”之间的相互交往与认知在交往的深度、广度、动机、效果上，都会超过非“自己人”之间的交往与认知。由此可见，人们在与“自己人”的交往、认知之中，肯定式的心理定式发挥着一定的作用。因此，为了更好地、恰如其分地向顾客提供良好的服务，获得顾客的正面评价，有必要在服务过程中积极创造条件，努力找到双方的共同点，从而使双方都处于“自己人”的情境之中。

对于服务人员而言，学习、掌握并运用这一理论，可以从以下三个方面入手：

1. 近似性

亲和效应是以交往对象之间存在着某些相同之处或近似之处为基础的，离开了这一基础，交往双方往往会难以感觉到亲近进而相互认同。相反，交往对象之间的共同之处或近似之处越多，双方便更加易于感觉接近，并相互认同。

在一般情况下，人们大都喜欢与那些与自己情趣、志向等相近似的人交往。有时，人们还会有意无意地夸大交往对象与自己的相似之处，借以增强自己对对方的信任感和安全感。相反，人们往往不喜欢和那些与自己情趣、志向等相反的人相处，同样，有时人们也会夸大交往对象与自己的相反之处，借以表示自己对对方的信任危机与不安全感。这是因为，在自己信任的人或是自己产生了好感的人面前，人们往往更容易放松自己，并且与对方主动接近，甚至进行更加深入的交往或合作。

2. 间隔性

专家指出，在人际交往的过程中逐渐形成的亲和效应实际上是在首轮效应产生之后，人们对于交往对象所形成的一种更加深入的印象。人们在与他人初次交往时，在双方见面的一刹那间，是不大有可能发现、感觉到彼此之间的共同之处或近似之处的，需要在一段时间的了解和交往之后才能发现和感觉到。亲和效应的这一特征，被称为间隔性。

由于种种原因，在人际交往中，人们对于交往对象所产生的初始印象，总会存在某些片面、偏颇和不足之处，况且这一印象通常还需要进一步深化或加强，因此相对于首轮效应而言，亲和效应有时会更为全面，并且往往更加令人信服。在服务工作的开端表现得未尽如人意，不为顾客所接受，或者自己的服务确有欠妥之处，也并非回天乏术。一旦发觉自己的服务存在问题，应及时地采取必要的补救性措施，同样也可以挽回顾客对服务人员的不良印象。不仅如此，在接下来的服务之中，只要将功补过，还是大有希望被顾客所接受的。俗话说“不打不成交”，说的就是人们冰释前嫌，反而成为朋友。对此，我们不能不承认亲和效应在其中发挥着一定的作用。

3. 亲和力

亲和效应在人际交往的过程中逐渐形成后，往往在交往对象之间产生一种无形的凝聚力和向心力。这种凝聚力和向心力，就是人们平常所提及的亲和力。通常亲和力具有重大的作用，它既可以促使交往对象之间进一步相互理解、相互接受，而且还可以促使交往对象之间相互支持、相互帮助，同甘共苦、风雨同舟。

服务企业与顾客，尤其是常来常往的顾客，彼此之间形成一定的亲和力，无疑是非常有必要的。要做到形成一定的亲和力，需要注意以下三个方面：

（1）待人如待己。在一般情况下，人们通常都会优先考虑自己的处境。爱护自己、保护自己、善待自己，是人类的一种共性。在服务岗位上，服务人员要使顾客真正地感受到自己在服务工作中所表现出来的亲和力，就必须要做到待人如待己。也就是说，在接待顾客，为其提供服务时，要像对待自己一样，而不是将其视为与自己毫不相干的人。

（2）服务出自真心。在为顾客进行服务时，服务人员必须注意，自己对顾客的友善之意要出于自己的真心，要真心实意，切勿以假乱真、虚情假意，利用对方对自己的信任去欺骗、愚弄顾客。否则即使可以得逞一时，也终有一天会遭人唾弃、自毁信誉、得不偿失。

（3）服务不图回报。从经营的角度来说，服务企业应该注重投入与产出比。但是这是从总体经营角度来说的，具体到服务人员的每一项日常行为，比如出自真心的热情服务，是不能用金钱来衡量的，否则便失去了存在的价值。

（五）末轮效应

中国有句话是“善始善终”。在服务的善始善终问题上，往往会出现一些疏漏，甚至由此因小失大。从本质上讲，主要在于服务人员对于末轮效应理论理解得不深、掌握得不够。

末轮效应理论也是服务礼仪的一个重要的基础理论。在这里，“末轮”一词，是相对于首轮效应理论之中的“首轮”一词而言的。末轮效应理论的主要内容是：在人际交往中，人们所留给交往对象的最后印象通常也是非常重要的，它往往是一个企业或一个人留给交往对象的整体印象的重要组成部分。有时，它甚至直接决定着该企业或个人的整体形象是否完美，以及完美的整体形象能否继续得以维持。

末轮效应理论的核心理念是要求人们在塑造企业或个人的整体形象时，必须有始有终，善始善终，始终如一。首轮效应强调第一印象，而末轮效应强调“终”字。一个企业或个人在有意识地塑造自己良好的整体形象时一定要有始有终。如果有始无终，便往往有可能将原来的良好形象丧失殆尽。因此，特别主张在人际交往的最后环节，争取给自己的交往对象留下一个尽可能完美的印象。由于“最后印象”距离下一次交往的距离最近，而且直接影响到交往对象在下一次交往中的心理感受，因此，有学者又将末轮效应理论称为近因效应理论。

首轮效应理论与末轮效应理论是同一个过程中的两个不同侧面，二者同等重要，决不能厚此薄彼，偏废其一。服务人员要特别注意，在为顾客进行服务的整个过程中，要给顾客留下完美的印象，不仅要注意给顾客留下良好的第一印象，而且也要注意给顾客留下良好的最后印象。二者缺一，就很难树立起完美的印象。

1. 末轮效应的作用

在服务过程中，得体而周全地运用末轮效应理论，对于服务人员有三个好处：第一，有助于企业与服务人员始终如一地在顾客面前维护好自己的完美形象。第二，有助于企业与服务人员为顾客热情服务的善意真正地获得顾客的认可，并且被顾客愉快地接受。第三，有助于企业与服务人员在服务过程中克服短期行为与“近视”眼光，从而赢得顾客的真心，并因此逐渐地提高企业的社会效益与经济效益。

2. 末轮效应的要求

服务人员在掌握并运用末轮效应理论时，应当关注以下两个方面：

第一，把握最后环节

在服务工作的一系列过程中，留给顾客的最后印象在整个服务工作中具有举足轻重的作用，那么服务人员就必须从不同的角度出发，把握在整个服务过程中处于收尾阶段的最后一个环节。使自己在顾客面前始终如一，保持全心全意为人民服务的高度热情。

在整个服务过程中，初始之时笑脸相迎，收尾之时笑脸相送，为热情待客的应有之意。特别需要注意的是，在最后环节，为顾客所提供的热情服务，应当是绝对公平、一视同仁的。切勿使自己的服务，对于熟人与生人不一样、成人与孩子不一样、异性与同性不一样、外宾与内宾不一样、有钱人与没钱人不一样、消费多的人与消费少的人不一样、已消费的人与未消费的人不一样。否则这种有亲有疏地对待顾客的歧视性做法，会在无形之中给顾客留下非常不好的印象。

第二，着眼两个效益

在服务工作中，提倡服务人员为顾客进行热情服务，从根本上自然是着眼于企业的社会效益与经济效益。在强调热情服务、推广热情服务的同时，完全不讲任何经济效益，不但毫无必要，而且也是不现实的。但是，在为顾客进行热情服务时，决不能只讲经济效益。服务人员的热情服务不能一味唯利是图、无利不为，在服务岗位上接待顾客时，尤其要牢记这一点。

第二节　塑造良好的职业形象

人们往往用三个关键词描述成功的职场人员——性格、能力、形象。其中形象对事业起着举足轻重的作用。往往形象出色者更容易受到关注，规范、庄重而有品位的职业形象也能够赢得他人的信赖。如何塑造彬彬有礼、风度翩翩、气质高雅的职业形象，是每一个渴望发展、期待成功的职场人员迫切需要掌握的。因此，塑造良好的职业形象，有助于彰显自信与尊严，使事业更容易获得成功。

一、职业形象

职业形象是指在职场中公众面前树立的印象。如果说形象是生命，那么职业形象设计就是职业生涯设计，就是人生命运设计，这一项系统工程，是对从业者的思想、行为和外表的系统设计。

职业形象是职场人员在工作岗位上给他人留下的印象以及获得的评价，主要通过仪表、服饰、言谈、举止等直观感觉展现出来，是一种值得开发、利用的个人潜能。

二、职业形象的意义

塑造职业形象在人际交往中具有重要的意义。

（1）得体地塑造和维护职业形象，会给初次见面的人以良好的第一印象。

塑造职业形象之所以重要，是因为职业形象能给人留下深刻的第一印象。而第一印象又具有先入为主的作用，往往左右着对交往对象的评价，很大程度上决定着交往中关系的好坏，或者对交往对象的接受与否，从而使人们在心理上产生一定的心理定式。第一印象一旦形成，通常都是难以逆转的。若第一印象好，则会对未来产生积极、肯定、正向的作用，反之亦然。第一印象在人们的社会交往中起着非常大的作用。心理学家研究发现，当你进入一个陌生的环境时，人们会立刻通过直觉对你进行一系列的评价：你的社会背景、家庭背景如何，经济条件、可信度怎么样，成功的可能性有多大，所受教育的程度，艺术修养、个人品位如何，从事怎样的职业，年龄、健康状况怎样，等等。英国形象设计师罗伯特·庞德有这样一句话：“这是一个两分钟的世界，你只有一分钟展示给人们你是谁，另一分钟让他们喜欢你。”

（2）职业形象不是个人性的，它承担着一个企业的印象职业形象，既代表着个人形象，更代表着企业形象，展示着企业的精神风貌和企业文化，在一定意义上、一定环境下还代表着国家的形象。员工职业形象是员工思想、价值观、品位、经济能力的缩影，员工形象同时折射出企业风貌、企业文化、品牌形象。顾客从员工身上看到该企业的人员选拔标准、服务水平、经营管理水平。在商务谈判中，员工的职业形象影响顾客对企业的认知，如企业是否实力雄厚、是否诚信，影响一个企业是否能准确把握商业机会。

（3）职业形象是沟通工具

形象是通过非语言的方式与外界进行沟通的。俗话说“人靠衣服马靠鞍”，由此可见形象的重要性。你的形象就是你自己的未来，当你的形象成为与外界有效的沟通工具时，那么塑造和维护个人形象就成了一种投资，长期持续下去会带来丰厚的回报。

（4）职业形象在很大程度上影响着个人在企业的发展

职业形象在很大程度上影响着个人在企业的成功或失败。只有当一个人真正意识到了职业形象与修养的重要性的时候，才能体会到职业形象带来的机遇有多大。职业形象需要严格恪守一些原则性尺度，其中最为关键的就是职业形象要尊重区域文化的要求。不同文化背景的企业肯定对个人的职业形象有不同的要求，因此绝对不能我行我素，破坏文化的制约，否则受损的永远是自己。其次，不同的行业、不同的企业，均有集体倾向性的存在，只有职业形象符合主流趋势，才能促进自己职业的升值。

第三节 接待服务礼仪

孔子曰:“有朋自远方来，不亦乐乎？”自古以来，中国人就以热情好客而闻名于世。礼待宾客，在中国向来被视为为人处世的基本礼仪之一。

一、迎送礼仪

迎送宾客，总的要求应坚持主随客便、以礼相待、热情有加、善始善终，要做到主动、礼貌、大方、体态合乎礼仪。接待工作的过程中，迎送来宾作为接待工作的具体起止点，不仅理应为接待方所重视，而且亦为接待对象所关注，反映接待方的接待水准，体现接待方的礼宾规格，同时影响接待对象对接待方工作的第一印象。通常的迎送礼仪有以下要求：

（一）掌握来访人员详情

从事迎送来宾的接待人员，有必要对有关状况掌握得详尽具体、细致入微。

1. 掌握来访人员的具体状况

接待方首先应对来访人员的具体状况予以充分掌握。这是接待人员做好迎送工作的基本保证。

（1）主宾的个人简况。对于对方主宾的简况，诸如姓名、性别、年龄、籍贯、民族、单位、职务、党派，以及文化程度、宗教信仰、生活习惯、个人偏好、家庭状况、职位变迁、政治倾向、业务能力、社会评价等，均应一清二楚。对对方其他来宾的基本情况，亦应尽可能地有所了解。

（2）来宾的总体情况。在迎送活动中，对于一些有关来宾的总体情况，例如具体人数、性别概况、相关专业、内部关系、组团情况及负责人等，接待人员也应予以关注。

（3）来宾的整体计划。接待对象在来访之前，必定会制订具体的访问计划。对其来访计划，特别是访问目的、指导方针、大致安排等，接待人员应有一定程度的了解。

（4）来宾的具体要求。在迎送活动开始前，以及在具体进行中，接待人员对于对方所提出的要求或者意见、建议，均应认真听取，并予以充分考虑。

（5）来宾的抵达时间。对于来宾正式抵达的时间，例如具体日期、具体时间，以及相关的航班、车次、地点等，接待人员务必掌握充分、一清二楚，并且再三核对，以免在具体工作中出现重大差错。

2. 了解己方的规定

从事迎送工作的接待人员，尤其是其中的负责者，一定要对己方的相关规定进行全面了解。其一，己方的接待方针。它具体涉及己方有关整个接待工作的基本要求。其二，己方的礼宾规格。它是己方所给予来宾具体礼遇的最明显的体现。其三，己方的操作重点。对于迎送来宾过程之中的某些重点环节，有关人员必须予以重视。其四，己方的有关预案。对于用以防止某些临时变故的预备方案，有关人员必须了解清楚，而不能一知半解。

（二）迎送时间、地点

1. 迎送的时间

在具体的迎送工作中，对于时间问题应高度重视。

（1）须双方商定时间。

在任何情况下，有关正式迎送来宾的具体时间，均应由宾主双方事先正式商定，并达成一致。各方对此都可以提出意见或建议，同时也必须耐心地听取对方的意见或建议。

（2）约定时间要精确。

对于有关迎送活动的具体时间约定，不仅应该详尽，而且必须精确。一般情况下，每次活动的具体时间应明确年、月、日，采用 24 小时制计时，并且应当精确到以分钟为计时单位。对于每次活动的时间，既要规定起始时间，又要规定终止时间，即必须规定每次活动的具体时间长度。如迎送时间有变化，应及时掌握。

（3）宜反复予以确认。

接待人员在具体操办来宾迎送活动的过程中，应养成在必要时再度与对方确认相关时间规定的良好习惯。在下述情况下，对有关具体时间的规定更要不厌其烦地与对方再度进行确认：来宾正式出发之前；来宾即将抵达之前；迎送时间略有变动之后。

2. 迎送的地点

（1）主方专断。

通常，有关迎送来宾的具体地点，均由东道主一方自行确定。对于被接待方，东道主仅仅需要进行通报即可。

（2）环境良好。

为了使迎送活动给来宾留下美好印象，在力所能及的前提下，一定要充分考虑活动地点环境的好坏，不仅应当关注活动现场具体环境的好坏，同时还应当关注活动现场周边环境的好坏。

（三）迎送程序

迎送工作应规定必要的程序，并届时循序而行。因此，一般情况下，每一名具体从事迎送来宾工作的人员，都应当熟知制定程序、规范程序、简化程序、执行程序这四个与迎送活动密切相关的程序问题。

1. 制定程序

一般性的迎送活动，特别是需要举行专门仪式的迎送活动，都必须事先制定活动程序，以保证迎送活动循序而行、井井有条。所谓程序，通常是指某项活动进行的基本步骤与先后顺序；所谓迎送的程序，显然指的就是迎送活动的主要环节与操作流程。对有关迎送活动的程序的具体制定，主要有以下两方面的要求：

（1）程序必须制定。任何正式的迎送活动，不论是否举行仪式，都一定要事先制定必要的程序。

（2）程序必须详尽。既然迎送程序事关迎送活动的操作流程与进行步骤，那么就应当在制定有关程序时力求规范、详细、具体、全面。

2. 规范程序

从标准化、正规化的角度来讲，迎送活动不仅需要制定必要的程序，而且还需要对有关程序进行必要的规范。一般而言，用以迎送对方来宾的具体程序，大致上可分为正式程序和非正式程序。

（1）正式程序：

正式程序一般适用于举行非常正规的迎送仪式，多用于外事接待中，特别是迎送国宾。目前，中国最为正式的迎送来宾程序，首推对外国国宾的欢迎仪式。其具体程序大致为：当国宾抵达时，由政府陪同团团长前往机场迎接，并陪车送至国宾馆下榻。次日，在人民大会堂东门外为其举行隆重而正式的欢迎仪式。届时，欢迎仪式将由引见、献花、鸣炮、奏乐、检阅，以及随后在人民大会堂举行国宴等一系列规范化的程序组成。倘若天气不佳时，欢迎仪式则一般改在人民大会堂内北大厅举行。

（2）非正式程序：

在内宾接待活动中，迎送仪式通常不必举行，但迎送活动往往是不可缺少的。那些非仪式性的迎送活动的具体程序，即为非正式程序。

一般情况下，迎送来宾的活动应由邀请单位的负责人或者正式代表出面组织。具体程序通常应当包括：迎送、陪车、会见、合影、宴请等，群众队伍则一般不予以安排。这些具体程序，应由有关单位按照惯例与来宾要求，进行必要的规范。

若宾主双方关系较为密切、彼此相熟，常来常往甚至十分友好，则可视具体情况的不同，以其他亲切、友好、尊重、敬意的形式，来表达迎宾时的喜悦与送宾时的祝福，而不必过分拘泥于常规的迎送活动程序。

3. 简化程序

程序从简，是目前国内来宾迎送的一大趋势。在具体拟订来宾迎送活动程序时，接待方应在不失礼、不影响活动效果的前提下，对其进行必要的简化。在目前一般性的迎送活动中，通常不举行专门仪式，而且还须尽量减少活动的具体环节。只有这样，迎送程序才有可能被真正地简化。同时，还要努力控制活动的规模。对于参加活动的人数、到场领导的级别、参与陪同的人员、举行活动的时间及具体的经费支出等，均应一律从简。

4. 执行程序

不论制定迎送活动的程序，还是规范、简化迎送活动的程序，都是为了追求其执行效果的最佳化。要做到这一点，有两方面必须要注意：

（1）认真执行既定的程序。迎送活动的程序一旦制定，有关人员即应无条件、自觉地对其予以执行。

（2）灵活机动地执行程序。在执行既定程序时，必须既坚持原则，又善于机动灵活、随机应变，具有较强的应对突发事件的能力。

（四）其他注意事项

在迎送来宾的工作中，接待人员既要事事从大局着眼，明辨大是大非，又要处处从小事着手，关注具体的细节问题，防止因小失大。因此迎送工作还有很多特别需要注意的地方。

1. 对天气状况的掌握

在任何时候，天气条件的变化都会对人们的正常活动产生一定程度的影响。对迎送来宾的具体活动而言，天气情况则更是不可不察。在这一问题上，应当注意两点：

（1）掌握当地的天气变化规律。在具体安排迎送活动时，务必要充分了解当地的天气变化规律，在任何时候，都不应该使迎送活动“逆风而动”或草率行事。

（2）制定天气突变的应对措施。俗话说：“天有不测风云。”在制订迎送来宾的具体计划时，一定要对有可能产生变化的天气状况有所考虑，并为此制订应急方案。

2. 对交通状况的掌握

不论举行何种形式的迎送活动，当地具体的交通状况都不容回避。倘若在交通方面存在隐患，则必将影响迎送活动的顺利进行。在交通问题上，通常有以下两点注意事项：

（1）安排适量的交通工具。一般情况下，迎送活动中所使用的交通工具应由接待方具体负责。

（2）事先向交管部门通报。在举行较大型的、正式的来宾迎送活动之前，一定要向当地交通管理部门进行例行的情况通报。此种做法，既是对交管部门的一种尊重，同时也是为了取得交管部门的支持与配合。

3. 对安全状况的掌握

由于许多迎送活动往往公开举行，因此有关部门和有关人员一定要对迎送活动的安全状况高度重视，并且牢固树立“安全第一”的观念。在这一重要问题上，除了要注意迎送过程中车辆行驶的安全外，还要根据情况采取必要的安全措施。例如，事先向公安部门报备，必要时请求对方给予协助。应对活动参与者提出要求，并进行资格审查。在其抵达现场后，往往还可以进行例行的安全检查。举行重大的迎送活动时，通常还应当采取一定的保密措施，并调配保安人员到场。

二、引领服务礼仪

引导服务是接待工作中的重要环节。接待人员应懂得基本的引导礼仪，带领客人到达目的地，应该有正确的引导方法和引导姿势。

（一）手势指引

横摆式手势

手势指引礼仪是服务礼仪中运用非常频繁的一个手势。有客人到访，用手势来表达欢迎、邀请并且指引方位，干练而规范的动作能够呈现给客人一种训练有素、值得信赖的良好的形象。

手势指引一般使用一只手臂，另外一只手臂可垂在身体一侧或背于身后，如图4-3-1所示。

1. 横摆式

曲臂式手势

适用于引导或指示方向时。具体做法是：五指并拢，手掌自然伸直，手心向上，肘微弯曲，腕低于肘。开始做手势应从腹部之前抬起，以肘为轴轻缓地向一旁摆出，到腰部并与身体正面成45° 时停止。头部和上身微向伸出手的一侧倾斜，另一手下垂或背在背后，目视宾客，面带微笑，表现出对宾客的尊重、欢迎。

2. 曲臂式

适用于请人进门。具体做法是：手臂弯曲，由体侧向体前摆动，手臂高度在胸以下。

3. 双臂横摆式

直臂式手势

当来宾较多时，表示“请”可以动作大一些，采用双臂横摆式。两臂从身体两侧向前上方抬起，两肘微曲，向两侧摆出。指向前进方向一侧的臂应抬高一些，伸直一些，另一手稍低一些，曲一些。也可以双臂向一个方向摆出。

4. 直臂式

适用于指方向或物品的位置。具体做法是：手臂向外侧横向摆动，手指并拢，掌伸直，屈肘从身前抬起，向目标方向摆去，手臂抬至肩高。

视 频

斜臂式手势

5. 斜臂式

常用做“请坐”的手势。当请来宾入座时，即要用双手扶椅背将椅子拉出，然后一只手曲臂由前抬起，再以肘关节为轴，前臂由上向下摆动，使手臂向下成一斜线，表示请来宾入座。

图 4-3-1 手势指引

（二）行进引导礼仪

有关行进的礼仪，是出行礼仪的核心内容之所在。具体而言，它涉及一个人行走时的各个环节，应当关注下述几点：

（1）要注意步行时的仪态。人们常言："站有站相，坐有坐相"。在行走时，每个人应注意自己的仪态与风度。要做到仪态优雅，风度不凡，重要的是要做到稳健、自如、轻盈、敏捷。要保持的基本姿态是：脊背上腰部要伸展放松，脚跟要平稳着地。

（2）要注意步行的方位。任何人走路，都会碰上一个前、后、左、右的方位问题。在涉外交往中，需要注意的步行时方位问题，主要包括两个方面。

① 与交通规则有关的方位问题。在任何国家里，每个人都有遵守交通规则的义务。

② 与礼仪惯例有关的方位问题。与他人同时行进时，居前还是居后，居左还是居右，是同礼仪直接相关的。对于这方面的规定，务必要严格遵守。

在人多之处，往往需要单行行进。在单行行进时，通常讲究的是"以前为尊，以后为卑"。应当请客人、女士、尊长行走在前，主人、男士、晚辈与职位较低者则应随后而行。在单行行进时，还应注意：应自觉走在道路的内侧，以便于其他人通过。

两人或两人以上并排行走时，一般讲究"以内为尊，以外为卑"。即以道路内侧为尊贵之位。倘若当时所经过的道路并无明显内侧、外侧之分时，则可采取"以右为尊"的国际惯例，以行进方向而论，将右侧视为尊贵之位。

当三个人一起并排行进时，有时可以居于中间的位置为尊贵之位。以前进方向为准，并行的三个人的具体位次，由尊而卑依次应为：居中者、居右者、居左者。

（3）要避免步行时的禁忌。在涉外交往中，尤其是在国外，步行时既要遵守礼仪，更要避免某些易于惹来麻烦、导致误会的禁忌。

一忌行走时与其他人相距过近，尤其是要避免与对方发生身体碰撞；

二忌行走时尾随于其他人身后，甚至对其窥视、围观或指指点点，此举会被视为"侵犯人权"或"人身侮辱"；

三忌行走时速度过快或者过慢，以至于对周围的人造成不良影响；

四忌在私人居所附近进行观望，甚至擅自进入私宅或私有的草坪、森林、花园；

五忌一边行走，一边连吃带喝，或是吸烟不止；

六忌与早已成年的同性在行走时勾肩搭背、搂搂抱抱。在西方国家里，只有同性恋者才会这么做。

（4）其他注意事项：

在道路行进中，要特别注意：自觉走人行道，无人行道时，应尽量走路边；要按惯例自觉走在右侧一方，不可逆行左侧一方。要保持一定的速度，不要行动太慢，以免阻挡身后的人，不要在马路上停留、休息或与人长谈。要与他人保持适当的距离。两人一起走路时，不要把手搭在对方肩上；走廊内不要多人并排同行；在马路上不要多人携手并肩行走。在行走时，应体现"女士优先"的原则，男士应礼让女士进出大门和走廊；上下车时，男士不应抢在女士前面。

在走廊引路时，应走在客人左前方的 2 ~ 3 步处；引路人走在走廊的左侧，让客人走在路中央；要与客人的步伐保持一致；引路时要注意客人，适当地做些介绍；在楼梯间引路时让客人走在正方向（右侧），引路人走在左侧，途中要注意引导提醒客人。

（三）上下楼梯引导礼仪

引导客人上下楼梯时，应以保护他人安全为原则。楼梯引领要点：面带微笑、谦和行礼、手势指引、注意提醒，上楼时客在前，下楼时客在后，安全第一。具体要求如下：

（1）上下楼梯均应靠右单行行走，不应多人或并排行走。

（2）上下楼梯时，不应进行交谈，更不应站在楼梯上或楼梯拐弯处进行深谈，以免有碍他人通过。

（3）上楼时，应请宾客走在前面，接待人员应注意客人的安全。如果客人为女士，并穿着裙装，可主动走在前面，请客人走在后面，以避免尴尬。

（4）下楼时，接待人员应主动走在前面，让宾客走在后面，以防对方有闪失。

（5）上下楼梯时，应注意姿势、速度。不管自己有多么急的事情，都不应推挤他人，也不要快速奔跑。

（6）当乘坐手扶电梯上楼时，让宾客先上，引领者再上，站在客人的下边，一方面表示客人在高处，表明客人在我们心中的地位。当乘坐手扶电梯下楼时，站在客人的前面，可以起到保护的作用。乘坐自动扶手电梯时，最好站在扶手电梯的右侧，左侧留为通道，以便有急事的乘客自由上下电梯。扶手电梯尽量单人乘坐，避免多人并行、拥挤。

（四）直上直下电梯引导礼仪

出入公共场合，难免会乘坐厢式电梯或扶手电梯，乘电梯看似平常，却被许多职场人士列为头号尴尬情景，其实只要明确一些原则，尴尬是可以避免的。乘坐电梯时需要注意的礼节如下：

1. 乘电梯的基本礼仪

（1）电梯门口处，如果有很多的人在等候，不可挤在一起或挡住电梯门口，待电梯内的人出来之后再进入。

（2）电梯为无人操作电梯时，若与陌生人或相同地位辈分的人一同乘坐电梯，以靠电梯最近的人先上电梯，然后为后面进来的人按住“开门”按钮，当出去的时候，靠电梯最近的人先出电梯。电梯为有人操作电梯时，男士、晚辈或下属应让女士、长辈或上级先进电梯。

（3）在电梯内，一般可站成“凹”字型，挪出空间，以便让后进入者有地方可站。

（4）进入电梯后，应面朝电梯口站立。

（5）乘电梯时，要照顾好身边的小孩、老人和残疾人等，避免出现危险和意外。

2. 乘坐电梯引导礼仪

引导宾客乘坐电梯时，接待人员可热情地道声“我来为您按电梯。”并应按住“开门”按钮，同时还可说声“请注意脚下安全”。等客人进入后关闭电梯门。

当电梯到达时，接待人员应按“开门”按钮，让客人先走出电梯，并应说“请您先下电梯，注意脚下安全”。

若电梯行进间有其他人员进入，可以主动询问别人要去几楼，然后帮忙按下对应的楼层按钮。

三、座次方位礼仪

（一）会议座次礼仪

会议的座次原则，首先是前高后低，其次是中央高于两侧，最后是左高右低（国内惯例）和右高左低（国际惯例）。

主席台座次说明：国内惯例，以左为尊，即：左为上，右为下。当领导同志人数为奇数时，1号首长居中，2号首长排在1号首长左边，3号首长排右边，其他依次排列。如7位领导同志，从台下（面对面）的角度看，是7、5、3、1、2、4、6的顺序；从台上（面向同一方向）的角度看，是6、4、2、1、3、5、7的顺序。当领导人数为偶数时，应该是：1号首长、2号首长同时居中，2号首长排在1号首长左边，3号首长排右边，其他依次排列。从台下的角度看，是7、5、3、1、2、4、6、8的顺序；从主席台上的角度看，是8、6、4、2、1、3、5、7的顺序，如图4-3-2所示。

主席台必须排座次并摆放名签，以便与会人员对号入座，避免上台之后相互谦让的尴尬。会议结束后，与会人员如果进行合照，合照的站次排列与会议座次排列一致。

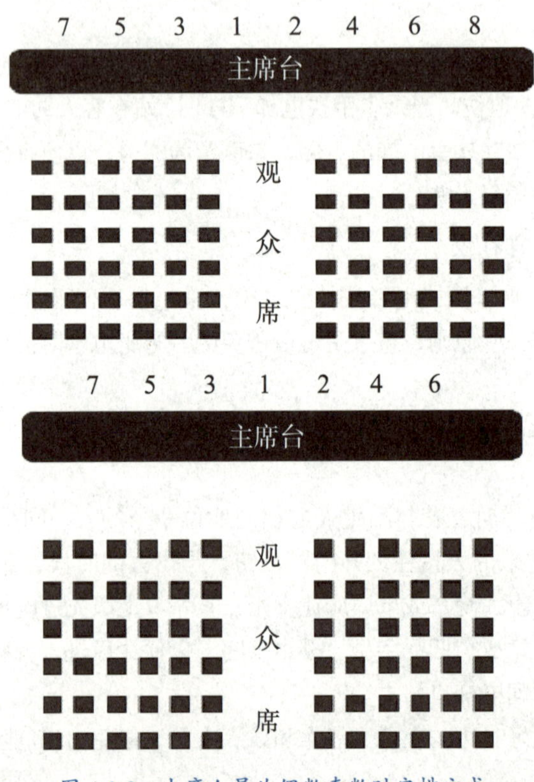

图4-3-2　出席人员为偶数奇数时安排方式

根据约定俗成的惯例，目前在安排茶话会与会者的具体座次时，主要采取以下四种办法：

（1）环绕式。所谓环绕式排位，指的是不设立主席台，不明确座次的具体尊卑，而听任与会者在入场之后自由就座。这一安排座次的方式，与茶话会的主题最相符，因而在当前流行面最广。

（2）散座式。所谓散座式排位，多见于举行在室外的茶话会。座椅、沙发、茶几的摆放，可以散放无序，四处自由地组合，甚至可由与会者根据个人要求而自行调节，随意安置。其目的，就是要创造出一种宽松、舒适的社交环境。

（3）圆桌式。圆桌式排位，指的是在会场上摆放圆桌，而请与会者在其周围自由就座的一种安排座次的方式。在茶话会上，圆桌式排位通常又分为下列两种具体的方式：仅在会场中央安放一张大型的椭圆形会议桌，请全体与会者在其周围就座；在会场上安放数张圆桌，请与会者自由组合，各自在其周围就座。当与会者人数较少时，可采用前者。而当与会者人数较多时，则应采用后者。

（4）主席式。在茶话会上，主席式排位并不意味着要在会场上摆放出一目了然的主席台，而是指在会场上，主持人、主人与主宾应被有意识地安排在一起就座，并且按照常规，居于上座之处，例如，中央、前排、会标之下或是面对正门之处。

就总体而论，为了使与会者畅所欲言，并且便于大家进行交际，茶话会上的座次安排尊卑并不宜过于明显。不排座次，允许自由活动，不摆与会者的名签，是茶话会的常规做法。

（二）乘车座次礼仪

不同的座位，有不同的礼宾含义。为轿车排座时，必须注意不同数量座位的轿车，排位方法各不相同。同一种轿车，开车者的身份不同，排座也不一样。

1. 不同数量座位的轿车乘坐礼仪

（1）双排五座轿车。由主人亲自驾车时，其座次从高到低依次是：副驾驶座、后排右座、后排左座、后排中座。专职司机驾车时，座次由高到低是：后排右座、后排左座、后排中座、副驾驶座。

（2）三排七座轿车。当主人驾驶时，其座次从高到低依次是：副驾驶座、后排右座、后排左座、后排中座、中排右座、中排左座。当专职司机驾驶时，其座次从高到低依次是：后排右座、后排左座、后排中座、中排右座、中排左座、副驾驶座。

（3）多排座轿车。我们所讲的多排座轿车特指四排或四排座以上的轿车，不管是谁驾车，座次都是由前而后、自右而左，依距离前门远近排定。

（4）吉普车。吉普车几乎都是四座车，不管由谁驾驶，吉普车上座次由高到低依次是：副驾驶座、后排右座、后排左座。

由专职司机驾车时，位于轿车前排的副驾驶座，一般被称为“随员座”，它是属于陪同、秘书、翻译或是警卫人员等随从人员的专座。

2. 不同车辆乘坐礼仪

在国际交往中，乘坐轿车与乘坐公共汽车、火车、地铁时的座次，各有不同的讲究，不论是乘坐轿车、公共汽车、火车还是地铁，都要遵守相关的礼仪。有关乘车的礼仪，主要包括乘车时的座次与礼待他人等方面的内容。

（1）乘坐轿车时，应请尊长、女士、来宾上座，并为其开关车门，这是一种礼遇。但也要尊重客人本人的意愿和选择。上下轿车为尊长、女士、来宾先上车，后下车的原则。

（2）乘坐火车时，往往需要对号入座，座位可供选择的余地并不太大。比较而言，有关座次的讲究也相对较少。当无须对号入座时，朝前方、靠窗的位置是最上席。三人座，最外的座位是次上席，中间的是末席。二人座则是里上外下。不过，三人座时，如果尊者是一对夫妇，当然不必完全遵循里上、外次、中下的顺序。

（3）在地铁上，一般乘客的座位分列于车厢两侧，而使乘客对面而坐。在这种情况下，应以面对车门一侧的座位为上座，以背对车门一侧的座位为下座。

（4）乘坐飞机的礼仪

在乘坐飞机时，必须认真遵守乘机礼仪，主要在维护乘机安全、从严要求自己两个方面多加注意。

① 在维护乘机安全方面，最重要的是要提高对其重要性的正确认识。

其一，上机时不得违规携带有碍飞行安全的物品。在乘坐飞机时，通常都规定：任何乘客均不得携带枪支、弹药、刀具以及其他一切武器或凶器，不得携带一切易燃、易爆、剧毒、放射性物质以及其他任何有碍于航空安全的危险物品。在交付托运的行李之中夹带此类物品，一般也是被不许可的。

其二，登机时应当认真配合例行安全检查。在世界各国，乘机者在办理完毕登机手续之后，还必须接受例行安全检查，之后方可登机。在进行安全检查时，每位乘客都要通过安全门，而其随身携带的行李则需要通过监测器。如有必要，安检人员还有可能对乘客或其随身携带的行李使用探测仪进行检查，或者进行手工检查。在接受此类检查时，不能拒绝合作，或无端进行指责。

其三，飞行时务必熟知并遵守有关安全乘机的各项规定。当飞机起飞或降落时，一定要自觉地系好自己的安全带，并且收起自己面前的小桌板，同时将自己的坐椅调直。当飞机受到高空气流的影响而发生颠簸、抖动时，也要将安全带系好，切勿自行站立、走动。在飞机飞行期间，严禁使用移动电话、笔记本式计算机、激光唱机、微型电视机、调频收音机、电子式玩具、电子游戏机等电子设备。

其四，乘机时需要对安全设备有一定程度的了解。在飞机起飞前，所有的客机均会由客舱乘务员或通过电视录像片，向全体乘客介绍氧气面罩、救生衣的位置及正确的使用方法。此外，还将介绍机上紧急出口所在的位置及疏散、撤离飞机的办法。在每位乘客身前的物品袋内，通常还会备有有关上述内容的图示。对此一定要认真学习，并且牢记在心。更重要的，是切勿乱摸、乱动机上的安全用品。偷拿安全用品或私开安全门，会严重危及自己和其他机上乘客的生命安全。

② 在从严要求自己方面，应当注意处处严以律己、以礼待人。乘坐飞机要求每一名乘客上下飞机时依次而行。在机上移动自己随身携带的行李时，与其他乘客要互谅互让。在自己的座位上就座时，要保持自尊。不要当众脱衣、脱鞋，尤其是不要把腿、脚乱伸乱放。当自己休息时，注意不要使身体触及他人，或将坐椅调得过于靠后，妨碍后排乘客。与他人交谈时，说笑声切勿过高。不要在机上吸烟或乱吐东西。万一晕机呕吐，务必使用专用的清洁袋。

3. 乘车的其他礼仪细节

在乘坐车辆时以礼待人，应当落实到乘车时的许多细节上。特别需要注意下列三个方面的问题。

（1）上下车的先后顺序。在涉外交往中，尤其是在许多正式场合，上下车的先后顺序不仅有一定的讲究，而且必须认真遵守。按照惯例，应当恭请位尊者首先上车，最后下车。位卑者则应当最后登车，最先下车。

（2）就座时的相互谦让。不论是乘坐何种车辆，就座时均应相互谦让。争座、抢座、不对号入座，都是非常失礼的。在相互谦让座位时，除对位尊者要给予特殊礼遇之外，对待同行人中的地位、身份相同者，也要以礼相让。

（3）乘车时的律己敬人。在乘坐车辆时，尤其是在乘坐公用交通工具时，必须将其视为一种公共场合。因此，必须自觉地讲究社会公德，遵守公共秩序。对于自己，处处要严格要求，对于他人，时时要友好相待。

（三）宴请座次礼仪

常见宴请有正式宴会、便宴、家宴等。

1. 关于桌位次序的安排

宴请宾客时，宴请桌次应遵循“居中为上”“居右为上”“居远为上”的原则。

2. 关于席位座次的安排

宴请宾客时，宴席座次应遵循“居中为上”“面门为上”“以右为上”的原则。一般情况下，主陪坐在面对门的位置，主陪的右手边是主宾（1号客人）的席位，左手边是2号客人的席位。副陪坐在主陪的对面的位置，副陪的右手边是3号客人的席位，左手边是4号客人的席位。其他会餐人员可随意就坐。另外，如果用餐房间场景有特殊因素，席位座次应视情况而定。

（四）传统座次与方位

（1）古人常把称王称帝叫作“南面”，称臣叫作“北面”。而在室内最尊的座次是坐西面东，其次是坐北向南，再次是坐南面北，最卑是坐东面西，如《鸿门宴》中有这样几句：“项王、项伯东向坐，亚父南向坐，……沛公北向坐，张良西向侍。”项王座次最尊，张良座次最卑。

（2）“在朝序爵”，如果是公务宴请，双方出席的是首脑、官员、领导，要按照职务的高低来安排席位，“序爵”就是以爵位、官位的高低为序安排席次。

（3）“在野序齿”，如果只是同学之间、朋友之间私人聚会，就是看年龄大小，年长者、老人坐上座。“序齿”就是以年龄的大小为序安排席次。

（4）古代老师的席位通常被安排在坐西面东的位置，故尊师称西席。

（5）房里面有四个角，西南方的角叫奥，奥是主人坐的，离门比较远，不是一进门就能看到的，是房间里面最深、最重要的位置。在学问上登堂入室之后还有一个更高的层次，就是“深入堂奥”。

（6）“既罢，归国，以相如功大，拜为上卿，位在廉颇之右。”（司马迁《史记·廉颇蔺相如列传》）秦汉时以“右”为上，这里座次以右为尊。

（7）“今括一旦为将，东向而朝，军吏无敢仰视之者。”（司马迁《史记·廉颇蔺相如列传》）这里座次以“东向”为尊。

（8）古代的居住建筑一般都是堂室结构，坐北朝南，前堂后室。堂室之间隔有一条东西走向的墙，这堵墙，靠西边有牖（窗），靠东边有户（室门），入室必经堂，成语“登堂入室”即由此而生。

四、让路礼仪

（1）迎面遇见客人，为其让路时，靠右边行，右脚向右前方迈出半步；身体向左边转；右手放在腹前，左手指引客人前进的方向；30° 鞠躬，并问候客人。

（2）客人从背后过来，为其让路时停步，身体向左边转向客人，向旁边稍后退半步；左手放在腹前，右手指引客人前进的方向；30° 鞠躬，并问候客人。

五、距离有度

在现代服务中，人们随着自己的物质需求实现之后，进而言之会提出一些舒适度、精神享受、心理满足方面，乃至身份炫耀的要求。现代服务礼仪强调一个重要的概念，叫作距离有度。其基本含义是：我们在日常服务岗位上为服务对象提供服务时，必须和对方保持适当的距离。距离过近，有碍效果；距离过远，也有碍效果。距离不适当，有碍于人；距离适当，才能促进服务效果，这就是我们所强调的距离有度。总而言之，在服务过程中，人与人之间距离有度的问题，一定要引起服务人员的高度重视。必须记住这个“度”，过了不行，不到也不行。

距离有度在此不仅仅不是一种空话，更不是只可意会、不可言传的一种东西，实际上是有规范的。我们可以讲的是两个具体角度：一个角度是有所为，即什么样的距离是适当的；另外一个角度则是有所不为，即什么样的距离是不应该的。下面分别的来谈一谈。

1. 有所为的距离

具体而言，有所为的距离指的是我们在服务现场为客人提供服务时，所应该有的距离。不管是站立服务、就座服务、柜台服务，或者无障碍、无屏蔽服务，大体上来讲，正确的服务距离主要有以下几种：

（1）常规距离。在正常的情况下，人与人之间所普遍适用的一种距离，为半米到一米半之间，实际上就是一步之遥。在和别人说话时，与对方应保持一步之遥的距离。这个距离不会使身上的体味、说话时的唾液飞沫，甚至举手投足之间的动作有碍于人。

（2）展示距离。所谓展示距离，就是我们在服务现场，向服务对象介绍产品服务、操作产品、展示其技能时与对方相互之间的距离。一般是一米到三米之间，最远一般不多于五米。双方相距太远了看不清楚，离太近又不太适合。简言之，展示距离，在一米到三米之间，主要适用于操作和示范。人与人之间的距离很有意思：距离宾客太远，宾客被冷落，影响服务效果；距离太近，容易使人产压抑感，也影响服务效果。

（3）引导距离。在日常服务工作中引导客人时与对方相互之间的距离为引导距离。标准化方式应该是在左前方。标准的引导距离，就是在被引导者的左前方一米左右。双方彼此相距不宜太远或太近。我们国家的行路习惯是右行。右侧是内侧，左侧是外侧，这样迎面来了人，走在内侧的客人便不至于为对方避让，而走在中间的人届时往往就需要让路，实际上左前方是处在偏中间的位置。应当明确的是：引导距离应该是一米左右。

（4）服务待命距离。所谓服务待命的距离，就是稍候于一旁，以备对方随时召唤，双方之间的距离。待命距离，实际上就是在客人附近的某一个方向，一般是侧后方，宾客看不见服务人员所处的位置，与对方相距三米左右，以备对方随叫随到。

（5）信任距离。所谓信任距离，实际上就是待在客人看不见自己的地方，表示对客人的一种信任。当然这个规矩也是双向的，彼此之间要相互信任。

2. 有所不为的距离

有所不为的距离就是在服务过程中不能够存在的距离。一般而论，在服务过程中所谓有所不为的距离，即不能够存在的距离有以下两种——私人距离和脱岗距离，这样的距离一旦出现，就会有碍服务。

（1）私人距离。私人距离，即人与人之间相距小于半米以至于无穷接近。这种距离表明对方就是家人、朋友、父母、子女或亲朋好友的关系，此外就是需要特殊照顾的关系，如医护工作。私人距离有时又叫亲密距离，一般情况下不会在服务工作中出现。

（2）脱岗距离。在服务过程中，脱岗行为是极不应该出现的。

总而言之，人际距离，过犹不及，这是我们需要强调的。这个距离要有一定的尺度。在具体的服务过程中，服务人员无论如何都不能超越这个尺度。

第四节 会务礼仪

在会务服务礼仪的具体工作中，一定要遵守常规，讲究礼仪，细致严谨，作好准备。

一、会前准备工作

在会议的种种组织工作中，以会前的组织工作最为关键，目的在于使会议服务人员做好充分的思想准备和完善的物质准备。大体上包括以下五个方面。

（一）会议的筹备

（1）了解会议基本情况。服务员接到召开会议的通知单后，首先要掌握以下情况：出席会议的人数，会议类型、名称，主办单位，会议日程安排，会议的宾主身份，会议标准，会议的特殊要求及与会者的风俗习惯。

（2）调配人员、分工负责。会前，主管人员或经理要向参加会议服务的所有人员介绍会议基本情况，说明服务中的要求和注意事项，进行明确分工，使所有服务员都清楚地知道工作的整体安排和自己所负责的工作，按照分工各自进行准备工作。

（二）通知的拟发

按常规，举行正式会议均应提前向与会者下发会议通知。它是指由会议的主办单位发给所有与会单位或全体与会者的书面文件，同时还包括向有关单位或嘉宾发出的邀请函件，主要有两方面。

（1）拟好通知。会议通知一般应由标题、主题、会期、出席对象、报到时间、报到地点以及与会要求共七项要点组成。拟写通知时，应保证其完整而规范。

（2）及时送达。下发会议通知，应及时送达，不得耽搁延误。

（三）会议文件的起草

会议上所用的各种文件材料，一般应在会前准备妥当。需要认真准备的会议文件，主要有会议的议程、开幕词、闭幕词、主题报告、大会决议、典型材料、背景介绍等。有的文件应在与会者报到时就下发。

（四）会场的布置

负责会务工作时，往往有必要对一些会议所涉及的具体细节问题做好充分的准备工作。

1. 桌椅、名牌、茶水

桌椅是最基本的设备，可以根据会议的需要摆成环形或报告形式，如果参加会议的人数较多，一般应采用报告形式，不需要准备座位牌，如果参加会议的人比较少，一般采用环形，并且要制作座位牌，即名牌，让与会人员方便就座。

会议上的茶水饮料最好用矿泉水，因为每个人的口味不一样，有的人喜欢喝茶，有的人喜欢喝饮料，还有的人喜欢喝咖啡，因此如果没有特别的要求，矿泉水是易于让每个人都接受的选择。

2. 签到簿、名册、会议议程

签到簿的作用是帮助了解与会人员的人数、分别是谁，一方面使会议组织者能够查明是否有人缺席，另一方面能够使会议组织者根据签到簿安排下一步的工作，如就餐、住宿等。印刷名册可以

方便会议的主席和与会人员尽快地掌握与会人员的相关资料，加深了解，彼此熟悉。

3．黑板、白板、笔

有些场合，与会人员需要在黑板或者白板上写字或画图。虽然视听设备发展得很快，但是传统的表达方式依然受到很多人的喜爱，而且在黑板或白板上表述具有即兴、方便的特点。此外，粉笔、万能笔、板擦等配套的工具也必不可少。

4．各种视听器材

现在的会议还经常会用到投影仪、幻灯机、录像机、激光指示笔或指示棒等视听设备，给人们提供了极大的方便。在召开会议前，对于开会时所需的各种音响、照明、投影、摄像、摄影、录音、空调、通风设备和多媒体设备以及影印机或打印机等，应提前进行调试检查，以保证会议中能正常使用。

5．资料、样品

如果会议属于业务汇报或者产品介绍，那么有关的资料和样品是必不可少的。例如在介绍一种新产品时，单凭口头泛泛而谈是不能给人留下深刻印象的，如果给大家展示一个具体的样品，结合样品一一介绍它的特点和优点，那么给大家留下的印象就会深刻得多。

（五）会场的座次安排

举行正式会议时，通常应事先排定与会者，尤其是其中重要身份者的具体座次。越是重要的会议，其座次排定往往越受到社会各界的关注。对有关会场排座的礼仪规范，必须认真遵守。在实际举办会议时，由于会议的具体规模多有不同，因此其具体的座次排定便存在一定的差异。

座次礼仪的基本原则，首先是前高后低，其次是中间高于两侧，最后是左高右低（中国惯例）和右高左低（国际惯例）。

1．小型会议

小型会议，一般指参加者较少、规模不大的会议。它的主要特征，是全体与会者均应排座，不设立专用的主席台。小型会议的排座，目前主要有以下三种具体形式。

（1）自由择座。其基本做法是不排定具体座次，而由全体与会者完全自由地选择座位就座。

（2）面门设座。一般以面对会议室正门之位为会议主席之座。其他的与会者可在其两侧自左而右地依次就座。

（3）依景设座。所谓依景设座，是指会议主席的具体位置，不必面对会议室正门，而是应当背依会议室之内的主要景致之所在，如字画、讲台等。其他与会者的排座，则略同于前者。

2．大型会议

大型会议，一般是指与会者众多、规模较大的会议。它的最大特点，是会场上应分设主席台与群众席。前者必须规范排座，后者的座次则可排可不排。

（1）主席台排座。大型会场的主席台，一般应面对会场主入口。在主席台上就座之人，通常应当与在群众席上的就座之人呈面对面之势。在其每一名成员面前的桌上，均应放置双向的桌签。

主席台排座，具体又可分作主席团排座、主持人座席、发言者席位等。

主席团排座。主席团，在此是指在主席台上正式就座的全体人员。国内目前排定主席团位次的基本规则有三：一是前排高于后排，二是中间高于两侧，三是左侧高于右侧。具体来讲，主席团的排座又有单双人数之分。

主持人座席。会议主持人，又称大会主席。其具体位置之所在有三种方式可供选择：一是居于前排正中间；二是居于前排的两侧；三是按其具体身份排座，但不宜令其就座于后排。

发言者席位。发言者席位，又叫做发言席。在正式会议上，发言者发言时常规位置有二：一是主席团的正前方，二是主席台的右前方。

（2）群众席排座。在大型会议上，主席台之下的一切座席均称为群众席。群众席的具体排座方式有二。

① 自由式择座。即不进行统一安排，而由大家各自择位而坐。

② 按单位就座。指的是与会者在群众席上按单位、部门或者地位、行业就座。其具体依据，既可以是与会单位、部门的笔画、汉语拼音，也可以是平时约定俗成序列。按单位就座时，若分为前排后排，一般以前排为高，以后排为低；若分为不同楼层，则楼层越高，排序便越低。

在同一楼层排座时，有两种普遍通行的方式：一是以面对主席台为基准，自前往后进行横排；二是以面对主席台为基准，自左而右进行竖排。

3. 其他

（1）环绕式。就是不设立主席台，把坐椅、沙发、茶几摆放在会场的四周，不明确座次的具体尊卑，而听任与会者在入场后自由就座。这一安排座次的方式，与茶话会的主题最相符，也最流行。

（2）散座式。散座式排位，常见于在室外举行的茶话会。其坐椅、沙发、茶几四处自由地组合，甚至可由与会者根据个人要求而随意安置。这样就容易创造出一种宽松、惬意的社交环境。

（3）圆桌式。圆桌式排位，指的是在会场上摆放圆桌，请与会者在周围自由就坐。圆桌式排位又分下面两种形式：一是适合人数较少的，仅在会场安放一张大型的椭圆形会议桌，而请全体与会者在周围就坐。二是在会场上安放数张圆桌，请与会者自由组合。

（4）主席式。这种排位是指在会场上，主持人、主人和主宾被有意识地安排在一起就坐。

二、入场引导服务

（一）迎宾服务

会议开始前 30 分钟，服务员要各就其位准备迎接会议宾客，必要时，还应在大厅门口处设迎宾员欢迎宾客，并为客人引路。

（二）入场引领

大型会议或活动需要有入场引导服务工作。

（1）入场持引导牌动作：左手握住引导牌撑杆的中部，小臂内侧自然贴紧撑杆。右手在左手下约 30 厘米处握撑杠，大拇指竖起紧贴撑杠，两大臂平行向上抬起，大臂与身体夹角 45° 左右，保持撑杆立于左肩正前方。

（2）持引导牌敬礼动作：在入场行进持引导牌动作的基础上，双臂同时向身体正前方伸直，左手高于肩 15 厘米，同时右手腕转动引导牌，使其正面转向体育场主席台，然后面部面向右前方向主席台致微笑礼。

（三）会议签到

为掌握到会人数，严肃会议纪律，凡大型会议或重要会议，通常要求与会者在入场时签名报到。会议签到的通行方式有三：一是签名报到，二是交券报到，三是刷卡报到。负责此项工作的人员，应及时向会议的负责人进行通报。要做到精神饱满、热情礼貌。

三、会议茶水服务礼仪

会议进行中需要适时茶水服务及续水工作。服务动作要轻、稳，按上茶服务规范进行。

1. 倒茶的方法

倒茶前，我们先要对茶水质量把关，一般情况下茶叶量应该适中，不宜过多或过少。如果客人主动介绍自己喜欢喝浓茶或淡茶的习惯，就要按照客人的口味将茶冲好。倒茶时要小心，不要倒洒以至于弄湿客户的衣服或烫伤客户的手脚，倒水不用过多，一般来说以杯子的七八分满为宜。

2. 端茶的礼仪

会议倒茶的时候应该在与会人员的右后方倒茶，在靠近之前，应该先提示一下（请喝茶等），以免对方突然向后转身而躲避不及，弄掉杯具。

如果是女士，杯子的拿法应该是右上左下，即右手握手着杯子的二分之一处，左手托着杯子底部。

如果是男士，则双手水平拱握着杯子的二分之一处，摆放在饮水者右手上方 5 ~ 10 厘米处，有柄的则将其转至右侧，便于取放。

3. 添茶礼仪

添水时，如果是有盖的杯子，则用右手中指和无名指将杯盖夹住，轻轻抬起，大拇指、食指和小拇指将杯子取起，侧对客人，在客人右后侧方，用左手容器填满，同样摆放在饮水者右手上方 5 ~ 10 厘米处，有柄的则将其转至右侧。

4. 会议茶水服务礼仪注意事项

（1）在会议开始之前要检查每个茶杯的杯身花样是否相同。

（2）茶水的温度以 80° 为宜。

（3）在倒茶的时候每一杯茶的浓度要一样。

（4）倒茶时要先递给坐在上座的重要宾客，然后顺序递给其他宾客。

（5）在客人喝过几口茶后应即为续上，不能让其空杯。

四、剪彩服务礼仪

剪彩仪式，指的单位为了庆贺公司的设立、企业的开工、商店的开张、宾馆的落成、银行的开业、大型建筑物的启用、道路或航线的开通、展销会或展览会的开幕等而隆重举行的一项礼仪性程序。

（一）剪彩礼仪人员

是剪彩仪式中的重要角色。要求仪容、仪表、仪态文雅，大方、庄重、优美。

（二）剪彩准备工作

剪彩仪式上所需使用用具，诸如红色缎带、新剪刀、白色薄纱手套、托盘以及红色地毯，要提前仔细地进行选择与准备。

红色缎带亦即剪彩仪式之中的“彩”。按照传统作法，它应当由一整匹未曾使用过的红色绸缎，在中间结成数朵花团而成。目前，有些单位为了励行节约，而代之以长度为两米左右的细窄的红色缎带，或者以红布条、红线绳、红纸条作为变通，这也是可行的。一般来说，红色缎带上所结的花团，不仅要生动、硕大、醒目，而且其具体数目往往还同现场剪彩者的人数直接相关。循例，红色缎带上所结花团的具体数目有两类模式可依。其一，是花团的数目较剪彩者的人数多一个。其二，是花团的数目较现场剪彩者的人数少一个。前者可使每位剪彩者总是处于两朵花团之间，尤显正式。后者则不同常规，较有新意。

新剪刀是专供剪彩者在剪彩仪式上正式剪彩时所使用的。必须每位现场剪彩人手一把，而且必须崭新、锋利而顺手。在剪彩仪式结束后，主办方可将每位剪彩者所使用的剪刀经过包装之后，送给对方以资纪念。

白色薄纱手套是专为剪彩者所准备的。在正式的剪彩仪式上，剪彩者剪彩时最好每人戴上一副白色薄纱手套，以示郑重其事。

托盘在剪彩仪式上是托在礼仪人员手中，用于盛放红色缎带、剪刀、白色薄纱手套的。在剪彩仪式上所使用的托盘，最好是崭新、洁净的。通常首选银色的不锈钢制品。为了显示正规，可在使用时上铺红色绒布或绸布。就其数量而论，在剪彩时，可以使用一只托盘依次向各位剪彩者提供剪刀与手套，并同时盛放红色缎带；也可以为每一位剪彩者配置一只专为其服务的托盘，同时将红色缎带专由一只托盘盛放。后一种方法显得更加正式一些。

红色地毯主要用于铺设在剪彩者正式剪彩时的站立之处。其长度可视剪彩人数的多寡而定，其宽度则不应在一米以下。在剪彩现场铺设红色地毯，主要是为了提升其档次，并营造一种喜庆的气氛。有时可不予铺设。

（三）剪彩者的礼仪

剪彩者是剪彩仪式的主角，一般具有较高的社会威望，深受大家的尊重和信任，剪彩者的礼仪直接关系到剪彩仪式的效果。因此，作为剪彩者既要有荣誉感，又要有责任感，而这些都要从剪彩者的礼仪中体现出来。

剪彩者衣着服饰应大方、整洁、挺刮，容貌适当修饰、看上去容光焕发、充满活力。在剪彩过程中，剪彩者要保持一种稳重的姿态、洒脱的风度和优雅的举止。当主持人宣布开始剪彩时，剪彩者要面带微笑，步履稳健地走向由礼仪人员扯起的彩带，接过礼仪人员用托盘呈上的剪刀，并用微笑点头表示谢意，然后聚精会神地将彩带剪断。如果有几位剪彩者时，处在外端的剪彩者应用眼睛余光注视中间的剪彩者的动作，力争同时剪断彩带，同时还应注意与礼仪人员配合，使彩球落于托盘内。

（四）剪彩仪式中的礼仪

应把剪彩者安排在前排就坐，有多位剪彩者时，应按剪彩时的位置就座，以免宣布剪彩时再交换位置。

宣布剪彩仪式开始后，一般应向与会者介绍参加剪彩仪式的领导、负责人、各界知名人士等主要来宾，对他们以及祝贺单位、与会者表示感谢。同开业典礼一样，一般应安排主办单位负责人、来宾作简短发言，然后宣布剪彩开始，剪彩者应起立并稳步走向彩带，主席台上的其他人员一般要尾随于剪彩者之后 1 ~ 2 米站立。剪彩完毕后，剪彩者转身向四周人们鼓掌致意，所有与会人员应鼓掌响应。

（五）剪彩程序

按照惯例，剪彩既可以是开业仪式中的一项具体程序，也可以独立出来，由其自身的一系列程序所组成。独立而行的剪彩仪式，通常应包含如下六项基本的程序：

（1）请来宾就位。在剪彩仪式上，通常只为剪彩者、来宾和本单位的负责人安排座席。在剪彩仪式开始时，即应敬请这些人在已排好顺序的座位上就座。在一般情况下，剪彩者应就座于前排。若其不止一人时，则应使之按照剪彩时的具体顺序就座。

（2）宣布仪式正式开始。在主持人宣布仪式开始后，乐队应演奏音乐，现场可燃放鞭炮，全体到场者应热烈鼓掌。此后，主持人应向全体到场者介绍到场的重要来宾。

（3）奏国歌。此刻须全场起立。必要时，亦可随之演奏本单位标志性歌曲。

（4）进行发言。发言者依次应为东道主单位的代表、上级主管部门的代表、地方政府的代表、合作单位的代表等。其内容应言简意赅，每人不超过 3 分钟，重点分别应为介绍、道谢与致贺。

（5）进行剪彩。此刻，全体应热烈鼓掌，必要时还可奏乐或燃放鞭炮。在剪彩前，须向全体到场者介绍剪彩者。

（6）进行参观。剪彩之后，主人应陪同来宾参观被剪彩之物。仪式至此宣告结束。随后东道主单位可向来宾赠送纪念性礼品，并以自助餐款待全体来宾。

五、颁奖礼仪

颁奖，是指向一些取得成就或获得荣誉的人颁发奖状、奖杯或奖品等。

（一）颁奖的一般流程及礼仪礼节

（1）首先由礼仪引导人员引导受奖人上台。

（2）礼仪人员将奖品（奖章、奖杯、证书等）放入托盘，有序上台，注意手臂和侧腰大约一拳距离，端托盘时，拇指露在托盘外沿。

（3）由礼仪引导人员将颁奖嘉宾引导上台。

（4）礼仪人员双手递呈至颁奖嘉宾面前，上身向前微倾约 15°，颁奖嘉宾接过奖品（奖章、奖杯、证书等）。

（5）礼仪人员有序下台。

（6）颁奖嘉宾和受奖人合影留念后，分别引导颁奖嘉宾和受奖人返回座位。

（7）若颁奖嘉宾已在台上（就坐），礼仪人员直接将奖品（奖章、奖杯、证书等）交与颁奖嘉宾。若受奖人已在台上，礼仪人员将颁奖嘉宾引导上台，颁奖嘉宾与礼仪人员分别站在受奖人两侧，颁奖完毕后有序离开舞台。

（二）颁奖礼仪注意事项

（1）颁奖时，引导礼仪人员同时转身、脚步要一致。

（2）托盘的动作要求：手臂和侧腰大约一拳距离，端托盘时，大拇指是露在托盘外沿的。

（3）步调与间距：控制步调，多名礼仪行走时，间距应相等，一般是三四十厘米为宜（具体情况以场地为准）。

（4）笑容：颁奖仪式上的笑容与生活中的笑容有着天壤之别，嘴巴张得太大或太小都不行，露出的牙齿数严格规定在 6 ~ 8 颗。展示给宾客的始终是真诚、热情、平静、自信、友善的微笑。

六、会议之后

会议结束，应做好必要的后续性工作，以便使之有始有终。后续性工作大致包括以下方面：

（一）会后活动安排

组织活动会议结束后，有时还会安排一些活动。如联欢会、会餐、参观、照相等，这些工作很烦琐，应有一位领导统一指挥和协调，而且这位领导要有很强的组织能力才能胜任，同时其他接待人员要积极配合，各负其责，做好自己分担的工作，以保证活动计划的顺利实施。

（二）协助返程

大型会议结束后，其主办单位一般应为与会者提供一切返程的便利。若有必要，应主动为与会者做好返程交通安排工作，联络、提供交通工具，或替对方订购、确认返程的机票、船票、车票。当团队与会者或与会的特殊人士离开本地时，还可安排专人为其送行，并帮助其托运行李。

（三）会议文件整理

在整理会议文件时要根据保密原则，回收有关文件资料。其次要注意整理会议纪要，需要时要进行新闻报道，最后要进行会议总结。

（四）其他工作

（1）宾客全部离开会场后，服务员要检查会场有无客人遗忘的物品。如发现宾客的遗留物品要及时与会务组联系，尽快转交失主。

（2）清理会场要不留死角，特别留意有无未熄灭的烟头，避免留下事故隐患。

（3）清扫卫生，桌椅归位，撤下会议所用之物，分类码放整齐。关闭电源、关好门窗，再巡视一遍，确认无误后撤出锁门。

第五节　服务用语

语言是思想的衣裳，它可以表现出一个人的高雅或粗俗。哈佛大学前任校长伊立特说过：“在造就一个有教养的人的教育中，有一种训练是必不可少的，那就是优美而文雅的谈吐。”而服务用语是服务人员在服务过程中的基本工具，基本服务用语必须讲究语言的艺术性，根据工作岗位的服务要求和特点，灵活地掌握并运用，得体地运用礼貌谦词，使社交畅通无阻。

一、服务语言基本法则

站在服务质量的提高这一角度上来讨论服务人员行业用语的使用问题，服务人员在使用行业用语同服务对象进行交流与沟通之际，都必须认真遵守三T法则和适度法则。

（一）三T法则

三T法则，是使用行业用语时服务人员必须谨记的一项重要法则。所谓“三T”是英文tact、timing，tolerance三个单词的缩写，它们的含义分别是“机智”、“时间”与“宽容”。由此可知，三T法则的本意，就是要求服务人员在有必要使用行业用语时，一定要同时兼顾表现机智、考虑时间、待人宽容三个方面的具体问题。切不可不分对象、一概而论。

（1）要求服务人员在使用行业用语时表现机智。这主要是要求其在面对形形色色的服务对象时，一定要善于察言观色，反应灵敏。既要首先对对方准确地进行必要的角色定位，又要以双向沟通为主要目的。还须注意的是，在使用行业用语时，一定要抓住重点，讲究少而精，并且尽量为对方所理解，这样才能提高自己办事的效率。

（2）要求服务人员在使用行业用语时考虑时间。这主要是因为，在一般情况之下，行业用语的使用具有一定的时间限制。只有在工作岗位之上有其必要性之时，使用行业用语才会使之发挥功效。如果忽略了这一点，不分时间、不看对象，开口闭口满嘴行业用语，非但没有任何必要，而且也不易为常人所接受。

（3）要求服务人员在使用行业用语时待人宽容。这主要是指，服务人员在具体运用行业用语服务于人时，务必要将心比心，待人如己，努力进行换位思考，设身处地多为对方着想。假定发觉自己所使用的行业用语不为对方所理解，则应立即加以调整，直至完全把本人的意思或对方的问题阐述和回答清楚为止。千万不要表现得不耐烦，嘲弄对方“怎么这么笨”“连这个都听不懂”，更不能一如既往，不分对象，公事公办地把例行公事办完为止。

在具体使用行业用语时，只有在表现机智、考虑时间、待人宽容这三个方面一并加以注意，才会使行业用语的使用真正奏效。

（二）适度法则

适度法则，是使用行业用语时，服务人员必须谨记的另一项重要法则。它的基本含义是，行业用语的使用必须要适得其所。服务人员在具体使用行业用语时，一定要牢牢把握好分寸，表现得体。不注意行业用语的使用适度与否，对服务人员来讲将是一个十分严重的错误。

运用行业用语要真正做到得体，关键是要切记当用则用，尽量少用。应该使用行业用语时而不使用，往往会令人怀疑自己的业务能力不怎么样。不必使用行业用语时，却连篇累牍地不停使用，则会给人以故弄玄虚之感。

行业用语的使用要做到得体，在服务岗位上与人交谈时，其在自己的话语之中究竟应当占上一个什么样的比重，是一个较为复杂的问题，应该具体情况具体分析，不宜一概而论。

在具体运用行业用语时把握好分寸的问题，对于任何服务人员而言，都是非常重要的。在这一方面，服务人员一定要注意两点重要事宜。

一是要实事求是。要求服务人员在运用行业用语时实事求是，主要是要客观地、正确地使用行业用语。既不可不懂装懂，随口乱诌，指望以满口似是而非的行业用语去蒙人、骗人、唬人，更不可随意编造，以假充真，以讹传讹。

二是要使用得当。在具体使用行业用语时，一定不要忘记准确使用，并且还要注意行业用语的规范性与地方性差异。在一般情况下，使用行业用语时，必须力求其正确无误。

二、常用服务用语

服务人员日常所使用的行业用语，主要就是由专业术语与敬人之语这两大主要内容所构成的。

（一）使用敬语

敬语，又为敬人之语，或敬词。服务人员必须常用敬语。它是用来向交谈对象表示恭敬之意的一些特定的用语。在工作岗位上服务于人时，必须常用、多用敬人之语，是对服务人员的一项基本业务要求，同时也是服务礼仪的一项主要规范。敬人之语，主要包括礼貌用语、文明用语以及自谦用语等。在具体运用敬人之语时，要重在落实，重在持久，重在言行一致，重在普及与提高并重。要提倡在服务岗位上，人人都要常讲、多讲敬人之语，并且要表里如一，长期坚持，永不懈怠。千万不要在提倡敬人之语这一问题上搞形式主义的一风吹，走过场。要是只把敬人之语贴在墙上，而难见之于口；或者有口无心，言不由衷，都很难打动服务对象，更不要说使对方获得精神上的享受了。

服务谈话中得体地使用礼貌语言和谦词，就会让人感到“良言一句三冬暖”，可以给对方留下良好的印象，使人与人之间的沟通很快地融洽起来。例如您好、谢谢、请、对不起、别客气、再见，等。

1．您好

与人相见，互道“您好”，这再容易不过。这声问候传递了丰富的信息，表示尊重、亲切和友情，能够体现服务人员懂礼貌，有教养，有风度。

2．谢谢

学会感谢使人显得彬彬有礼，给人留下很好的印象。有许多人在接受别人的好意后，不喜欢说“谢谢”两个字，主要有两个原因：一是认为没必要说“谢谢”；二是确实不会说“谢谢”。这两种情况，前者是主观认识上的问题，后者是技术能力上的问题，但都会对人际交往造成不良后果，必须予以改变。“谢谢”，就是在对方对自己做出一些善意言行之后，自己的言辞上所做的一种情感回报。“谢谢”有下列几种功能。

一是表达自我情感。人们在接受别人的善意言行之后，都会产生一种感激之情，情动于衷，发乎言辞。一句“谢谢”，常常就是这种情感的自然流露。

二是强化对方的好感。人际关系学认为：人际交往是一个互动过程。一方的善意行为必然引起另一方的“酬谢”，例如感谢。而这种“酬谢”又将进一步使对方产生好感，并发出新的善意行为。这样，就使双方的人际关系进一步达到融洽。

三是调节双方距离。任何一次或一种人际交往都是在交际双方所结成的心理距离中进行的，适当的心理距离是成功的人际交往的一个必要条件。而感谢语言是调节双方距离的微调剂。感谢起着调近双方距离的作用，但有的时候，感谢也有着拉大双方距离的特殊功能。有时在某些亲密的人际关系中，例如恋人、亲人、密友之间，我们会使用一些社交场合中标准的彬彬有礼的感谢语，来显示自己对对方的冷淡态度，拉大与对方的心理距离。

在人际交往中，要运用好“感谢”这种交际手段来完成特定的交际任务，就应该注意以下几点：

（1）“谢谢”在很多情况下就是一种对对方心理需求的满足。就不同的人来说，其心理需求是不同的。有的人希望对他的言行本身表示感谢，有的人希望对他的言行的行动或效果进行感谢，有的人则希望对他个人进行感谢。因此，感谢者就应首先满足这种心理需求，要针对对方的心理需求而发。

（2）感谢还要针对对方的不同身份特点采取相应的方式。老年人自信自己的经验对青年有一定的作用，青年人在表示感谢时就应感谢对方言行的结果："谢谢，您的这番话使我明白了许多道理……"这会使老年人感到满足。女性常以心地善良，体贴别人为自己独特的人际魅力，因此，说"幸亏你帮我想到了这点"就比"你想到这点可真不容易呀"要好。

（3）感谢一定要注重场合。你与对方单独在一起时，对他（她）表示感谢，会有好效果；但在众人之中挑出某一个人来表示感谢，那么就有可能冷落别人，也会使被感谢人难堪。

（4）"感谢"也要注意双方的关系。例如双方是一般熟人或同事关系，可以直接感谢，如"感谢您"或"非常感谢"；但双方是至亲与好友时，少用"谢谢您"或"非常感谢"之类的话。可用称赞语或陈述语来表达谢意。

3. 对不起

案例：有两户人家紧邻而居，东家的人和乐相融，生活幸福美满；西家的人经常争吵，天天鸡犬不宁。这种情形引起了一位社会学专家的兴趣。社会学专家问东家的人说："你们一家人为什么从不像西家人那样经常争吵，而能够和睦相处呢？"东家的人说："因为我们一家人都认为自己是做错事的坏人，所以能够互相忍让相安无事；而他们一家人都认为自己是好人，因此争论不休大打出手。"东家的人如此回答。东家人说："譬如有一个茶杯被打破了。在他们家自以为自己是好人的情况下打破杯子的人不肯认错，还理直气壮地大骂：'是谁把茶杯乱摆在这里的？'摆杯子的人也不甘示弱地反驳：'是我摆的，你为何不小心把它打破了？'彼此间不肯认错，不肯退让，僵持不下当然会吵架了。可是我们家，如果谁不小心打破茶杯，就会抱歉地说：'对不起，是我疏忽打破了杯子。'而放茶杯的人听到也会回答：'这不全怪你，是我不应该将茶杯放在那儿。'像这样坦白承认自己的过失，互相礼让，怎么会吵架呢？"

与人交往时常抱以"对不起，我错了"的心态，把自己的姿态放低，学会谦卑，以坦诚来修炼自己的心性，扩大自己的度量就能化解许多误会。"对不起！"这三个字看来简单，可是它的效用，不是别的字所能比拟的。这三个字能使顽强者低头，也能使怒气消减。凡物不平则鸣，世间原无不可解决的事。消除恶感，避免伤害对方的感情，最聪明的方法是自己谦逊一点。自己有过失的时候立刻道歉，别人会给你同情。反之，不承认过错，就难怪对方生气，许多小口角变成打架，或因一两句话就酿成命案的，皆由此而起。如果我们大家都常常不忘这三个字，我们的生活将会增加很多愉快和祥和。

说话有礼貌，就是对别人的尊重，而只有尊重别人的人，才会获得别人的尊重。

（二）专业术语

服务人员必须要善用专业术语。在行业用语中，绝大部分都属于专业性的术语。在使用这些只适用于某一特定领域内的专门性用语时，服务人员既要遵守"三T法则"与适度原则，更要特别注意因人而异、因事而异。实际上，在运用专业术语时，大体上是看效果不看动机，重质量不重数量的。

在运用专业术语时，要求服务人员注意因人而异，最重要的是，既要使自己的道理讲得通，又要能够同时让交谈对象听得明白。具体而言，要真正做到在运用专业术语时因人而异，就要在交谈之前，善于对交谈对象进行必要的观察、了解和定位，并且依照对方不同的性别、不同的年龄、不同的民族、不同的行业以及受教育的不同程度，而适当地有所区别。

在运用专业术语时，要求服务人员注意因事而异，则重点是要在具体运用专业术语的过程中，把握好时机的变化，沉着果断，善于随时根据具体情况的改变而加以必要的调整，善于应变。在具体运用专业术语时，不但要注意两厢情愿，相互理解，而且一定要随时相机加以调整。恪守原先的设想，不分任何对象，按部就班地运作下去，在实践中往往难以行得通。要想使专业术语用得好、用得准，自己讲得透，别人听得懂，就要根据当时具体情况的变化，当深则深，当浅则浅；当多则多，当少则少；当用则用，当不用则不用。最忌讳的是无视现实状况的具体变化，而非要去走极端。

三、服务忌语

服务忌语，通常是指服务行业里的忌讳之语，即服务人员在服务于人时不宜使用，并应当努力避免使用的某些词语。站在提高服务质量这一角度上来讲，不用服务忌语，应是广大服务人员使用规范化行业用语的必然要求。

美国知名学者保罗·福塞尔曾经有言："语言最能表现一个人。你一张口，我就能了解你。""一个人怎么说话，说什么话，当然毫无例外地显示着他的品位。"他由此进一步认定：一个人日常中所使用的词汇，实际上都如实地表现了他自身的教养与待人的态度。用他的观点来解释服务人员不得使用服务忌语的原因，同样是行得通的。

使用服务忌语的最大恶果，在于它往往出口伤人。这种伤害是相互的，在伤害了服务对象的同时，也对自身形象造成伤害。就具体内容而论，服务人员在工作岗位上绝对不宜使用的服务忌语，主要有如下四类。

（一）不尊重之语

在服务过程之中，任何对服务对象缺乏尊重的语言，均不得为服务人员所使用。在正常情况之下，不尊重之语多是触犯了服务对象的个人忌讳，尤其是与其身体条件、健康条件方面相关的某些忌讳。

例如，对老年的服务对象讲话时，绝对不宜说什么"老家伙""老东西""老废物""老没用"。即便提的并不一定就是对方，对方也必定十分反感。至于以"老头子""老婆子"一类的称呼去称呼老年人，也是不应该的。

跟病人交谈时，尽量不要提"病鬼""病号""病秧子"一类的话语。没有什么特殊的原因，也不要提什么身体好还是不好。

面对残疾人时，切忌使用"残废"一词。一些不尊重残疾人的提法，诸如"傻子""呆子""侏儒""瞎子""聋子""麻子""瘸子"之类，更是不宜使用。

接触身材不甚理想的人士时，对其对自己最不满意的地方，例如体胖之人的"肥"，个头小的人的"矮"，都不应当直言不讳。

（二）不友好之语

在任何情况之下，都绝对不允许服务人员对服务对象采用不够友善甚至满怀敌意的语言。只有摆错了自己的实际位置，或者不打算做好服务工作的人，才会那样做。在工作之中假定如此对待服务对象，既有悖于职业道德，又有可能无事生非，或者进一步扩大事端。

（三）不耐烦之语

服务人员在工作岗位上要做好本职工作，提高自己的服务质量，就要在接待服务对象时表现出应有的热情与足够的耐心。要努力做到：有问必答，答必尽心；百问不烦，百答不厌；不分对象，始终如一。假如使用了不耐烦之语，不论自己的初衷是什么，都是属于犯规的。

（四）不客气之语

服务人员在工作之中，有不少客气话是一定要说的，而不客气的话则坚决不能说。

服务人员不在工作岗位上使用服务忌语，不一定非要去对其进行死背硬记，而在于要努力成为一个“有心人”。时时刻刻牢记服务忌语的危害之处，自然就不会对其随口乱讲。

第五章 涉外礼仪

随着我国与世界各国的交往日益增多，在涉外工作中，我们不仅应该具备基本的政治思想素质、良好的业务水平和强烈的公关意识，还应该熟悉和掌握必要的涉外礼仪知识，并在交往中严格遵守。

涉外礼仪是人们在对外交往中，用以维护自身形象，向交往对象表示尊敬和友好，并且能沟通情感的约定俗成的习惯做法。涉外公关礼仪是涉外交往的必备礼仪规范。掌握涉外礼仪不仅能体现出我们自身应有的风范，而且可以塑造礼仪之邦的良好形象。

第一节 文化差异

不同的国家具有不同的文化背景，因为生活习惯、风土人情有自己的习俗和传统，在交往中存在很大差异。例如有时西方人注重个人隐私，东方人则可能以无微不至来表现对他人的关心。

一、交往距离差异

不同文化背景下的人，各自拥有不同的空间观念。例如欧洲人注重人与人之间的距离，如排队等，他们会小心翼翼地保持与他人的身体距离，不碰及他人，也不希望他人触碰自己；而中国人对人际交往的距离没有太大的要求，更多注重人情味。美国人的家有私人领地的意味，往往会十分看重和爱护自己的这块领地，假如美国人邀请你到家里做客，那说明你们之间友谊很深。而中国人热情好客，有时甚至是初识就会热情地请对方到家中坐坐。中国人到外国人家做客，应格外注意不要侵犯“私人空间”。

二、语言文化差异

语言直接体现一个国家、地区的文化。很多欧美人士喜欢直率，避免暗示、影射、模棱两可。而中国人之间彼此交谈，喜欢用委婉的方式与对方谈内容的实质而不直接涉及具体问题。如一位欧洲商人谈到他来中国的情况时说，在中国的两个星期里，同中国伙伴多次交谈，共同探讨了设想、计划，只等待得到答复，可直到他离开中国也没有得到肯定或否定的答复。一位了解中国的朋友事后告诉他，就中国人来说，没有答复，十有八九是否定的。此时这位商人才如梦方醒，对中国伙伴的做法感到不可思议。

三、馈赠方式的差异

因为对送礼、受礼方式的不同理解，涉外交往时常会遇到需要注意的问题。例如，欧洲人彼此送礼物时，受礼者总是当着送礼者的面打开礼物，以表谢意和礼貌。而中国人彼此之间送礼物，往往不马上当面打开礼物，唯恐礼物过轻或不尽如人意而有失对方的面子，或显得受礼人重利轻义，这种做法是出于礼貌。因此，商务人员受礼时应考虑对方的习惯，然后再决定是否当面打开，应具有涉外意识。

四、处事方式的差异

在中国传统的儒家礼学影响下，中国人注重面子、荣誉，请客吃饭方面也特别讲究排场。中国人常说的“家常便饭”也是费时费力，总得忙上半天，准备一桌丰盛酒菜。待到客人用餐时还要说“没什么菜，别客气，一定要吃饱”。进餐中还要不容推辞地让酒、让菜、让饭，这体现了中国人的热情好客。而很多外国人则不同，注重实际。一两道菜再加上些甜食就够了，主人请客坦然，客人也可踏实进餐。有些人前往欧美家庭做客，在餐桌上也像吃中餐一样推辞、礼让，给主人“已经吃够了”的印象，可能会出现应约吃饭，可还是饥肠辘辘的情形。

五、表达方式的差异

在面对他人夸奖所采取的态度方面，很多国家或地区各不相同。面对他人的夸奖，中国人常常会说“过奖了”“惭愧”“我还差得很远”等字眼，表示自己的谦虚；而欧洲人面对别人真诚的赞美或赞扬，往往用“谢谢”来表示接受对方的美意。按照中国人的习惯，在受了赞扬时表示谦虚，可能会惹得客人不高兴，日常生活中存在许多这种现象。

六、隐私权的差异

一些欧美国家的礼仪处处强调个人拥有的自由（在不违反法律的前提下），将个人的尊严看得神圣不可侵犯。在一些欧美国家，冒犯对方“私人的”权利是非常失礼的行为。因为欧美国家尊重别人的隐私权，同样也要求别人尊重自己的隐私权。亚洲很多国家或地区的人则注重强调群体，强调人际关系的和谐，认为邻里间的相互关心、问寒问暖，是一种富于人情味的表现。

中国人初相识最经常选择的话题经常是“您在哪儿工作？收入多少？多大年龄？结婚没有？”等等；在熟人见面时，除了问好外，常说“干什么去了呀？”来打招呼；看到他人穿件新衣服会说“你这件衣服真漂亮，多少钱呀？”这些问话对中国人来讲体现了人们之间的热情及友好关系，而在欧美国家，凡涉及私人生活方面的事，即使已有数次交往，也不宜轻易询问。

欧美地区的人特别是妇女不愿暴露自己的年龄、婚姻、工资收入等个人情况，询问年龄，会使人不高兴，是失礼行为。而且很多人视工资与个人的地位、能力为一体，即使地位高、工资高的人，也不愿透露个人的收入情况，这同“私人财产神圣不可侵犯”的认知有关。

第二节　涉外交往礼仪

一、涉外交往礼仪原则

在涉外交往中，我们不仅应该具备基本的政治思想素质、良好的业务水平和强烈的公关意识，还应该熟悉和掌握一些基本的准则并在交往中严格遵守。

（一）主权平等的原则

主权平等的原则在国际礼仪的实践中，常常体现在以下方面。

1. 国家尊严受到尊重。国家元首、国旗、国徽不受侮辱。

2. 外交代表，按照国际公约的规定，享有外交特权和豁免权。

3. 不以任何方式强制他国接受自己的意志。另外，还包括尊重他国的民风民俗、宗教信仰等。反对种族歧视。

（二）实行礼尚往来原则

在相互交往中，实行“礼尚往来”“一视同仁”“互不歧视”的原则。

（三）注重形象原则

根据国际惯例，在国际交往之中，人们都十分重视遵照规范的、得体的方式塑造、维护自己的个人形象。这就是注重形象原则。

（四）不卑不亢原则

不卑不亢，是要注意表现自然，待人真诚，既不畏惧自卑，低三下四，也不狂妄自大，嚣张放肆。与外国人交往，我们代表的是自己的国家和民族，代表着自己单位的形象。为此，个人的一言一行都应该从容得体，不卑不亢，既从思想上高度重视，又要在行动上付诸实施。要虚心学习外国的经验、长处，尊重他国的风俗习惯，也要自尊、自重、自爱、自信，从容不迫、落落大方，不能盲目乐观，孤芳自赏，反对妄自尊大、盛气凌人。

（五）求同存异原则

在涉外交往中，世界各国的礼仪与习俗存在着一定程度的差异性，重要的是了解遵守求同存异原则，而不是评判是非对错，鉴定优劣。简而言之，“求同”，就是要遵守有关礼仪的国际惯例，要重视礼仪的“共性”。“存异”，则是要求对他国的礼俗不可一概否定，不可完全忽略礼仪的“个性”，并且要对交往对象所在国的礼仪与习俗有所了解，并表示尊重。

（六）入乡随俗原则

在涉外交往之中，要真正做到尊重交往对象，就必须尊重对方所独有的风俗习惯。古人早就要求一切正人君子，都必须认真做好“入境而问禁，入乡而问俗，入门而问讳”。首先，必须充分地了解与交往对象相关的习俗，如果连这一点都办不到，“入乡随俗”就根本无从谈起。其次是必须对交往对象所特有的习俗加以尊重。在国际交往中，对于其他国家所特有的习俗，没有必要照抄照搬，全盘引进。对于本国的传统习俗，也要发扬光大。这一切，与“入乡随俗”原则并不矛盾。然而对于别国所特有的习俗，是不能少见多怪、妄加非议的，如果以我为尊，厚此薄彼，则更是有害的。当自己身为东道主时，通常讲究“主随客便”；而当自己充当客人时，则又讲究“客随主便”。在本质上讲，这两种做法都是对“入乡随俗”原则的具体贯彻落实。

（七）信守约定

所谓“信守约定”的原则，是指在一切正式的国际交往中，必须认真严格地遵守自己的所有承诺，说话务必算数，许诺一定兑现，约会必须要如约而至。在一切有关时间方面的正式约定之中，尤其需要恪守不怠。要真正做到“信守约定”，须在下列三个方面严格地要求自己。

（1）在人际交往中，许诺必须谨慎。不管是答应交往对象所提出的要求，还是自己主动向对方提出建议，或者是向对方许愿，都一定要深思熟虑，量力而行，一切从自己的实际能力以及客观可能性出发，切勿草率从事，头脑一热，便承诺“满天飞”。即使对于必须作出的承诺或约定，也必须慎重，要考虑周全，既不要含糊不清，模棱两可，也不要大而化之，信口开河。

（2）对于自己已经作出的约定，务必要认真加以遵守，承诺一旦作出，就必须要兑现；约定一经作出，就必须如约而行，唯有如此，才会赢得交往对象的好感与信任，在涉外交往中，真正地做到言必信，行必果。为了落实已有的约定，不仅要认真地如约而行，同时还应当尽可能地避免对已有的约定任意进行修正变动，随心所欲地乱作解释，或者擅自予以取消、否认。

（3）不能守约，要主动说明情况。如由于难以抗拒的因素，致使自己单方面失约，或有约难行，需要尽早向有关各方进行通报，如实地解释，并且还要郑重其事地为此事向对方致以歉意，并且主动地负担。千万不要在碰上这种情况时得过且过，避而不谈，一味推委，企图赖账，甚至拒绝为此而向交往对象道歉。

总而言之，在涉外交往中，必须诚实守信，说话算数，办事讲究信誉，绝不失信于人。

（八）适度原则

涉外交往中，要把握好热情有度之中的“度”，不仅待人要热情友好，更为重要的是要把握好待人热情友好的具体分寸，否则就会事与愿违，过犹不及，会使人厌烦或怀疑你别有用心。具体体现为：关心有度，批评有度，交往有度，举止有度。

（1）关心有度。也就是说，不宜对外国友人表现得过分关心。

（2）批评有度。也就是说，在一般情况下，对待外国友人的所作所为，在其不触犯我国法律，不有悖于伦理道德，没有侮辱我方的国格人格，不危及其人身安全的情况下，通常就没有必要去评判其是非对错，尤其是不宜当面对对方进行批评指正或加以干预。

（3）距离有度。也就是说，与外国人进行交往应酬时，应当视双方关系的不同，而与对方保持与双方关系相适应的适度空间距离。根据惯例，在涉外交往中，人与人之间的正常距离大致可以划分为以下四种，各自适用于不同的情况：

私人距离，其距离在小于0.5米之内。仅适用于家人、恋人与至交。因此，有人称其为“亲密距离”。

社交距离，其距离为大于0.5米，小于1.5米。适用于一般性的交际应酬，故亦称“常规距离”。

礼仪距离，其距离为大于1.5米，小于3米。适用于会议、演讲、庆典、仪式以及接见，意在向交往对象表示敬意，所以又称“敬人距离”。

公共距离，其距离在3米开外，适用于在公共场所同陌生人相处，也被叫作“有距离的距离”。

（4）举止有度。也就是说，与外国人相处之际，务必要注重自己的举止动作。切勿因为自己的举止动作过分随意，从而引起误会，或是失敬于人。要在涉外交往中真正做到“举止有度”，最重要的，是要注意以下两个方面。

① 不要随便采用某些意在显示热情的动作。在国内，朋友相见时，彼此拍拍肩膀；长辈遇见孩

子时，抚摸一下对方的头顶或脸蛋；两名同性在街上携手而行等等，都是常见的亲热之举。可是，外国人却可能难以接受。

② 不要采取不文明、不礼貌的动作。有些动作，如当众挖鼻孔、抓痒痒、脱鞋子、抠脚丫，或是在与人交谈时用手指向对方。高翘着“二郎腿”乱晃乱抖不止，被世人公认为是既不文明，也不礼貌的。在外国友人面前，自然更是应当被禁止。

（九）尊重原则

包括尊重隐私，提倡在国际交往中尊重每一位交往对象的个人隐私，不打探其不愿公开的私人事宜。在涉外交往中，尊重隐私实际上具体表现为人们在交谈中的下述“八不问”，即不要涉及收入支出、年龄、婚姻、健康、家庭住址、个人经历、信仰、政见等。此外，有教养的男士注重“女士优先”“尊重女性”，要积极主动地用实际行动去表示自己对妇女的尊敬之意，并应想方设法在具体行动上为妇女排忧解难。它是国际社会尤其是西方国家里所通行的交际惯例之一。

（十）以右为尊原则

站立、行走、就座、会见、会谈、宴会席次 / 桌次、乘车、挂国旗等都应遵循国际惯例以右为尊的原则。

二、涉外交际礼节

（1）迎送。要事先确认航班，办好入境、入关手续，迎接时先握手后献花，礼宾人员引导应走在外宾左前方约 1 米处，左手指点方向，右手引领，一般不触及客人的身体。

（2）介绍。将低职介绍给高职，年少介绍给年长，资历浅的介绍给资历深的，男性介绍给女性，未婚介绍给已婚。

（3）称谓。高职位以职衔相称，突出学历、职称、荣誉，尽量使用敬语，如先生、小姐、女士、陛下、殿下、阁下等。

（4）握手。目视对方，面带表情，用力适当，上下轻摇，避免交叉。高职、年长、女士和主人先伸手。

（5）乘车。乘坐小卧车，客人坐第二排右侧，主人坐左侧，翻译坐副驾驶座位。乘坐大轿车，客人坐前排。

（6）会见、会谈及座位安排。

① 会见。沙发半圆形排列，客人在右侧，主人在左侧。座位突出 2 或 4 人。翻译记录坐后面。

② 会谈。长条桌，客方座位面向门或入门的右侧，主人背向门或入门的左侧。如摆国旗则在主客方相对应的位置。主客方人员座位，从各自方的一边中间开始，按右左顺序、职务高低排列。会见、会谈桌面只摆放茶、饮料、纸笔，不必摆放水果。

第三节 涉外礼仪相关常识

随着经济的发展，人际交往的范围扩展到了更广泛的领域，更应引起重视的问题是人们对于交往质量有了更高的要求，交往双方的风尚习俗也影响着人们之间的交往。

一、国家的称谓及别称

不同国家的称谓是由不同的国体,即国家政权的阶级属性所决定的。常见的国家称谓有以下几种。

帝国。皇帝掌握最高权力的君主政体国家。

王国。以国王为国家元首的君政制国家。

共和国。共和制的国家，其国家元首由特定选举而产生。

合众国。实行联邦制的国家，是由两个或两个以上的成员州或邦联合统一而成的。在内部事务方面，各成员州或邦拥有自主权；在外部事务方面，即对外主权统归合众国所有，如美国。

苏丹国。苏丹是阿拉伯语，意为国王。以“苏丹”为国家称谓。

二、国内外的节日概况

（一）中国传统节日

中国的传统节日主要有春节（农历正月初一）、元宵节（农历正月十五）、龙抬头（农历二月初二）、社日节（农历二月初二）、上巳节（农历三月初三）、寒食节（冬至后的105或106天）、清明节（公历4月5日前后）、端午节（农历五月初五）、七夕节（农历七月初七）、中元节（农历七月十五）、中秋节（农历八月十五）、重阳节（农历九月初九）、下元节（农历十月十五）、冬至节（公历12月21~23日）、除夕（农历十二月廿九或三十）等。

春节。农历正月初一是中国民间最盛大、最热闹的传统节日，又称过年。春节民间习惯贴剪纸、贴年画、贴春联、贴福字、互相寄赠贺年片、点花烛。除夕夜守岁，放爆竹，吃年夜饭。

元宵节。农历正月十五,又称“上元节”或“灯节”。民间风俗扎彩灯、猜灯谜、耍龙灯、舞狮子、扭秧歌、踩高跷、划旱船、吃元宵、放风筝等。

清明节。每年公历4月5日前后，是中国民间相传数千年而具有深刻意义的一个传统节日。清明节人们有祭祖、扫墓、踏青之俗。

端午节。农历五月初五，又叫重午、重五、端阳节，是我国传统的三大节日之一。端午节原是中国古代民族的“龙子节”,又据说是纪念伟大爱国诗人屈原逝世的日子。这一天,家家户户要吃粽子,南方还有赛龙舟等习俗。

女儿节。农历七月初七,也称“七夕”。相传那天是牛郎织女天河相会的日子,人们又称其为“中国的情人节”。

中秋节。农历八月十五。民间有祭月、拜月、赏月之风。吃月饼、饮桂花酒，以示祝福、喜庆团圆。

重阳节。农历九月初九。九月重阳，天高云淡，五谷飘香，人们登山游玩，喝菊花酒，吃重阳糕。

腊八节。农历十二月初八。每到这一天，民间家家户户都吃别具风味的“腊八粥”（五谷杂粮加各种干果、糖煮成的粥）。

（二）国外主要节日

在国外，宗教文化与世俗文化有趣地结合在一起，形形色色的节日则是文化的荟萃，又是构成各国各地区风俗习惯的一个重要组成部分。

（1）情人节。每年的 2 月 14 日是欧洲、美洲和大洋洲许多国家的情人节。情人节是一个表白感情的甜蜜的节日，特别受到青年人的重视。民间在欢度这一节日时所注重的是创造出一种美丽、浪漫、甜蜜的气氛，借以表达对爱情的赞美和对情人的祝福，因此青年人特别喜欢在情人节这一天向所爱慕的人表达自己的心意。

（2）愚人节。每年 4 月 1 日是一些国家的愚人节，这是一个已有 800 年历史的民间传统节日，受到很多人喜欢。在愚人节这一天，人们会随心所欲地说谎和造谣，以相互欺骗为乐事。这时被愚弄和欺骗的人只许苦笑，一般不会发火。

（3）母亲节。每年 5 月的第二个星期日，每到这一天，人们就要在胸前佩戴一支石竹，以示对母亲的敬意，如果母亲已经去世，则要佩戴白色的石竹。这天每个家庭和教堂都要举行各种仪式和活动。

（4）父亲节。在每年 6 月的第三个星期日，这一天，子女们都亲手做一些有纪念意义的贺卡和小礼物送给父亲，以表示崇敬的心意。

（5）感恩节。每年 11 月的第四个星期四为感恩节。这个节日是喜庆丰收，增进团结的节日。感恩节习惯吃烤火鸡。

三、风俗习惯

（一）风俗习惯受文化传统影响而形成

1. 日常生活的禁忌。

泰国人不用红笔签名。

日本人不喜欢别人敬烟。

对于戴帽子的男人，在美国和英国，遇到朋友，须微微把帽子揭起点头致意。但在意大利须把帽子拉低，以表示尊敬。

2. 重视职衔称呼。

德国人、奥地利人很重视职衔的称呼，如果他们是博士、教授，应多使用这个称号，他们会很高兴。

3. 对颜色的忌讳。

一般认为白色是纯洁的象征，黑色是肃穆的象征，黄色是和谐的象征，而红色和蓝色是吉祥如意的象征。

很多国家以黑色为葬礼的颜色，灵车用黑色。

4. 对用花的忌讳。

许多国家或地区的人喜欢赠送亲戚朋友玫瑰花，以表示祝贺。在印度和欧洲一些国家，用白色百合花表示对死者的悼念。

在法国和意大利，人们忌讳菊花。

日本人忌讳荷花、梅花。

在巴西，紫色被认为不吉利。

中国人喜欢菊花，但向外宾献花时忌用菊花，也不用杜鹃花、石竹花。

（二）受生活习惯影响形成的风俗习惯

（1）鞠躬礼。脱帽，日本人讲究。

（2）吻手礼。注意女士先伸手，将指尖轻轻提起吻一下。如女方不伸手则不能强迫。男士应屈膝，作半跪式。

（3）亲吻礼。长辈对晚辈，在脸上或额上。

（4）拥抱礼。欧美，特别是俄罗斯，见面经常拥抱和亲吻。

（5）“OK”的手势。食指和大拇指联搭成圆，其他三个指头向上伸开，表示同意，美国人常用这种手势。

四、涉外交际中常用的见面礼节

（一）握手礼

握手是大多数国家见面和离别时相互致意的礼仪。握手既是人们见面相互问候的主要礼仪，还是祝贺、感谢、安慰或相互鼓励的适当表达。如对方取得某些成绩与进步时，对方赠送礼品，以及发放奖品、奖状、发表祝词后，均可以握手来表示祝贺、感谢、鼓励等。

（二）鞠躬礼

与日本、韩国等东方国家的外国友人见面时，行鞠躬礼表达致意是常见的礼节仪式。鞠躬礼分为15°、30°和45°的不同形式；度数越高向对方表达的敬意越深。基本原则：在特定的群体中，应向身份最高、规格最高的长者行45°角鞠躬礼；身份次之行30°角鞠躬礼；身份对等行15°角鞠躬礼。

（三）拥抱礼

拥抱礼是一些国家常使用的见面礼节。两人面对面站立，各自举起手臂，将右手搭在对方的左肩后面，左臂下垂，左手扶住对方的右后腰。首先向左侧拥抱，然后向右侧拥抱，最后再向左侧拥抱。

（四）亲吻礼

长辈与晚辈亲吻的话，长辈吻晚辈的额头，而晚辈吻长辈的下颌。同辈人或兄弟姐妹亲吻的话，只能相互贴一贴面颊。

（五）吻手礼

吻手礼即男士亲吻女士的手背或手指。吻手礼的接受只限于已婚的女性。男士以右手或双手轻轻抬起女士的右手，俯身弯腰用微闭的双唇，象征性去轻触一下女士的手背或手指。

（六）合十礼

合十礼又称合掌礼。这种礼节通行于东亚和南亚信奉佛教的国家或佛教信徒之间。

欧洲人非常注重礼仪，他们并不习惯与陌生人或初次交往的人行拥抱礼、接吻礼、面颊礼等，所以初次与他们见面，还是以握手礼为宜。

五、其他涉外交际礼仪相关内容及注意事项

（一）称呼礼仪

（1）在涉外交往中，一般对男子均称某某先生，对女子均称某某夫人、女士或小姐；对已婚女子称夫人、女士，未婚女子称小姐；对不了解其婚姻情况的女子也可称作小姐或女士。对地位较高、年龄稍长的已婚女子称夫人。近年来，女士已逐渐成为对女性最常用的称呼。夫人专指已婚女性。夫人称呼之前可以加丈夫的头衔和姓名，而不是夫人自己的姓。

（2）对于有学位、军衔、技术职称的人士，可以称呼其头衔。

（3）对于地位较高的官方人士（一般指政府部长以上的高级官员），按其国家情况可称“阁下”，如某某“总统阁下”、“主席阁下”、“部长阁下”等；对君主制的国家，按习惯对其国王、皇后可称为“陛下”；对其王子、公主或亲王可称为“殿下”；对其公、侯、伯、子、男等有爵位的人士，既可称呼其爵位，也可称呼“阁下”或者“先生”。但是美国、墨西哥、德国等国却没有称“阁下”的习惯，因此对这些国家的贵宾可称先生。

（4）对社会主义国家和兄弟党，如朝鲜民主主义人民共和国等国家、越南共产党等人员都可称作“同志”，有职衔的可另加职衔。

（二）涉外场合的介绍礼仪

1. 介绍的方式

在涉外场合与初次见面的人士认识，可由第三者介绍，也可做自我介绍相识。为他人介绍时，要先了解双方是否有结识的愿望，不要贸然行事。无论自我介绍或为他人介绍，做法都要自然。正在交谈的人中，有所熟识的，便可趋前打招呼，这位熟人可以顺便将你介绍给其他客人。在这些场合中也可主动自我介绍，讲清姓名、身份、单位（国家），对方则会随后自行介绍。为他人介绍时还可说明与自己的关系，便于新结识的人相互了解与信任。介绍具体人时，要有礼貌地以手示意，而不要用手指指点点。

2. 介绍的次序

应把身份低、年纪轻的先介绍给身份高、年纪大的，把男子先介绍给女士。介绍时，除女士和年长者外，一般应起立，但在会谈桌上、宴会桌上可不必起立，被介绍者只要微笑点头示意即可。

（三）接到邀请的处理

（1）接到请柬、邀请信或口头的邀请，能否出席要尽早答复确认。对注有 R. S. V. P（请答复）字样的，无论出席与否，均应迅速答复；注有“Regrets only”（不能出席请复）字样的，在不能出席时才回复，但也应及时回复；经口头约妥再发来的请柬，上面一般注有“To remind”（备忘）字样，只起提醒作用，可不必答复；答复对方，可打电话或复以便函。

（2）在接受邀请之后，不要随意改动。万一遇到不得已的特殊情况不能出席，尤其是主宾，应尽早向主人解释、道歉，甚至亲自登门表示歉意。

（3）应邀出席一项活动之前，要核实宴请的主人、活动举办的时间地点、是否邀请了配偶以及主人对着装的要求等情况；活动多时更应注意，以免出现走错地方，或主人未请配偶却双双出席等尴尬。

（四）涉外活动中的入座礼仪

（1）应邀出席重大的涉外政务、公务、商务活动或隆重的仪式活动，须服从礼宾次序安排。

（2）入座前，预先了解自己的桌次和座次。

（3）入座时注意桌上座位卡是否写着自己的名字，忌鲁莽或随意入座。

（4）女性入座时应注意姿态端正并整理裙装。

（5）在条件许可时应从坐椅的左侧入座。

（6）入座时如遇邻座是身份高者、年长者、妇孺、残疾人士，应主动礼让或协助他们先坐下。

（五）涉外交谈礼仪

（1）谈话的表情要自然、亲切，表达得体。说话时可适当做些手势，但动作不要过大，更不要手舞足蹈，不要用手指指人。

（2）与人谈话时，忌与对方距离太远或过近。谈话时不要唾沫四溅。

（3）参与别人谈话要先打招呼，别人在个别谈话时，不要凑前旁听或插话。

（4）有人与自己主动说话，应乐于交谈。第三者参与谈话，应以握手、点头或微笑表示欢迎。发现有人欲与自己谈话，可主动询问。

（5）谈话中遇有急事需要处理或需要离开，应向谈话对方打招呼，表示歉意。

（6）谈话要照顾在场的所有的人。现场有多人时，注意与在场的所有人攀谈，忌只与一两个人说话，不理会在场的其他人，或仅与个别人谈两个人知道的事而冷落其他人。

（7）交谈时要给别人发表意见的机会，别人说话，也应适时发表个人看法。

（8）善于聆听对方谈话，不轻易打断他人的发言。

（9）一般不提与谈话内容无关的问题。如对方谈到一些不便谈论的问题，不对此轻易表态，可转移话题。

（10）在相互交谈时，目光应得体，注视对方，以示专心。对方发言时，忌伸懒腰、看手表、玩物品、左顾右盼、心不在焉、注视别处等。

（11）交谈中不涉及他人隐私，尤其是不问收入、不问女士年龄；主动回避敏感问题，如宗教信仰、人权、当事国的内政事务等；谈话的内容不涉及疾病、死亡等不愉快的事情；不谈一些荒诞离奇、耸人听闻、下流淫秽的事情；对方不愿回答的问题不要追根问底；无意中谈起对方反感的问题或发现对方对自己谈论的话题不感兴趣时，立即转移话题；不批评、议论长辈或身份高的人员。

（六）陪同外国友人要注意的礼仪

（1）相互介绍。在初次见到外方人士时，陪同人员应当首先将自己介绍给对方，并且递上本人名片。如果需要由陪同人员出面介绍中外双方人士或宾主双方人士，我国的习惯做法是：先介绍中方人士，后介绍外方人士；先介绍主方人士，后介绍客方人士。

（2）道路行进。在路上行进时，礼仪上的位次排列可分为两种：一是并排行进，讲究“以右为上”，或“居中为上”。由此可见，陪同人员应当主动在并排行走时走在外侧或两侧，陪同对象走在内侧或中央。二是单行行进，讲究“居前为上”，即请陪同对象行进在前。但若陪同对象不认识道路，或道路状态不佳，则由陪同人员在左前方引导。引导者在引路时应侧身面向被引导者，在必要时提醒对方“注意脚下安全”。

（3）上下车船。在乘坐轿车、火车、轮船、飞机时，其上下的具体顺序为：上下轿车时，通常请陪同对象首先上车、最后下车，陪同人员最后上车、首先下车。上下火车时，陪同对象首先上车、首先下车，陪同人员居后。必要时，亦可由陪同人员先行一步，以便为陪同对象引导或开路。上下轮船时，顺序通常与上下火车相同。不过若舷梯较为陡峭时，陪同对象先上后下，陪同人员后上先下。上下飞机的顺序要求与上下火车基本相同。

（4）出入电梯。陪同人员应稍候陪同对象。进入无人驾驶的电梯时，陪同者首先进入，并负责开动电梯。进入有人驾驶的电梯时，陪同者最后入内。离开电梯时，陪同者一般最后一个离开。如果陪同者的位置堵在门口，首先出去也不为失礼。

（5）出入房门。在出入房门时，陪同人员通常负责开门或关门。进入房间时，若门向外开，陪同人员首先拉开房门，然后请陪同对象。若门向内开，则陪同人员首先推开房门，进入房内，然后请陪同对象进入。离开房间时，若门向外开，陪同人员首先出门，然后请陪同对象离开房间。若门向内开，陪同人员在房内将门拉开，然后请陪同对象首先离开房间。

（6）就座离座。陪同者与陪同对象身份相似，双方可以同时就座或同时离座，以示关系平等。陪同对象的身份高于陪同者，请前者首先就座或首先离座，以示尊重对方。

（7）提供餐饮。单独点菜或点饮料时，陪同者请陪同对象先点。上菜或上酒水时，为陪同对象先上，再为陪同者上；先宾后主，先女后男。

（8）日常安排。陪同对象的具体活动日程早已排定，陪同人员无权对其加以变更。若陪同对象要求变更活动安排，陪同人员不宜擅自做主，应及时向上级报告，并执行上级决定。若陪同人员发现陪同对象的活动日程的确存在不足之处，可向有关方面进行反映，但不宜直接与陪同对象就此问题进行沟通，更不宜在对方面前随意发表个人意见。

（9）业余活动。外宾在工作之余，可能要在遵守我国法律的前提下进行自由活动。在必要时，我方陪同人员可为之提供方便。若陪同对象要求陪同人员为其业余活动提供建议时，陪同人员既要抱有热情、主动、积极的态度，也要具体考虑我方的有关规定、现场的治安状况以及活动的内容是否健康、合法。若陪同对象要求陪同人员为其业余活动提供方便，陪同人员应予以重视，既要力求满足对方的合理请求，又要善于拒绝对方的不合理请求。但无论如何，都不允许陪同人员帮助陪同对象在华从事违法犯罪的活动。

（七）西餐

1. 席次安排

（1）女士优先。在排定西餐座次时，主位请女主人就座，而男主人居于第二位。

（2）以右为尊。在排定座次时，以右为尊。

（3）面门为上。面对正门者为上座，背对正门者为下座。

（4）交叉排列。男女交叉排列，生人与熟人交叉排列。

2. 西餐餐具的使用

西餐的餐具主要有刀叉、餐巾、餐匙、盘、碟、杯、牙签等。

（1）刀叉的使用：吃西餐时右手拿刀，左手拿叉。使用刀叉时，左手用叉用力固定食物，同时移动右手的刀切割食物。用餐中暂时离开，要把刀叉呈八字形摆放，尽量将柄放入餐盘内，刀口向内；用餐结束或不想吃了，刀口向内、叉齿向上，刀右叉左地并排纵放，或者刀上叉下地并排横放在餐盘里。

（2）餐巾的使用。将餐巾平铺于大腿上，可以防止进餐时掉落下来的菜肴、汤汁弄脏自己的衣服。在用餐期间与人交谈之前，先用餐巾轻轻地揩一下嘴；女士进餐前，可用餐巾轻抹口部，除去唇膏。在进餐时须剔牙，应拿起餐巾挡住口部。

（3）餐匙的使用。用来饮汤、吃甜品，不可直接舀取其他任何主食、菜肴和饮料。餐匙入口时，以其前端入口，不能将它全部塞进嘴里。

（4）刀是用来切食物的，不要直接用刀叉起食物送入口中，也不要用刀叉同时将食物送入口中；刀上沾上酱料不可舔食；用餐刀切割食物时不要在餐盘上划出声音。

（5）餐巾摆放的位置不同，寓意不同。当主人铺开餐巾时，就表示用餐开始，当主人把餐巾放在桌子上，表示用餐结束。中途暂时离开，将餐巾放在本人坐椅面上。

（八）宴请外宾时的礼仪

（1）确定规格。涉外交往中宴请的目的有多种，可以是宴请某人，也可以是为某件事宴请。宴请可以采用家宴、小型宴会、大型宴会。时间一般安排在主、客双方均较方便的时候。宴请宾客，不宜铺张浪费。

（2）发出请柬。请柬上应注明时间、地点，以方便宾客。若所选的地点不易找到，应在发出请柬时详细向客人说明。

（3）礼貌迎宾。客人到达时，主人在门口迎接。如无法抽身离开，也可安排其他人员迎接。

（4）安排菜单。以本地特色菜为主，可先向宾客介绍特色菜，供其选择；要注意对方的饮食禁忌。

（5）座次安排。安排客人坐上首，由主人陪同；一般以主人右方为尊，可以根据宾客的身份、地位适当安排。

（6）致祝酒辞。若双方需要在席上讲话或致祝酒辞，主宾入座后即可发表讲话。一般是主人先讲，主宾随后。祝酒时，主人和主宾先碰杯，人多时也可同时举杯示意。主人或主宾致辞或祝酒时，其他客人注意聆听，以示尊重。

（九）参加涉外宴请的礼仪

（1）掌握出席宴请的时间。根据活动的性质和当地的习惯掌握时间，迟到、早退、逗留时间过短则被视为失礼或有意冷落。身份高者可略晚到达；普通客人宜略为早些到达，待主宾退席后再陆续告辞。出席宴会，根据各地习惯，正点或晚一两分钟抵达；在我国则正点或提前两三分钟或按主人的要求到达。出席酒会，可按请柬上注明的时间到达。确实有事须提前退席，向主人说明后悄悄离去；也可事前打招呼，届时离席。

（2）举止端庄、吃相文雅。嘴内有食物时，闭嘴咀嚼勿说话；喝汤忌啜，吃东西不发出声音；剔牙时，用手或餐巾遮口；嘴内的鱼刺、骨头不可直接外吐，用餐巾掩嘴取出，或轻轻吐在叉上，放在菜盘内；吃剩的菜，用过的餐具、牙签，都应放在盘内，勿置放在桌面上。

（3）忌喝酒过量、失言失态。中外饮酒习俗有差异，对外宾可以敬酒，不宜劝酒，尤其是不能劝女宾干杯。

（4）宴会进行中，如由于不慎遇意外情况发生，应妥善处理。餐具碰出声音，可轻轻向邻座（或向主人）说一声“对不起”；餐具掉落，可由招待员另送一副。酒水打翻溅到邻座身上，应表示歉意，协助擦干；如对方是女士，只要把干净餐巾或手帕递上，由她自行擦干即可，忌自己手忙脚乱地帮助别人，效果适得其反。

（十）参加涉外自助餐的礼仪

1. 取餐

（1）取菜适量。参加自助餐的宴请时，取菜要适量而止；盘中食物吃完后再取；取食时按凉菜（冷盘）、热菜（主菜）、点心、水果的次序分盘适量取用，一次取食一盘，忌不分青红皂白取用高高一盘或一次拿多盘。

（2）自觉排队。如取食客人较多，按顺序排队取食，或等人少时再取食，忌逆人流取食。

（3）如由招待员分菜，须增添时，待招待员送上时再取；如遇本人不能吃或不爱吃的菜肴，当招待员上菜或主人夹菜时，可轻声谢绝，或取少许放在盘内；对不合口味的菜，勿显露出难堪的表情。

2. 品饮咖啡

（1）正确端咖啡杯。右手拇指和食指捏住杯把，把杯子轻轻端起。

（2）给咖啡加糖。先用糖夹子把方糖夹到咖啡碟的近身一侧，然后再用咖啡匙把糖加入杯中。

（3）搅拌咖啡。喝咖啡前应仔细搅拌，待搅匀后饮用。把咖啡匙放在托碟外边或左边。

（4）品饮咖啡。品饮咖啡不能用匙子舀，匙子是用来搅拌咖啡或加糖的。喝咖啡只需将杯子端起即可，不要将下面的接碟一并托起。

（十一）涉外赠送与收受礼品的礼仪

1. 赠送礼品礼仪

（1）选择礼物。涉外交往的馈赠更多是为了表示对他人的祝贺、慰问、感谢的心意，因此在选择礼品时应挑选具有一定纪念意义或艺术价值，或为受礼人所喜爱的纪念品、食品、花束、书籍、画册、一般日用品等。事先了解收礼人的性格、爱好、修养，以及所在国家或地区的习俗等，因人而异。

（2）讲究礼品包装。国外非常讲究礼品包装，礼品一定要用彩色纸包装，然后用丝带系成漂亮的蝴蝶结或梅花结。

（3）对等平衡。注意送礼双方身份的对等，双方身份和礼品规格要一致。送礼要讲究平衡，有多方外国友人在场的情况下尤其要注意，避免厚此薄彼。

（4）送花时应考虑到花的寓意、颜色及数目。最好送外宾所在国的国花及相应的辅花，花束大小应视场面大小及宾主之间的关系而定，花枝的数量以单数为宜，但很多地区忌 13 枝。要注意外方的禁忌。德国人认为郁金香是没有感情的花；日本人认为荷花是不吉祥之物；菊花在意大利被认为表示悼念；在法国，黄色的花被认为是不忠诚的表示；绛紫色的花在巴西一般用于葬礼。

2. 受礼礼仪

（1）握手致谢。在参加各种涉外交往中，当接受宾朋的礼品时，应恭敬有礼地双手接过，并握手致谢。

（2）适当赞美。许多欧美人喜欢别人接受礼品时，打开包装亲眼欣赏并赞美一番。此时，我们可仿效他们的做法，适时赞誉礼品，以表示自己的感谢之情。

（3）收到寄来的或派人送来的礼品，应及时复寄一张名片或简函，以示谢意。

（十二）涉外交往中的数字、肢体和颜色禁忌

（1）数字禁忌。各国家、地区及不同宗教信仰的人们对数字可能有一些忌讳，如一些欧美人士十分忌讳“13”和“星期五”，认为这一数字和日期是厄运和灾难的象征。在相关的涉外活动中要避开与“13”、“星期五”有关的一些事情，更不要在这一天安排重要的政务、公务、商务及社交活动。日本人忌讳4字，是因4字与死的读音相似，意味着倒霉和不幸。所以与日本友人互赠礼品时切记不送数字为4、谐音为4的礼品；不要安排日本人入住4号、14号、44号等房间。

（2）肢体禁忌。同一个手势、动作，在不同的国家里表示不同的意义，例如拇指和食指合成一个圈，其余三个手指向上立起，在美国表示OK，但在巴西，这是不文明的手势。在中国，对某一件事、某一个人表示赞赏，会跷起大拇指，表示“真棒”！但是在伊朗，这个手势是对人的一种侮辱，不能随便使用，想赞赏伊朗人忌伸大拇指。在我国摇头表示不赞同，在尼泊尔则正相反，表示很高兴、很赞同。另外注意适当地运用手势，可以增强感情的表达；但与人谈话时，手势不宜过多，动作不宜过大，应给人含蓄而彬彬有礼的感觉。

（3）颜色禁忌。日本人认为绿色是不吉利的；巴西人以棕黄色为凶丧之色；欧美国家以黑色为丧礼的颜色。

（十三）涉外交往中常见的宗教禁忌

1. 基督教

进教堂要态度严肃，保持安静。在聚会和崇拜活动中禁止吸烟。基督徒一般饮食中不吃血制品。

2. 天主教

根据天主教教会的传统，天主教的主教、神父、修女是不结婚的。同天主教人士交往时，见到主教、神父、修女不可问他（她）“有几个子女”、“爱人在哪里工作”等问题。

进入天主教教堂应保持严肃的态度，切忌衣着不整或穿拖鞋、短裤。禁止在堂内来回乱串、大声喧哗、交头接耳、东张西望、打情骂俏、争抢座位等，更不允许在堂内吃东西、抽烟。

3. 伊斯兰教

接待穆斯林客人一定要安排清真席，特别要注意不要出现他们禁食的食物。穆斯林严禁饮用一切含酒精的饮料。对他们是不能祝酒的。

穆斯林忌讳用左手给人传递物品，特别是食物。给穆斯林递东西时，注意不要用左手。

4. 佛教

在信奉佛教的国家里，如缅甸、泰国等东南亚国家，人们非常敬重僧侣。僧侣和虔诚的佛教徒一般都是素食者。

5. 印度教

信仰印度教（如印度、尼泊尔等国）的教徒奉牛为神，他们不吃牛肉，而且也忌讳用牛皮制成的皮鞋、皮带。

第六章 中华传统文化

中国自古就有“礼仪之邦”的美称。就礼仪制度与风俗的历史悠久、内容丰富和影响深远而言，我们甚至可以把中国的传统文化称为礼仪文化。礼仪文化体现着中华民族的优秀品质，并且成为中华民族的凝聚剂和内聚力，对中国社会的发展起着积极的推动作用。

南怀瑾先生对中国传统文化曾作如是说：一个国家、一个民族，重在对文化的传承……最可怕的是一个国家和民族自己的文化亡掉了，这就会沦为万劫不复，永远不会翻身。因此，我们应充分吸收我国传统文化礼仪教育中的精华部分，增强其对当今社会人们的积极影响，传承民族精神，加强自身素质教育，塑造优秀礼仪行为。

第一节　古代人生礼仪

人生礼仪是人一生中在不同年龄阶段所举行的仪式。人生礼仪又称生命礼仪。在人生的历程中，每个人所经历过的最重要的礼仪，包括诞辰礼、成年礼、婚礼、寿礼与丧礼，传统礼仪不仅存在于人际交往中，也存在于家庭、家族和一个人的个人经历中，且贯穿于人生历程，几乎每个人都需经历的礼仪就是人生礼仪。深刻理解人生礼仪在人生不同阶段的意义。

一、诞辰礼

诞生礼居于人生四大礼仪之首，作为人类社会生活的重要内容，涉及许多文化现象。诞辰礼包括“洗三朝”“满月”“百日”“周岁”等。

（一）洗三朝

洗三朝是婴儿降生三日时最重要的礼俗。其主要仪式是为婴儿洗澡，俗称“洗三”，含有消除污秽、消灾免祸的用意。洗澡水也有讲究，要用桃树根、李树根、梅树根各二两，加水煮沸，由接生婆洗小儿。洗儿时还需要一定的祭祀仪式，口念祝词。例如“先洗头，做王侯；洗洗腰，一辈倒比一辈高……”洗后，还要用姜片和艾蒿来擦孩子的脑门和身上各个关节。据说这一礼俗在唐代时已经盛行。

（二）满月礼

满月礼是婴儿出生一个月后举行的庆贺礼，称为“做满月”。此时必须祭祀神祖，宴请亲友，还要向左邻右舍分送喜面及其他食品。亲友来贺必带礼物。俗语云：“姑姑家的帽子，姨姨家的鞋，外婆家的铺盖搬将来。”众多礼仪中，为婴儿剃“满月头”的仪式严肃而隆重。婴儿的胎发是从娘胎里带来的，不能全剃光，一般要在额顶留一绺“聪明发”，脑后留一绺“撑根发”；剃下来的胎发也要妥善收藏。剃头时，小儿由祖父或亲友中有福分的人抱在怀里。抱小儿者脚下须踩着用红布或红纸包着的葱、芸豆、斧子，取“聪、运、福”之意。待剃发完毕，由小儿父亲将葱、芸豆种入地中，葱、芸豆的生命力极其旺盛，寓意小儿可健康成长。

这一天，还要抱着婴儿上街，让他们出门去见见世面，到各处兜一圈，称为“兜喜神圈”。据说这样一兜，孩子长大以后就不会再怕陌生人了。这个仪式似乎象征着小孩终将离开母亲的怀抱，走出家门，闯荡外面的世界。

（三）百日礼

婴儿出生一百天称“百晬”，也称“百日礼”，含有“圆满、完全”的象征意义。一般在婴儿出生的第九十九天过，由姥姥、姨姨、姑姑等来送礼庆贺，比较亲密的街坊朋友也有来送礼的。所送礼物除食品果蔬外，便是小儿衣饰，其中最有特色的是百家衣和百家锁。百家衣是要从许多人家那里讨来各种颜色的布头，拼凑连缀成一件小孩的衣服，五颜六色，别具风采。一般紫色的布块比较难讨要到，紫音谐“子”，谁也不愿把子送给别人，只好到孤寡老人处去讨。穿百家衣是为了长寿，有的孩子穿到周岁才脱掉。百家锁往往也是收集许多人家的金银（或铜），特地去为孩子打制的，上面一般都铸有“长命百岁”“长命富贵”一类的吉祥语，故又称“长命锁”。百家锁形式多种多样，最简单的是用红线条将铜钱串起来，挂在小孩脖子上，也有用金银打制锁形的薄片，以金银锁链挂在小孩脖子上。

（四）周岁礼

周岁礼是孩子的第一个生日，一般也将其看作诞生礼的结束。主人家要享神祀祖，设筵款待宾客。周岁礼中，有一种别致的仪式，通常称为“抓周”。父母为了预测其将来的志向爱好，设有抓周的礼仪，具体做法为：给孩子沐浴打扮后换上新衣，在其面前放上弓箭、纸笔、食品、珍宝、玩具等，若是女孩，还要加上刀尺、针线，大人不加诱导，看幼儿抓什么东西，以此预测幼儿将来的兴趣爱好。这种礼俗大约在南北朝时就已形成，北齐颜之推《颜氏家训·风操》云：“江南风俗，儿生一期，为制新衣，盥浴装饰，男则用弓矢纸笔，女则刀尺针缕，并加饮食之物及珍宝服玩，置之儿前，观其发意所取，以验贪廉愚智，名之为试儿。”

至此，诞生礼仪才告一段落。

在传统礼仪中，男尊女卑的观念也是值得注意的。《诗经·小雅·斯干》云：“乃生男子，载寝之床，载衣之裳，载弄之璋。其泣喤喤，朱芾斯皇，室家君王。乃生女子，载寝之地，载衣之裼，载弄之瓦。无非无仪，唯酒食是议，无父母诒罹。”这就传达出当时的氛围，生了男孩，让他睡在床上，给他玩贵重的玉璋；生了女儿，就只让她睡在地上，给她玩玩纺锤，要她依顺别人，将来能干好家务，做一位贤妻良母。从此便流传下来“弄璋”“弄瓦”的典故。到后来，这种风气愈演愈烈，妻子生不出男孩，丈夫便可以纳妾，甚至可以作为休妻的理由。

在诞生礼和成人礼之间还有一些过渡性的礼仪，在此也进行简单介绍。

（五）命名礼和童蒙礼

孩子出生之后，要为他取名字。据《礼记·内则》的记载，先秦时为孩子命名是有一定仪式的，时间一般定在孩子出生三个月后的某个吉日，由父亲握着孩子的右手，另一只手托着孩子的下巴，严肃地为孩子取名。取名后，一方面，由女师把孩子的名字遍告族中的妇女，另一方面，由父亲把孩子的名字告诉有关官吏，遍告族中男子并逐级上报，记入文书之中。

在传统社会里，人名也是一个很复杂的礼仪规范。《礼记·檀弓上》云："幼名，冠字，五十以伯仲，死谥，周道也。"这是说周代的人一般要有四种名字。《左传·桓公二年》记载，晋穆侯的夫人姜氏生了两个儿子，名字取得有些怪，就有人大发议论，认为取这样的名不合礼制，国家要乱了。可见取名字是件很慎重的事情。一般来说，传统社会里的人都有小名、大名、字这三种名字，士大夫阶层又往往有号，有的人死后有谥号。

小名，又称乳名。在三朝、满月、百日时都可以命名，要把所取乳名写在红纸上，贴于土地神龛边，上书"命名大吉""长命富贵"等字样。一般要请长者或有威望的人来取，也有请算命先生来排生辰八字的，认为孩子五行缺什么，就在名字里补进什么。江浙一带则有"上篮秤"取乳名的仪式，将婴儿加上一些吉祥物，放入篮中称重，即以斤两为乳名。鲁迅小说中所见的"七斤""九斤"等人名，就是这样来的。一般乳名寄托了家人的期望，或表示吉祥，祈求孩子顺利长大；也有的特地取个贱名，如狗蛋、狗剩之类，认为这样孩子才容易抚育。

大名，又称正名、学名，一般是孩子入学读书时由老师给取的名字。

字，是名的解释和补充，与名互为表里，又称表字。《礼记·曲礼上》云："男子二十，冠而字"，"女子许嫁，笄而字"，说明周代是在成年礼上才给男女青年取字的。

儿童入学第一天要行童蒙礼，在家时要向祖先祭拜，再向父母跪拜，发誓要好好读书，然后由长辈领着去塾堂，到了塾堂，先向孔子圣位跪拜，再拜见老师。逢年过节，学生家长总不会忘记给老师送礼，以示尊师。近现代以来，废除了私塾，改为现代学校，传统的跪拜礼也随之消失了，不过很多地方仍然把儿童第一次入学看得很重，要为儿童准备新衣、新书包，由家长护送入学。学校的开学典礼也是必不可少的。

二、成人礼

成年礼（也称成丁礼）表示青年男女到了一定年龄，可以婚嫁，并从此作为氏族的一名成年人参加各项活动。成年礼须由氏族长辈依据传统为青年举行一定的仪式，才能获得承认。传统上为男子行冠礼，女子行笄礼。

（一）男子的冠礼

男子长至一定年龄（一般为 15 ~ 20 岁）为之加冠。郑玄注《礼记·郊特牲》曰："始加缁布冠，次皮弁，次爵弁。"冠礼之后，冠就成为男子的常服、祭服、朝服等中不可或缺的服饰之一，君子无故而不去冠。

冠礼以加冠为主要特征，是古代男子成年的仪式。《礼记·曲礼上》云："男子二十，冠而字。"按照周制，男子二十岁行冠礼，为他取一个字。古人交往时，"名"用于自称、卑称，是上对下、长对少的称呼；而"字"则用于尊称。男子冠礼，给他一个字，正是表示他开始受人尊重，表示他社会地位的一大改变。《仪礼》则把《士冠礼》放在首篇，可见冠礼在古代礼仪中的重要地位。

古代冠礼的具体仪节十分烦琐，后世已不再照搬，我们只能按照礼书的记载，进行简略的勾勒：先要由其父到家庙门外请人卜卦，一是确定吉日，二是确定主持冠礼的人，称为大宾。然后就在吉日举行加冠仪式。仪式一般在家庙中举行。届时被加冠的年轻人身穿童子服，跪坐席上，由跪坐在旁边的司仪替他挽髻，就是把头发梳成成年人的发式，把发髻包起来。大宾手执缁布冠，大声诵读祝词，然后为其戴缁布冠。冠者起立，到东厢房换上与此冠相应的整套衣服、鞋子，再出来，向在场的人致意。这就是初加。

类似的仪式要重复三次，初加之后，还有再加、三加。所不同的是冠以及与冠相对应的服装。初加，戴缁布冠，这是用黑麻布做的帽子。再加，戴皮弁冠，这种冠是用白鹿皮缝制而成的帽子。三加，戴爵弁冠，这种冠是用黑红色细麻布制成的帽子，顶上加一块木板，有点像帝王头上戴的冕。戴不同的冠，就要换穿不同的服装。在仪式上加冠三次，象征着冠者取得了三重身份，分别象征冠者从此获得了成人、服兵役、参加祭祀的资格，前程远大。接下来，冠者要到家庙门口拜见母亲。回家后，再由大宾为其取“字”。加冠之后，主人要隆重设筵，款待宾客，并向宾客赠送礼品。这样冠礼才算真正告一段落。

（二）女子的笄礼

笄礼俗称“上头”“上头礼”。笄礼是古代女子成年的仪式。《礼记·曲礼上》云：“女子许嫁，笄而字。”许嫁是指已经接了男家的纳征礼。《谷梁传·文公十二年》云：“女子十五而许嫁。”由此可见，古代女子的笄礼大约在十五岁。笄，即簪子。自周代起，规定贵族女子在订婚（许嫁）以后出嫁之前行笄礼。一般在十五岁时举行，行礼时改变幼年的发式，将头发绾成一个髻，然后用一块黑布将发髻包住，随即以簪插定发髻。主行笄礼者为女性家长，由约请的女宾为少女加笄，表示女子已成年，可以结婚。

笄礼的具体仪节皆与冠礼相仿，只是主人改由女子的母亲出面，加笄的人也是女宾。

（三）中国历代冠礼

周代实行以嫡长子继承制为核心的宗法制度，在位的帝王去世，嫡长子无论年纪长幼，都可以继位。但是，只要继位的新王没有成年，就不能执掌朝纲。可见，对于帝王而言，冠礼具有特殊的意义。不仅如此，一般的士人如果没有行冠礼，也不得担任重要官职。

西汉王朝对于帝王的冠礼非常重视。据《汉书·惠帝本纪》记载，汉惠帝行冠礼时，曾经宣布“赦天下”，这是历史上因帝王行冠礼而大赦天下的开始。其后，又有因太子行冠礼而赐民以爵位的，颇似普天同庆的节日。

为了与臣下的冠礼相区别，汉昭帝的冠礼还专门撰作了冠辞。据《博物记》(《续汉书·礼仪志》注引）所记，其冠辞为：“陛下摛显先帝之光耀，以承皇天之嘉禄，钦奉仲春之吉辰，普尊大道之郊域，秉率百福之休灵，始加昭明之元服，推远冲孺之幼志，蕴积文武之就德，肃勤高祖之清庙，六合之内，靡不蒙德，永永与天无极。”

从唐到宋，“品官冠礼悉仿士礼而增益，至于冠制，则一品至五品，三加一律用冕。六品而下，三加用爵弁”。(《明集礼》）可知唐宋时代曾在品官中实行过冠礼，按照品阶高下，加不同的冠。

宋代的一些士大夫痛感佛教文化对传统礼制的强烈冲击，主张要在全社会推行冠、婚、丧、祭等礼仪，以此弘扬儒家文化传统。司马光在《书仪》中制订了冠礼的具体仪式，规定：男子年十二至二十岁，只要父母没有期以上之丧，就可以行冠礼。为了顺应时代变化，司马光将《仪礼》中的士冠礼加以简化，使之易于为大众所掌握。此外，他还根据当时的生活习俗，将传统的“三加之冠”进行了变通：初加巾，次加帽，三加幞头。《朱子家礼》沿用了司马光《书仪》中的主要礼节，但将冠年改为男子年十五至二十，并从学识方面提出了相应的要求。

明洪武元年诏定冠礼，从皇帝、皇太子、皇子、品官，下及庶人，都制订了冠礼的仪文。《明史》中有关皇帝、皇太子、皇子行冠礼的记载很多，说明在皇室成员中依然保持着行冠礼的传统。“然自品官而降，鲜有能行之者，载之礼官，备故事而已”。(《明史·礼志八》) 可见在明朝时官员和民间已经很少有人行冠礼了。清朝时，政府颁定的礼仪制度发生了很大变化，虽然还有五礼的名目，但长期作为“嘉礼之重者”的冠礼没有再出现在“嘉礼”的细目之中。

（四）古代冠礼、笄礼的现代转型

在传统冠礼、笄礼消泯很长一段时间后，海峡两岸几乎是同时悄然兴起了举办集体成人仪式风潮。我国台湾地区自 20 世纪 90 年代起，每年在孔庙大成殿前举办一次古典式成年礼仪。参加成年礼仪的是年满 20 岁的男女青年，男的穿蓝色长袍，女的穿白衣黑裙。在鸣钟鼓、上香、献爵、献馔、读祝文之后，全体向孔子神位行三鞠躬礼。然后，由 12 名代表走到铺红毯的受礼台上，由贵宾们将黑冠戴在男生的头上，女生的长发上则别上一支银色簪子，象征着“加冠”和“及笄”。

在“五四”青年节这一天，在南京的雨花台、上海的陈毅广场、沈阳的九一八广场，还有其他地方，纷纷举行成年礼仪。

成年礼仪是儿童长大成人的标志，通过这一仪式，社会对受礼者开始予以承认，又予以管理和约束，更为重要的是，通过成年礼仪，培养受礼者的社会责任心和义务感，其重要意义是不可抹杀的。

拓展阅读

1. 成人礼前后称谓、社会地位、权利和义务的变化

《礼记·曲礼上》：“男子二十，冠而字。”“命字”是冠礼仪式的一项重要程序，标志着受礼者已成为应加以尊敬的成年人。自加冠命字之后，除本人自称，以及君、父、老师可称其名外，其他任何人不得再直呼其名，而只能以“字”相称。《礼记·檀弓上》：“幼名，冠字。”孔颖达疏：“生若无名，不可分别，故始三月而加名，故云幼名也。字者，人年二十，有为人父之道，朋友等类不可直呼其名，故冠而加字。”宋代以后，冠礼虽然逐渐式微，但给将成年的男子“庆号”（或称“送号”“贺号”）之俗一直盛行至民国时期。在仪式之后，人们对其皆以“号”（即“字”）相称。民国《完县县志》记载：“唯男子自二十岁以后，乡人往往择年相若者数人，将名字榜诸通衢，名曰‘送号’。醵金会饮，借申庆祝。此二十余岁之男子，自此遂以字行侪于成人之列矣。”

男子行成人礼后，仪式人就跻身于成人的行列，社会承认其已经成人的地位，开始以成人之礼待之。据《礼记·冠义》记载：男子加冠后，见于母，母拜之；见于兄弟，兄弟拜之。然后着玄冠、玄端奠摰于君，以成人之礼摰见于乡大夫乡先生，以成人身份展开社交活动。“成人之者，将责成人礼焉也。责成人礼焉者，将责为人子、为人弟、为人臣、为人少者之礼行焉。”男子加冠之后，正式

以成人所应承担的责任对其进行要求，开始扮演不同的社会角色，依角色来规范自己的行为。

成人礼的举行，象征他（她）已经脱离了长辈的护佑，完全享有一个成人所具有的权利，他（她）开始拥有参加社交活动的资格，如男子开始有参加宗族祭祀的资格等。又如摩梭人在成人礼仪式之后，可以参加家族的各种议事活动。同时，在成人礼仪式之后，他（她）们也要开始履行一个成人所承担的义务，如参加生产劳动，分担家庭的经济压力，保护家人的安全和维护家族的声誉等。

2．成人礼前后服饰的变化

冠礼是古代汉族男子的成人礼，是为达到一定年龄的男子结发加冠的一种成人礼形式。古代男子在行冠礼之前，或将头发自然下垂，称为“垂髫”；或将头发束在一起，垂在脑后，称为“总发”；或扎成左右两股，像两只犄角，称为“总角”。

男子长至一定年龄（一般为 15 ～ 20 岁）为之加冠。郑玄注《礼记·郊特牲》曰：“始加缁布冠，次皮弁，次爵弁。”冠礼之后，冠就成为男子的常服、祭服、朝服等中不可或缺的服饰之一，君子无故而不去冠。《左传·哀公十五年》记载孔子的门徒子路在卫国内战中被人砍断了系冠的缨，为了避“落冠”之耻，恪守“君子死，冠不免”的信条，在战场上“结缨而死”。衣冠是身份的象征，如果无故而不着冠，则被视为“非礼”的行为。《晏子春秋·内篇杂上》记载：“景公正昼，被发，乘六马，御妇人以出正闺。刖跪击其马而反之，曰：尔非吾君也。景公惭而不朝。”齐景公披发不冠，欲出宫门，而被受刖刑的看门人所讥讽，以至于惭愧地不敢上朝。

笄礼是古代汉族女子的成人礼。女子未成年时，把头发分在两侧作成髻，长至一定年龄则行笄礼。行笄礼，即将头发盘至头顶作髻，再插上笄。《礼记·内则》记载：“十有五年而笄”。郑玄注：“女子许嫁，笄而字之，其未许嫁，二十而笄。”已许嫁的女子，行过笄礼之后，即使平常在家也须插上发笄，作为成人装饰。《礼记正义·杂记下》记载：“谓既笄之后，寻常在家燕居，则去其笄而鬠首，谓分发为鬌也。此既未许嫁，虽已笄，犹为少者处之。”未有许嫁的女子，在年满二十岁时，也要为其举行笄礼。所不同的是，未许嫁的女子加笄后，平常居家时要去掉笄，仍恢复原来未成年人的发式。

3．成人礼的意义

成人礼象征着生命的重生。成人礼往往通过在仪式对象的生命历程中划出一段从一种生命状态过渡到另一种状态的生命区间，也就是仪式的“阈限”，来作为生命再生前的一种自然状态。这一阈限对此前构成一种区分和隔断，对于此后来说，则视为成人资格的获得，代表生命的一种转换和新的开端。我们从民俗学的角度解析成人礼可以发现，它不单影响一个人的称谓、社会地位、权利和义务、服饰、婚礼、丧礼，以及象征生命的重生，同样对其他方面也有重要影响。另外，成人礼作为一项重要的人生过渡仪式，同样也是一种古代传统的教育仪式，它对成人意识的形成、伦理道德的培养、行为举止的训练方面有积极意义。成人礼作为一项前人留给我们的重要文化遗产，对于今天的国民教育、社会移风易俗来说，都是一种值得挖掘和借鉴的文化资源。

三、婚礼

（一）婚姻的概念

在古籍中，有关“婚姻”的词义学解释约略有三：一是指夫妻的称谓。《礼记·经解》郑玄注：“婿曰婚，妻曰姻。”二是指嫁娶的仪式。《诗经·郑风》孔颖达疏：“男以昏时迎女，女因男而来……故云‘婚姻之道，谓嫁娶之礼’也。”三是指亲家。《尔雅·释亲》云：“婿之父母为姻，妇之父为婚。”上述三说虽略有差异，但已涉及婚姻的基本特点：第一，表明婚姻是一种社会关系，它是婚姻双方结为姻亲关系的标志。第二，表明婚姻须依礼而行，其仪节约定俗成，是礼仪系统的重要组成部分。

婚姻在本质上是一种人与人之间的关系。在儒家经典中，婚姻问题被视为家庭、社会的大事。首先，婚礼被视为人伦之始。《礼记·经解》云：“昏姻之礼，所以明男女之别也。……昏姻之礼废，则夫妇之道苦，而淫辟之罪多矣。”其次，婚礼被视为礼的根本。《礼记·昏义》云:“敬慎重正而后亲之，礼之大体，而所以成男女之别，而立夫妇之义也。男女有别，而后夫妇有义;夫妇有义，而后父子有亲；父子有亲，而后君臣有正。故曰:昏礼者，礼之本也。”再次，社会的婚姻状况还与社会治乱相关涉。《新唐书·后妃上》云:“礼本夫妇，……治乱因之，兴亡系焉。”儒家把两性结合为夫妻看作文化的、社会的现象，这是一种具有文明色彩的认识，古代婚姻礼仪正是基于儒家的婚姻观念而逐渐形成的。必须指出的是，儒家对婚姻强调的是“人伦之始”“夫妇之义”，即“三纲五常”“三从四德”等社会规范,对“情”和“爱”则相对忽视。儒家又以婚姻为起点,推衍出父子、君臣一类的等级关系,于是，婚姻关系成为构成尊卑、上下等级关系的基础。

（二）古代婚姻的变迁

中国古代婚姻的变迁可以划分为五个阶段。

1. 原始群婚

原始群婚是人类祖先实行的一种两性偶合的关系，它出现于人类的早期。当时，人们群居野处，既无固定的配偶，两性交往也无任何习俗和理性的约束，因此不可能构成家族。男女无别，媾合无禁，两性关系纯任自然。如郭沫若所推断的：黄帝以来，五帝和三皇的祖先的诞生都是“感天而生，知有母而不知有父”。

2. 血缘婚

随着原始经济的缓慢发展和原始人生活经验的积累，特别是人类学会了利用火以后，在血缘家族内部开始产生了婚姻禁例，即排斥亲（父母）子（子女）通婚，只允许同辈男女（兄妹）发生两性关系。在我国的民间传说中，兄妹通婚的故事也流传甚广。如苗族的《伏羲兄妹制人烟》等传说中，都有兄妹通婚的记述。这类传说虽多有主观虚构的成分，但反映的却是原始社会血缘婚的普遍现象。

3. 伙婚

伙婚又称亚血缘婚。伙婚与血缘婚的最大区别在于两性关系中又出现了一种新的禁例，即不准亲兄弟姐妹发生婚姻关系。

伙婚制的特点是：一群兄弟和不是自己姐妹的另一群女子通婚，兄弟共妻，姐妹共夫，男女之间互为“亲密的伙伴”。伙婚制的出现，较之于血缘婚取代原始群婚的意义更为重要。由血缘婚发展到伙婚，自然选择的原则起了主要作用。以自然选择取代血亲婚配，人口的数量和质量都得到了显著提高。

伙婚制的历史作用，还在于它促成了氏族制度的萌芽。由于有了兄妹间乃至旁系兄妹间的婚配禁例，任何男子和女子都必须到别的血缘集团去寻找自己的配偶，所生子女归女系集团，最终导致母系氏族的出现。

4. 对偶婚

对偶婚的特征是一个男子和一个女子在或长或短的时间内形成的一种不牢固的夫妻关系。较之于群婚，它是个体婚；较之于一夫一妻的专偶婚，它又是一种脆弱的、不稳定的夫妻关系。它是由群婚到专偶婚的过渡，所生子女仍然归属母系。对偶婚制产生于蒙昧时代与野蛮时代的交替时期，它的出现首先在于原始经济的发展，使剩余产品可供分割和交换。

构成对偶婚的方法大体是，由母亲议婚缔结婚约，通过物品交换达成婚配，或以武力到别的氏族抢夺配偶。因此对偶婚的双方不是以感情为基础，而是以方便和需要为基础。对偶婚双方的离异不受氏族习俗的约束，其婚姻关系是不牢固的。

由伙婚制发展到对偶婚制，又萌生出了新的社会因素。首先，在对偶婚家庭中，除亲生母亲外，已有可能确定亲生父亲。其次，男子在生产劳动中所负责任日趋重要，使之在家庭经济中逐渐占主导地位。丈夫地位的实际提升与母权制发生了前所未有的矛盾，解决这一矛盾的唯一办法是按男系来计算世系，这就导致母权制的废除和父权制的确立。

5. 专偶婚

专偶婚俗称“一夫一妻制婚姻”。专偶婚制的确立，是以父权制取代母权制，以及生产资料私有制为基础的。在专偶婚家庭中，妻子、财产及子女均为丈夫私有，妻子的职能主要是生育子女，延续父权世系。

专偶婚制自其产生之时起，就表现出男权至上的特点。就夫妻地位而言，由于丈夫取得了家庭经济的支配权，因而也就获得了对妻子的统治权。就婚姻关系而言，专偶婚较之于对偶婚要牢固、持久得多，在通常情况下具有不可离异性。就亲属关系而言，专偶婚的确立使亲属关系明晰而完整，血亲、姻亲、嫡、庶等关系都清晰明了，从而形成以父系家长为线索的宗亲网络。

由原始群婚发展到专偶婚，是古代社会由蒙昧、野蛮走向文明的标志。随着婚姻纽带联结范围的缩小，婚姻礼俗反而趋于繁复，并逐渐形成条文规定。

（三）古代婚姻六礼

古代中国人非常重视婚姻关系，认为婚姻是“人伦之基”。因此，男女之间要经过纳采、问名、纳吉、纳征、请期、亲迎等六道程序，婚姻关系才算正式确立。

1. 纳采

男家看中了某家女孩，就派人去提亲，征求对方意见。男家带去的礼物（以奠雁为重），女方同意议婚就收下。《仪礼·士昏礼》：“昏礼：下达，纳采用雁。”郑玄注：“将欲与彼合婚姻，必先使媒氏下通其言。女氏许之，乃后使人纳其采择之礼。”

2. 问名

问名俗称“讨八字”“请庚”“探问”。男方请媒人到女家询问女方名字、出生日期、籍贯等，有的还要问三代以及官职等。女方把上述情况一一写在帖子上，交给媒人。这个帖子称为庚帖，因为主要是写年庚；庚帖又称草帖，意思是初步的草本而已。男方接到庚帖后，要请人推算占卜，称为“合八字”。历来对此有许多讲究，一个人出生的年月日时都以感知相配，共有八个字，称为“生辰八字”。如果男女双方的八字相合，就可以定亲；如果八字相克，则不可以议婚。这显然是一种迷信，旧时因此拆散了许多美满的婚姻，后来逐渐被淘汰。

3. 纳吉

男方得知女子之名后，即在祖庙进行占卜，预测婚姻是否吉顺。获得吉兆后，就派人到女家道喜，这就是纳吉。

4. 纳征

纳征又称“纳成”“纳币”，指男家向女家送聘礼。《礼记·昏义》孔颖达疏：“纳征者，纳聘财也。征，成也。先纳聘财，而后昏成。”也就是说到了这一步，婚约已经完全成立。到了后世，则称为下彩礼、放定。历来的聘礼里往往少不了茶叶，所以又称为“茶礼”。

5. 请期

男方送过聘礼之后，请人占卜求得一个吉祥的迎娶日子，不敢自专，派人告知女方以征得女方同意，届时还要送雁为礼。《仪礼·士昏礼》云：“请期，用雁。主人辞，宾许，告期，如纳征礼。”俗称“提日子”“送日头”。时至今日，举行婚礼的日期仍为民众所看重，往往要由男女双方再三磋商才能确定下来。

6. 亲迎

亲迎今天叫“迎亲”，是新郎迎娶新娘的仪式，也是六礼中最核心的内容。

迎亲多用花轿，花轿到女家村口、过各村和迎回男家村口时要放鞭炮，迎亲队伍中一般有乐队演奏，造成喜庆气氛。

新娘父亲把新郎带进门，新郎给岳父岳母行跪拜礼，把新娘接走。

新娘到达男家门口，有些地区要婆婆拉着媳妇走过场院中用麻袋铺的路，身后的麻袋要不断传到前面待踩，这称为“传种（宗）接袋（代）”

当夫妇拜堂时，主持人口中要高声念祝辞，有些地方还穿插吃子孙饽饽、喝和合汤等仪式。宴席过后撤除室内之烛，亲友们还要“闹洞房”，闹得越厉害、越放肆，意味着新婚夫妇日后的生活越红火。

结婚三日后，新媳妇要到夫家的祖庙行“庙见之礼”，即拜见夫家的列祖列宗，以慰先祖在天之灵。庙见的第三天，新郎还要同妻子去拜见岳父母（所谓“三朝回门”），经过这一系列仪式，双方的姻亲关系才算正式确立。

（四）中国古代婚礼习俗

前述的古代婚姻六礼奠定了传统社会里婚姻的基本模式，不过历史上对于婚礼习俗的“损益”和演变从来就没有停止过。明清以降，传统婚礼一般又分成婚前礼、婚礼（指亲迎、拜堂等一系列仪节）和婚后礼三个阶段，尤其以婚礼阶段最为热闹。现将较为常见的一些婚礼习俗作简要介绍，这就是定情、做媒、相亲、吃茶、嫁妆、哭嫁、花轿迎娶、传代、拜堂、揭盖头、合卺、吃喜酒、撒帐、闹新房、回门。

1. 定情

中国古代婚姻多为父母包办，不过也常有男女青年恋爱、互赠定情物的事情发生，这在先秦尤为普遍。《诗经·卫风·木瓜》云：“投我以木瓜，报之以琼琚；匪报也，永以为好也。投我以木桃，报之以琼瑶；匪报也，永以为好也。投我以木李，报之以琼玖；匪报也，永以为好也”。传统戏曲有一个众所周知的套路，被称为“私订终身后花园，落难公子中状元。”可见男女私下定情的事情还是不断发生的。古人的定情物一度时兴玉器，如玉如意、玉扇坠，用以象征爱情的坚贞和纯洁，颇具诗意。到了近现代，北方女子常以绣荷包相赠，南方女子则绣手帕，都以精巧的手艺传达情感。

2. 做媒

媒妁是传统婚姻的婚姻介绍人。“父母之命，媒妁之言”长期以来成为婚姻所必须要遵守的规范。

3. 相亲

相亲又称“相门户”。在议婚阶段，由媒人安排一个适当的时间、地点，实地察看对方的情况，包括家财、人品等，然后来确定婚事的成否。古时一般由家长或长辈出面相看断定。

4. 吃茶

这里专指婚礼中的一个仪式。在婚俗中，“吃茶”意味着许婚，即旧时女子受聘于男家。《老学庵笔记》记载了湘西地区当时一些少数民族的习俗：“醉则男女聚而踏歌……其歌有曰：‘小娘子，叶底花，无事出来吃盏茶。’”其中带有试探是否同意许婚的意思在内。浙西地区媒人奔波于男女双方之间的说合，俗称“食茶”；而女家应允婚事后，立即给媒人泡茶、煮蛋，既是热情款待，同时也是借助传统方式公开表示许婚。

5. 嫁妆

女子出嫁，娘家陪送过去的衣被、首饰、用具称为嫁妆，又称“妆奁”“添箱”。魏晋时嫁妆还比较简朴，仅指女子梳妆用的镜、匣等物。后世则有演变，其中的一个变化是讲究排场，把嫁妆看作女子身价、门第的象征，嫁妆趋向丰厚。

6. 哭嫁

哭嫁又称“哭出嫁”“哭轿”。人们认为“不哭不发，越哭越发”，把哭声当成婚礼热闹的象征。届时不仅新娘哭，她的母亲以及女眷、女伴也陪哭，边哭边唱《哭嫁歌》。歌词的内容主要是感谢父母长辈的养育之恩和哥嫂弟妹们的关怀之情；泣诉少女时代欢乐生活即将逝去的悲伤和新生活来临前的迷茫与不安；倾诉对婚姻的不满，对媒人乱断终身的痛恨，等等。关于哭嫁的起源，一般认为与历史上的掠夺婚有着密切的关系。

7. 花轿迎娶

新娘出嫁时坐花轿是宋以后的习俗，唐以前一般是坐车。旧时有专门出租轿子的轿行。穷人平时不坐轿，不过结婚时也总得租来坐一回。一般在上轿前要“搜轿”，又称“压轿”，表示驱赶潜入花轿的妖怪。有的要把新娘抱上轿。有的在花轿启程时由娘家人拉住轿杠，上前三步，退后三步，方可放行，称为“留轿”。娘家人用水泼洒花轿，称为“泼轿”。半路上，扛轿的人跟新娘开玩笑，又有所谓的“摇轿”“颠轿”。

8. 传代

传代又称“传袋”“传席”。花轿到了男家，新娘出轿，习俗认为新娘的脚不可沾地，于是用席或是袋来铺地，让新娘踏在上面前行。届时准备好几只袋，随新娘脚步依次递进，取“传宗接代”之意。白居易《和春深》诗云：“何处春深好，春深嫁女家。……青衣传毡褥，锦绣一条斜。”说的就是这种礼仪。

9. 拜堂

这是新娘新郎参拜天地、祖宗和父母公婆的礼节。拜堂时还要“牵巾”，即把红绿彩缎绾成一个象征夫妻恩爱的同心结，新郎新娘各执一端，然后行礼。一般为三拜，即“一拜天地，二拜高堂，三是夫妻对拜”。然后送入洞房。

10. 揭盖头

揭盖头又称“挑盖头”“挑头巾”。据《通典》记载，汉魏时因故不能成礼的，用方巾蒙女氏送往夫家，夫氏挑去方巾，即可成亲。至了唐末，揭盖头已成为婚礼上普遍采用的一个仪节了。明清相沿成习，新娘出嫁多用红巾盖脸，拜堂后或在入洞房后，由新郎或婆婆将盖头挑下。各地俗规又有所不同，辽宁一带用秤杆挑，取意“称心如意”。浙江宁波则由一福命妇人用秤杆轻叩新娘头部，再用秤尾去挑盖头，暗示新娘做事要“掂斤两”“有分寸”。

11. 合卺

合卺又称“交杯”“合瓢”“饮同心酒”，指新郎、新娘在结婚当天的新房内共饮交杯酒（合欢酒），一般举行于新郎亲迎新妇进入家门以后。本用匏（葫芦）一剖为二，将两器（瓢）之柄相连，以之盛酒，夫妇共饮，表示从此成为一体，名为“合卺”。后世改用杯盏，称“交杯酒”。宋代时，“合卺”礼毕，掷盏于床下，使之一仰一覆，表示男俯女仰、阴阳和谐，带有明显的性象征的意味。还有的通过看掷于地上的两个杯的俯仰来看日后夫妇是否和谐，有些占卜的意思，后亦以“合卺”借指成婚。《礼记·昏义》：“妇至，婿揖妇以入，共牢而食，合卺而酳所以合体同尊卑，以亲之也。”孔颖达疏：“共牢而食者，同食一牲，不异牲也……合卺，则不异爵，合卺有合体之义。共牢有同尊卑之义。体合则尊卑同，同尊卑，则相亲而不相离矣。”宋孟元老《东京梦华录·娶妇》云：“互饮一盏，谓之‘交杯酒’。饮讫掷盏，并花冠子于床下，盏一仰一合，俗云‘大吉’，则众喜贺，然后掩帐讫。”宋吴自牧《梦粱录·嫁娶》云：“礼官……命妓女执双杯，以红绿同心结绾盏底，行交卺礼毕，以盏一仰一覆，安于床下，取大吉利意。”

12. 吃喜酒

婚礼大喜之日，设宴款待前来贺喜的亲朋好友，也是人之常情，此俗绵延至今，一直没有中断。

13. 撒帐

新婚之夜，新人坐在新床上，众人用同心金钱、五色彩果抛撒在他俩身上，称为“撒帐”。或是在入洞房前，有人用枣、栗、花生、糖果等抛撒在新床的各个部位，同时唱《撒帐歌》。婚礼上多用枣、栗一类撒帐，具有象征意义：枣、栗子，寓意“早立子”；石榴，寓意“多子”；花生，寓意“花着生，有男有女”；糖果，寓意“甜甜蜜蜜”；核桃取其质坚味美，象征子女“坚强有为”。在不少地方，撒帐逐渐演化为娱乐、嬉戏活动，撒帐人不是将果子撒在床上，而是在洞房内任意抛撒，以便让妇女儿童满地捡拾。这种争相拾取果子的活动，平添了几分热闹和乐趣。

14. 闹新房

婚礼之夜，亲友到新房来看新娘，乘兴逗乐嬉闹，称为“闹洞房”。结婚当晚，亲友不论老幼都可闹房。闹房前，新房门紧闭，闹房者要在外高唱闹房诗，直到守门人感到满意才开。入房后，还要取预先摆在床上的物件，由闹者结合物品内容唱赞诗，逐件取完后才能看新人，要求新郎新娘表演戏谑性节目。闹房可以增加新婚的欢乐、热闹的气氛，是婚礼的最高潮。闹房节目，又叫“戏出”，内容有的文明，有的粗俗，有的高雅含蓄，有的格调低俗。常见的有“穿草心”“姜太公钓鱼”“双龙抢珠”“挟泥鳅”“水底捞月”等。“穿草心”是用两支大小不同的空心稻草，新郎新娘嘴上各衔一支，新娘坐着，新郎站着，将嘴上的稻草穿进新娘嘴中的稻草。闹房者在周围起哄。新娘口衔的稻草不停地抖动，新郎的稻草想要穿进是颇费工夫的。“姜太公钓鱼”是用一个面盆盛半盆水，水面浮动一块小木板，板上放块蛋糕，上面插几个小炮仗，新娘站在高高的椅子上，手提一根钓竿，下垂一支点燃的香，用这香去点燃下面的小炮仗。“水底捞月”是用面盆盛些水，盆底放一枚硬币，令新娘用力吹气，把水吹向两边，迅速地将硬币衔上来。虽然新娘用尽气力，还未来得及衔硬币，水又复原了，常常弄得新娘满脸水渍。闹到更深夜静，“戏出”做完，宾客散去。喜娘领了“花彩”（即红包）退出新房，新婚夫妇始上床安寝。翌日清晨，夫妇须早起向父母拜见请安。

15. 回门

回门又称“归宁”“双回门”。一般在婚后第三天，新婚夫妻双双回到女家，对于女婿来说，是拜见岳父母，表示感谢；对于女儿，则有出嫁不忘父母养育之恩的意思。

四、古代丧葬礼仪

（一）概述

西周以来，“孝”的观念慢慢发展起来，关于“孝”的记载也大量见录于铭文、书卷之中。《论语》中有“弟子入则孝，出则悌，谨而信，泛爱众，而亲仁。行有余力，则以学文。”这说明在孔子这里，孝顺父母、友爱兄弟的道德人伦修养应放在首位，比学文更基础、更重要。

孝又可大略分为对在世父母的孝顺和对离世父母的孝顺。对在世父母的孝顺主要表现在供养及敬重方面；而对离世父母的孝，首先便表现在丧葬之事上，通过丧葬之礼来表达对父母的尊重和哀思，同时，丧俗中的长年守孝及定期拜祭等仪式又很好地考验了一个人的责任感和自律性，这种责任感和自律性是互通的，也就是说，一个真正孝的人，从某种意义上对社会应该也是忠诚的、有责任感和担当的。从这一点上看，又将孝从个人的角度纳入了社会的范畴。而对父母的孝、对社会的担当，最终都会趋向于个人道德修养的完满，而这种无数个人道德的完满又能化育整个风俗，促进社会的进步，即《孝经》中所说的“夫孝，始于事亲，中于事君，终于立身”。既然孝如此重要，那么借丧葬之事来体现孝、来进行孝的教化便是一个极好的机会。中国古代，汉、晋、唐、宋、元、明、清等朝代都或多或少地标榜其“以孝治天下”的理念。由此，孝不仅成了个人对父母表达敬重的需要，更成了社会教化人心的手段。

（二）丧礼仪程

《周礼·春官·大宗伯》云：“以丧礼哀死亡”，《礼记·曲礼下》云：“居丧，未葬，读丧礼。”先秦时，贵族的丧礼繁缛之极，墨子对此就有激烈的批评。《礼记·王制》云：“天子七日而殡，七月而葬。诸侯五日而殡，五月而葬。大夫、士、庶人三日而殡，三月而葬。”可见死者的地位越高，丧礼越繁缛，拖的时间越长；即使是一般人，也要到死后第三天才大殓，三个月才落葬。据唐《开元礼》载，一般的丧葬礼仪程序就有66道。司马光《书仪·葬礼》中的丧葬礼仪程序已大加缩减，也还有25道之多。

历史上，由于时代、民族、地域的不同，丧礼礼仪程序都有差异，无法一一罗列，只能以中原地区的传统丧礼为主简要阐述。

死者弥留之际，要为其换一下铺位，称“易箦”。临终，用新絮放在他的口鼻上，称“属纩”。

新絮很轻，如果不见飘动，就证明已经断气。关于死的说法，又有等级上的区别。《礼记·曲礼下》云："天子死曰'崩'，诸侯曰'薨'，大夫曰'卒'，士曰'不禄'，庶人曰'死'。"

人已死，亲人们不能接受，希望奇迹能够出现，家人就要为他招魂，称为"复"。古代有专门招魂的人，称为"复者"。此人持死者上衣，从前方上屋顶，向北呼叫死者名字："某某某，回来呀！"共呼三长声，以为死者魂魄已归附此衣，然后从后方下屋，将衣盖在死者身上。此衣称"寿衣"。接着为死者沐浴，还要在死者口中放入玉器、珠宝、钱币一类的东西，总之是不能让人空着嘴离开人间，称"饭含"。绵延至后世，民间一般称为"停尸"，即把尸体移至中堂的木板床上，头北脚南，尸体头前置"长明灯"，据说是为死者灵魂引路的。灯侧放一满碗饭，饭上竖插一双筷子或棍子，俗称"打狗棒"，意思是让亡灵打狗用。

长辈亡故，子孙要戴重孝，奔赴亲友家叩头报告凶讯以及丧葬礼日期等事宜，称"报丧"。报丧人一般只在门外报告死讯，不可进入别人家门。

吊唁，又称"吊孝""吊丧"，指亲友上门哀悼死者并慰问丧家的礼仪。宾客上门吊唁时，孝子和家属跪于灵案西侧答礼，还有哭灵的礼仪。吊唁期间尚有诸多禁忌：不洗脸，妇女不搽胭脂粉，吃素。哭也有讲究，古代孝子自父母死到殡，必须哭声不绝，宾客吊唁时更是必须大哭。哭时要带回音，表示悲切，还要哭得面色发黑，要扶棍子才能站起来。吊唁是与死者的告别，是表达内心情义的最后机会。《颜氏家训·风操》记载，南北朝时期的江南，生活在同一城邑的好朋友，闻丧而三日之内不去吊唁，丧家就会与之绝交，日后即使路上相遇，也是回避而不打照面，"怨其不己悯也"。因有他故或者路远不能前往吊唁者，可以书信致哀说明情况，"无书亦如之"，即连书信也没有者，丧家也与之绝交。

丧服，是死者家属在丧葬礼中所穿的衣服。根据与死者之间亲属关系的亲疏远近不同，服丧的时间有长有短，丧服规格也不一样。《仪礼·丧服》对此有详细的记载，归纳起来称为"五服"，即：斩衰、齐衰、大功、小功、缌麻。其中以"斩衰"为最重，布质最粗劣，是子女所戴的孝，古时为粗麻做成的衣裳，不缝边。服丧期为三年。斩衰服以下的丧服分别是：齐衰服、大功服、小功服、缌麻服。

（1）齐衰服：是为祖父母、伯叔父母所服之丧，服丧时间分三年、一年和三个月三种，其中一年服又分为"杖"与"不杖"（杖为居丧时拿的棒），凡夫为妻服丧，如果自己的父母还在，就不能持杖，称为"不杖期"。齐衰服用较斩衰服略细的粗麻布制作而成，且衣服有锁边。

（2）大功服：适用于为堂兄弟、未嫁之堂姐妹、已嫁之姑母和已嫁妇女为娘家的伯、叔、兄弟等所穿的孝服。大功服丧期九个月，丧服用熟麻布制作而成。

（3）小功服：适用于为从祖父母、堂伯叔父母、从祖兄弟、外祖父母、姨母等所穿的孝服。此外，妻为妯娌和夫之姑母、姊妹也服小功。丧期为五个月，丧服以较细的熟麻布制作而成。

（4）缌麻服：是最轻的一种丧服，为族祖父母、族父母、族兄弟、姑表兄弟、舅表兄弟、姨表兄弟、岳父母、女婿、舅父、外甥、外孙等所服。缌麻服丧期三个月，丧服以细麻布制作而成。

装殓尸体的礼节也很讲究，有小殓、大殓之分。小殓是给死者穿寿衣，大殓是把尸体装入棺材，用今天的话来说就是向死者遗体告别，俗称"入棺""入木""落材"。大殓后，一般都要停棺待葬达数月之久，这段时间称为"殡"。一般人停棺在家，春秋时诸侯则停棺于宗庙。这段时间里，家人要请人占卜，选定墓地和落葬日期。后来则发展为"闹丧"，又称"暖丧""坐夜""伴亡"等，夜里请和尚、道士来念经做道场，并会集亲朋好友，终日喝酒击鼓唱丧歌，把丧事办理得隆重而热闹。

出殡下葬时，要在门口举行奠仪，然后柩车出动，死者亲属列队护送到墓地，一律穿丧服。拉柩车的绳子称为“绋”，执绋人要唱哀歌，称为“挽歌”。送葬队伍由开路神、引路幡开道。

第二节　礼仪类型

中国古代礼仪内容繁缛，《礼记》中即有“经礼三百，曲礼三千”，《中庸》说是“礼仪三百，威仪三千”。古代大的礼有三百之多，细微的礼有三千之多。中国古礼数量之多是领先于世界同时期其他国家和地区的。在春秋战国时，人们逐渐按照这些礼仪的内容，进行了类型的划分。为吉礼、凶礼、宾礼、军礼、嘉礼五大方面，就是古代常讲的“五礼”。汉代以后，历代的国家礼制虽有所演进和变化，但基本上都围绕这五礼的系统进行礼制建设。

一、吉礼

吉礼，主要是祭祀之礼，就是祭祀鬼、神、示（祇）的礼仪活动。中国古代的吉礼祭祀对象主要有三大系列，即《周礼·春官·大宗》记载：“以吉礼事邦国之鬼神示（祇 qí）。”“天神、人鬼、地祇之礼。”所谓鬼，指人鬼，即祖先的鬼魂；神，指天神；示（祇），指地祇，即地神。

如郊祀（祭祀天、地）、大雩、大享明堂、祭日月、祭社稷、祭山川、籍田、先蚕、祭天子宗庙、释奠、祀先代帝王、祀孔子、巡狩、封禅、祭高禖等。祭祀的神灵也种类繁多。《周礼·春官·大宗伯》记载有昊天上帝、日、月、星、辰、司中、司命、风师、雨师、社稷、五祀、五岳、山林、川泽、四方百物、先王等。今天北京尚存的天坛、地坛，就是明清时期皇帝举行郊祀礼，祭祀天、地的场所。

二、凶礼

凶礼是哀吊之礼。遇到天灾人祸，则用凶礼。凶礼包括葬礼、札礼、荒礼、灾礼、恤礼等。最主要的是葬礼，因为它与宗法制关系最密切。在丧礼上，穿衣服是极其讲究的问题。贵族平时穿帛，只有服丧期间穿麻布。随麻布质量和缝制办法不同，分为斩衰（最粗的生麻布，袖口不缝）、齐衰（熟麻，缉边）、大功（熟布）、小功（较细的熟布）、缌麻（更细的熟布）五等。

三、宾礼

宾礼指接待宾客的礼节，用于朝聘会同，是天子款待来朝会的四方诸侯和诸侯派遣使臣向周王问安的礼节仪式。诸侯见天子叫“朝”，天子访诸侯叫“巡”。

四、嘉礼

嘉礼是和谐人际关系的礼。正因为嘉礼是日常生活的一部分，所以虽然规模看起来没有吉礼、凶礼的规模那么大，但是由于深入生活，影响却更加细致和全面。嘉礼包括饮食之礼、冠礼、婚礼、射礼、贺庆礼等。饮食之礼就是饮宴之礼，婚礼就是嫁娶之礼，贺庆礼就是庆贺之礼。射礼是一种社交礼，就是大家聚在一起练习射箭，有娱乐的功能。

冠礼比较重要，相当于成人礼，即男子年满二十就要束发而冠，并取“字”便于他人称呼。古人有名也有字，如果直呼别人的名就是无礼，而自我介绍时自称“字”也是没有礼貌的荒唐行为。

五、军礼

打仗之前也要祭祀，要到祖庙里去汇报，表明自己出兵的正义性。然后祭祀战神、道路神、兵器神、旗鼓神。祭旗鼓是将牲口或者敌人的血抹在鼓上面，称为“衅”，如果逼迫对方出兵而挑起战端就是“挑衅”。军礼包括大师、大均、大田、大役、大封等礼仪。大师就是天子亲征之礼，大均就是统计户税之礼，大田就是田猎检阅之礼，大役就是建筑宫室之礼，大封则是开沟筑路之礼。

周朝时的战争中还有一些体现公平竞争和人道主义的礼，如“不鼓不成列”就是不进攻没有布好阵势的军队，“不重伤”就是不重复砍杀同一受伤的人，“不禽二毛”就是不俘虏头发花白的老年人。实际这些礼都是很迂腐的，春秋时在战争中遵循这些礼的宋襄公就吃了大败仗。

拓展阅读

古代传统相见礼

人们见面时，为了表示欢迎和尊敬而相互行礼，这是人之常情。传统社会特别注重等级区分，相见礼也严格遵循等级区分的原则，主张地位低的人要先行礼，礼要行得隆重；地位高的人答礼在后，礼可以相对轻一些，有时候甚至可以只受礼而不还礼。

说起传统相见礼，人们印象最深的是跪拜。跪拜从何而来，还得先从古人的坐姿说起。古人起初不坐凳椅，一直是席地而坐，直至南宋时才流行起桌椅来。席地而坐时，坐姿大概有三种：一是趺坐，犹如和尚的盘膝而坐；二是箕踞，两腿前伸，全身形状像只簸箕；三是跽，也就是双膝着地，屁股坐在脚后跟上。古人认为箕踞是放纵、傲慢的表示；较多用的是跽坐。平时跽坐可以随便些，腰身微曲，以减轻疲劳；在正规场合则要挺直腰身，称为“正襟危坐”。如果有客人来，原来跽坐着的主人抬起臀部，伸直上身，并把双手向下垂直，以示恭敬，这就是通常所说的跪拜。

跪拜礼又分为许多种。最简便的称为长跪，跽坐着的人把臀部抬起，上身挺直，就成了长跪。根据《周礼·春官·大祝》中的记载，又有“九拜”之说，具体分为稽首、顿首、空首、振动、吉拜、凶拜、奇拜、褒拜、肃拜九种。稽首是在长跪的基础上，头叩在地上并停留较长时间。顿首则是头触地时间很短促，立即抬起。空首是指手至地而头至手，头并不触地，振动犹如后世的打躬加上拱手，仿佛战栗状。吉拜用于祭祀仪式，以头触地。凶拜是先顿首再空首，是行三年之丧的跪拜礼。奇拜是军礼，军人盔甲在身，不便跪拜，先屈一膝，然后空首拜。褒拜是宫廷礼，指拜而不跪。肃拜是最轻的一种，类似鞠躬，身体微倾，双手作揖。

古代女子行礼多用肃拜。到了唐代，武则天称帝时特地制定了女子相见礼，正身直立，上身微倾，两手合拢在胸前，微屈膝，稍作鞠躬虚坐之势，当时称为女人拜。又因为女人在行礼时常口称“万福”，所以后来都把行这种礼称为“拜万福”。

还有一种屈膝的半跪礼，多用在官场上向官员禀告之时。避席也是一种礼节，指为了行礼，特地离开原先的座席站立，然后再拜，以表示格外尊敬对方，称为避席而拜。此外，拜的次数也是一种礼节规范。在民间，通常为四拜；也有八拜的，就比四拜更重些。俗语说“八拜之交”，就多用在民间结义的仪式上。而官场上则又有一套规矩，明朝朝仪为大臣四拜或五拜，而清代则实行“三跪九叩首”的礼节。清代还盛行请安礼和抱见礼，原是满族礼俗，入关后也相当流行。

站立着行礼又有许多名目，如拱手、作揖、长揖、打躬、叉手、鞠躬等，都值得一提。拱手最简单，双手抱拳举至胸前，身体立直而不前俯。遇见陌生人需要打招呼时都用此礼；尊者向卑者还礼，一般也只是拱手而已。作揖是双手合抱向下按，向对方低头弯腰，多用于迎来送往，客主双方作揖致意，连连不断。揖的礼仪种类有很多，古代有时揖、天揖、特揖、旅揖、长揖之分。长揖比一般的作揖稍微庄重些，先高举手，然后由上而下，上身随之向前倾斜弯下。还有一种打躬，与长揖相仿，只是上身弯曲得更厉害些，犹如今天深深地鞠了个躬，并配合拱手。叉手是唐宋的礼节，用左手紧握右手大拇指，左手小指向右手腕，右手四指皆直，以左手大指向上，以右手掩其胸，稍离方寸。这种礼节在《水浒传》和“三言二拍”一类的文学作品中常常被提到。再就是鞠躬礼，近现代最为流行，其实古代也早就有了。

古人行相见礼，除了讲究动作姿势外，还十分讲究穿戴的仪容，行礼之前总要先正衣冠。古人的戴冠和今人戴帽还有些不同，那时候不戴冠时就会披头散发，很不像样，这是有失身份的，所以行礼前要束发戴冠。已经戴冠的也要正冠。我们在今天的传统戏里，常常可以看见演员的动作里有“正冠”这一程式，说明古人是很注意这一点的。而在另外一些场合，则又必须先脱帽再行礼。清代大臣叩见皇帝时，必须脱下顶戴，然后再叩头。古人穿衣也很讲究，总的原则是不可袒胸露体。说到穿鞋，则有个历史演变的过程。在凳椅未流行、人们习惯于席地而坐的时代里，客人进入堂室是必须要脱鞋的。主人平时在家也不穿鞋，但为了迎接客人，则必须穿鞋。东汉时蔡邕在家时，听说王粲来访，已经到了门口，他慌忙出门迎接，把鞋子都倒穿了，于是在历史上留下了“倒屣迎客”的一段佳话。后来，流行凳椅之后，再脱鞋就反而不雅观了，所以不再脱鞋，但又讲究要穿正，不可拖着鞋走路，鞋带要系好，等等。倒是在为了表示赔礼请罪的一些礼节中，又有故意摘下帽子，脱去上衣，甚至背着荆条来表示自贬的做法。战国时赵国的老将廉颇向蔺相如“负荆请罪”的故事世代相传，到了《水浒传》里，李逵也有一段向宋江“负荆请罪”的故事，由此可见，这也已经成为一种传统礼仪了。

第三节　中华传统节日

中华传统节日，是中华民族悠久历史文化的重要组成部分，形式多样、内容丰富。传统节日既使人们在节日中增长知识，受到教益，又有助于彰显文化、弘扬美德、陶冶情操、弘扬传统。传统节日的形成，是历史文化长期积淀凝聚的过程。上古历法的制定为节日产生提供了前提条件。远古时代，已发明干支历法，这是中华民族最古老的历法。中华民族的古老传统节日，涵盖了原始信仰、祭祀文化、天文历法、易理术数等人文与自然文化内容，蕴含着深邃丰厚的文化内涵。从远古先民时期发展而来的中华传统节日，不仅清晰地记录着中华民族先民丰富而多彩的社会生活文化内容，也积淀着博大精深的历史文化内涵。

在历史发展演变中，朝代更迭，古代历法变动极大，前后共出现过102个历，有些“传统节日”

的古今具体日期其实并不相同。在中华民族历史上，曾诞生过许多节日，有的留存至今，有的半路“遗失”。

月日相同（农历）：元日（一月一）、青龙节（二月二）、上巳节（三月三）、端午节（五月五）、晒霉节（六月六）、七夕（七月七）、重阳节（九月九）。

月中：上元节（一月十五）、中元节（七月十五）、中秋节（八月十五）、下元节（十月十五）。

月首月尾：元日（一月一）、送穷节（一月晦日）、寒衣节（十月一日）、除夕（十二月晦日）。

外来节日：浴佛节（四月八日）、腊八节（十二月八日）。

一、春节

春节即夏历（农历）新年（Chinese New Year），是农历正月初一，又叫阴历年，俗称“过年”。这是我国民间最隆重、最热闹的一个传统节日。春节的历史很悠久，春节在起源上综合原始信仰、历法等人文与自然文化因素以及后世节俗遗迹来看，是由上古时代的岁首祈年祭祀活动演变来的。到了民国时期，改用公历，公历的一月一日称为元旦，农历的一月一日称为春节。

原始意义春节是干支历的立春，后来演变为夏历正月初一（即农历正月初一）。现今春节时间为：狭义农历正月初一，广义农历正月初一至正月十五。

别称：岁首、新春、新岁、新年、新禧、年禧、大年等，口头上又称度岁、庆岁、过年、过大年等。

（一）习俗

除旧布新、迎禧接福、拜神祭祖、祈求丰年等等。

（二）民谣

腊七、腊八，粥儿甜，除尘去旧迎新年；
二十三，到小年，糖瓜祭在灶王前；
二十四，祖院祀，拜早年用香钱；
二十五，贴大福，福到门前敬圣贤；
二十六，贴春联，春联祝贺幸福年；
二十七，备新衣，新衣正装禄寿齐；
二十八，贴窗花，寓义吉祥大家发；
二十九，桌上有，糕点素果心意久；
旧年三十侯新年，守岁饺子盛满盘；
新年首日大初一“一元初始”建佳期。

（三）相关诗句

元日

［宋］王安石

爆竹声中一岁除，
春风送暖入屠苏。
千门万户曈曈日，
总把新桃换旧符。

二、元宵节

元宵节是中国非常重要的传统节日。农历的正月十五日是一年中第一个月圆之夜，也是一元复始，大地回春的夜晚，人们对此加以庆祝，也是庆贺新春的延续，因此又称“上元节”，即农历正月十五日。在古书中，这一天称为“上元”，其夜称“元夜”“元夕”“元宵”。而元宵这一名称一直沿用至今。

（一）习俗

元宵有张灯、看灯的习俗，因此民间又习称元宵节为“灯节”。此外还有吃元宵、踩高跷、猜灯谜、去百病、舞龙、赏花灯、舞狮子等风俗。

（二）演变

中国古代历法和月相有密切的关系，正月十五，人们迎来了农历一年之中第一个月满之夜，这一天理所当然地被看作是吉日。早在汉代，正月十五已成为祭祀天帝、祈求福佑的日子。后来古人把正月十五称为“上元”，七月十五称为“中元”，十月十五称为“下元”。最晚在南北朝早期，三元已是要举行大典的日子。三元中，上元最重要。到后来，中元、下元的庆典逐渐废除，而上元却经久不衰。

三、龙抬头

二月二龙抬头（二月二）又被称为“龙头节”“青龙节”“春耕节”“农事节”“春龙节”，是民间传统节日。

龙抬头的说辞，来自古老的天文学，上古时代人们曾用二十八宿来表示星辰的位置，据此判断季节。古人将黄道附近的星象划分为二十八组，表示日月星辰在天空中的位置，俗称“二十八宿”，以此作为天象观测的参照。春天农耕开始之际，苍龙七宿在东方夜空中开始慢慢上升，最先露出的是明亮的龙首——角宿；夏天作物生长，苍龙七宿高悬于南方夜空；而到了秋天，庄稼丰收，苍龙七宿也开始在西方下落；冬天万物伏藏，苍龙七宿则隐藏于北方地平线以下。至春分时段，黄昏来临时，角宿就从东方地平线上出现了。这时整个苍龙的身子还隐没在地平线以下，只是角宿初露，故称龙抬头。人们庆祝“龙头节”，以示敬龙祈雨，让老天佑保丰收。二月二龙抬头节日传说是上古人物的生日，应为附会，因上古不庆生，恐遭人厌胜，真实诞日情况绝不泄露。

四、社日节

社日分为春社和秋社，春社按立春后第五个戊日推算，一般在二月初二前后，秋社按立秋后第五个戊日，一般在新谷登场的八月。

（一）春社

中国历史上的相当长一段时期，其社会形态是典型的传统农业社会。在这样的社会形态下，人们对土地有着极其深厚的感情。爱重之，必然神化之，因此土地很早就是人们的祭祀对象，称作“社”，而重点祭祀的那个日子，就是“社日”。

社字从示从土，“土”是土地，“示”表示祭祀，那么，社的意思就是祭土地。早先的土地神只是神灵，后来逐渐人格化，叫社公，俗称土地爷，而且有配偶神（社母，俗称土地奶奶）。有时，土地神与谷神合祀，这就是古代所谓的社稷了。春、秋二社相比来看，春社的活动更多一些。春社按立春后第五个戊日推算，一般在二月初二前后，而二月二相传又是土地神的诞辰，所以这一天的享祀也就格外隆重。袁景澜《吴郡岁华纪胜》记苏州此俗说：二月二日为土神诞日，城中庙宇各有专祠，牲乐以酬。乡村土谷神祠，农民亦家具壶浆以祝，神厘俗称田公、田婆，古称社公、社母。社公不食宿水，故社日必有雨，曰社公雨。醵钱作会，曰社钱。叠鼓祈年，曰社鼓。饮酒治聋，曰社酒。以肉杂调和饭，曰社饭。……田事将兴，特祀社以祈农祥。

古代享祀土地神的日子叫社日，一般春秋各一，后来则间或有四时致祭的。春社主要是祈求土地神保佑农业丰收，秋社则以收获报答感谢神明。二月二日为土神诞日，城中庙宇各有专祠，牲乐以酬。乡村土谷神祠，农民亦家具壶浆以祝，神厘俗称田公、田婆，古称社公、社母。社公不食宿水，故社日必有雨，曰社公雨。醵钱作会，曰社钱。叠鼓祈年，曰社鼓。

（二）秋社

据传始于汉代，后世在立秋后第五个戊日。古代收获已毕，官府与民间皆于此日祭祀神报谢。宋时有食糕、饮酒、妇女归宁之俗。后世，秋社渐微，其内容多与中元节（七月十五）合并。唐韩偓《不见》诗：“此身愿作君家燕，秋社归时也不归。”宋孟元老《东京梦华录·秋社》：“八月秋社，各以社糕、社酒相赍送。贵戚、宫院以猪羊肉、腰子、你房、肚肺、鸭、饼瓜姜之属，切作棋子、片样，滋味调和，铺于板上，谓之“社饭”，请客供养。”

宋吴自枚《梦粱录·八月》:“秋社日，朝廷及州县差官祭社稷于坛，盖春祈而秋报也。”清顾禄《清嘉录·七月·斋田头》:“中元，农家祀田神，各具粉团、鸡黍、瓜蔬之属，于田间十字路口再拜而祝，谓之斋田头。韩昌黎诗：“共向田头乐社神。”又云“愿为同社人，鸡豚宴春秋。”……则是今之七月十五日之祀，犹古之秋社耳。”

（三）相关诗句

春社

[宋] 陆游

桑眼初开麦正青，勃姑声里雨冥冥。
今朝有喜君知否，到处人家醉不醒。
社肉如林社酒浓，乡邻罗拜祝年丰。
太平气象吾能说，尽在冬冬社鼓中。
柴门西畔枕陂塘，社雨新添一尺强。
台省诸公方衮衮，故应分喜到耕桑。
太平处处是优场，社日儿童喜欲狂。
且看参军唤苍鹘，京都新禁舞斋郎。

秋社

[宋] 陆游

雨余残日照庭槐，社鼓咚咚赛庙回。
又见神盘分肉至，不堪沙雁带寒来。
书固忌作闲终日，酒为治聋醉一杯。
记取镜湖无限景，苹花零落蓼花开。

五、寒食节

寒食节是旧俗中的一个节日，在清明节前一天（一种说法是清明前两天，现大多和清明一起过节）。

（一）来源

寒食节历史悠久，是源传于我国北方的传统节日，寒食节习俗有寒食、禁火、祭祖。由于北方寒冷，春三月气温上升正值改火的时节，人们在新火未到之时，要禁止生火。寒食节源于古代的改火旧习，后附会以介子推的故事。传说春秋时已出亡多年的晋国公子重耳回国即位（即晋文公），封赏随其逃亡的臣子，唯独漏掉了介子推。晋文公得知后欲加封赏，寻至绵山，找不到他，便想烧山逼他出来。但介子推不愿当官，坚持不出，结果母子二人俱被烧死。为了纪念介子推，晋文公将绵山改为"介山"，立祠祭祀介子推，并把烧山的这一天定为寒食节，全国禁动烟火，只吃冷食。

（二）相关诗句

寒食

韩翃

春城无处不飞花，
寒食东风御柳斜。
日暮汉宫传蜡烛，
轻烟散入五侯家。

六、清明节

清明节，干支历节气清明当日，公历（阳历）四月五日前后。清明节是中国传统节日，也是最重要的祭祀节日之一，是扫墓祭祖的日子，清明节源于上古春祭活动。清明节气在时间和气象物候特点上为清明节俗的形成提供了重要条件，该节气被看作清明节的源流之一。清明节，又叫踏青节、行清节，按阳历来说，它是在每年的4月4日至6日之间，正是春光明媚草木吐绿的时节，也正是人们春游[古代叫踏青]的好时候。清明节的名称与此时天气物候的特点有关。西汉时期的《淮南子·天文训》中说："春分后十五日，斗指乙，则清明风至。"

（一）来源

清明是中华民族古老的节日，它将节气日与民俗节日融为一体，是天时与人时的合一，清明礼俗文化充分体现了"天人合一"的传统观念。清明节盛行于我国南方沿海一带，清明扫墓，亦称为"拜山"。清明时节大地呈现春和景明之象，扫墓祭祖、踏青郊游是过节的主要礼俗主题。扫墓时，首先会将祖坟周围的杂草清除，祖坟扎纸，然后摆上祭祖金猪、鸡鸭鱼肉、鲜果糕点、酒水等贡品进行拜祭，最后燃放鞭炮。完成了拜祭仪式后，就地切烧猪配以鲜果茶点聚宴，或回家聚宴；据《礼记·王制》所载，祭祖聚宴源自"春礿"礼俗，自古有之。清明节礼敬祖先、慎终追远的礼俗观念在广东自古传承，至今不辍。在民国前，过清明节最主要的程序就是到祠堂拜祭太公。

（二）习俗

清明节历史发展中承载了丰富的文化内涵，全国各地因地域文化不同而又存在着习俗内容上或细节上的差异，各地节日活动虽不尽相同，但扫墓祭祖、踏青郊游是共同基本礼俗主题。清明兼具自然与人文两大内涵，它既是自然节气点，也是传统社会的重大春祭节日。经历史发展演变，清明节吸收融合了上巳节与北方的寒食节习俗，杂糅了多种民俗为一体，具有极为丰富的文化内涵。中国四大传统节日当中有三个节日与干支历（阳历）有关，清明属干支历二十四节气之一，春节、端午节是由干支历的“立春”与“午月午日”演变而来的节日。

（三）相关诗词

清明

［唐］杜牧

清明时节雨纷纷，路上行人欲断魂。

借问酒家何处有？牧童遥指杏花村。

苏堤清明即事

［宋］吴惟信

梨花风起正清明，游子寻春半出城。

日暮笙歌收拾去，万株杨柳属流莺。

七、端午节

端午节，农历五月初五，是中华民族最古老的传统节日，源自天象崇拜，由古越人于午月午日（干支历）举行龙图腾祭祀演变而来。仲夏端午，苍龙七宿升至正南中天，是龙升天的日子，即如《易经·乾卦》中所说：“飞龙在天”，此时龙星既“得中”又“得正”，寓意大吉。端午祭龙习俗体现了古人“天人合一”的自然观，反映了源远流长、博大精深的中华文化内涵。据学者闻一多先生的《端午考》和《端午的历史教育》列举的百余条古籍记载及专家考古考证，端午的起源，是中国古代南方古越族举行图腾祭的节日，比屈原更早。 端午节并非为纪念屈原而设立的节日，但是端午节之后的一些习俗受到屈原的影响。唐天宝年间，为加强社会控制，唐玄宗下令将诸祠庙增入祀典，屈原被封为昭灵侯，正式享受官家烟火，每年春秋各一次。五代十国时，官祭屈原的时间始设在端午，宋代封屈原为忠洁侯，到明太祖朱元璋时，圣谕“岁以五月五日”致祭屈原。在皇权不断的鼓励下，屈原影响力渐次压倒伍子胥、曹娥等，成为端午代表，而此前种种民俗，自然也就都与屈原有了关联。

（一）习俗

铸阳燧：东汉王充的《论衡》记载了端午节“铸阳燧”的礼仪习俗：“阳燧取火于天，于五月丙午日中之时，消炼五石，铸以为器，摩励生光，仰以向日，则火来至，此取真火之道也”。古人相信，午月午日午时具三重之火，是阳气极盛之时，在此时刻以火煅金，是最佳的熔金铸镜的时刻，铸成的铜镜具有不可思议的神力。

挂艾叶菖蒲榕枝：在端午节，家家都以菖蒲、艾叶、榴花、蒜头、龙船花、榕枝，制成人形称为艾人。将艾叶悬挂于堂中，剪为虎形或剪彩为小虎，贴以艾叶，妇人争相佩戴，以辟邪驱瘴。用菖蒲作剑，插于门楣，有驱魔祛鬼之神效。

赛龙舟：竞渡之习，盛行于南方沿海一带。清乾隆二十九年台湾开始有龙舟竞渡，当时台湾知府蒋元君曾在台南市法华寺半月池主持友谊赛。现代台湾每年五月五日都举行龙舟竞赛。香港有竞渡，英国人也仿效中国人作法，组织队伍进行竞赛活动。

吃粽子：节庆饮食端午食粽，是中国民间的传统习俗。粽子，又叫作“角黍”“粽粑”“筒粽”，其由来久远，种类繁多。“艾叶香，香满堂；桃枝插在大门上，出门一望麦儿黄；这儿端阳，那儿端阳，处处都端阳。”——这是旧时流行甚广的一首描写过端午节的民谣。总体上说，各地人民过端午节的习俗大同小异，而端午节吃粽，古往今来，中国各地都一样。古粽粑早在春秋时期就已出现，最初是用来祭祀祖先和神灵；到了晋代，成为端午节庆食物。

饮雄黄酒：此种习俗，在长江流域地区的人家很盛行。

游百病：此习俗盛行于贵州地区的端午习俗。

佩香囊：端午节小孩佩香囊，不但有辟邪驱瘟之意，而且有襟头点缀之风。香囊内有朱砂、雄黄、香药，外包以丝布，清香四溢；再以五色丝线弦扣成索，制成各种不同形状，结成一串，形形色色，玲珑夺目。

（二）相关诗词

端午日赐衣

［唐］杜甫

宫衣亦有名，端午被恩荣。
细葛含风软，香罗叠雪轻。
自天题处湿，当暑著来清。
意内称长短，终身荷圣情。

端午

［唐］李隆基

端午临中夏，时清日复长。
盐梅已佐鼎，曲糵且传觞。
事古人留迹，年深缕积长。
当轩知槿茂，向水觉芦香。
亿兆同归寿，群公共保昌。
忠贞如不替，贻厥后昆芳。

八、七夕节

七夕节，农历七月初七。

（一）来源

七夕节最早由来于人们对自然天象的崇拜。早在远古时代，古人将天文星区与地理区域相互对应，这个对应关系就天文来说，称作“分星”，就地面来说，称作“分野”。牛郎织女星象的分星与分野，在汉代的《汉书·地理志》中有记载：“粤（越）地，牵牛（牛郎）、婺女（织女）之分野也。”到了东汉时牛郎织女星象出现了人格化的描写："织女七夕当渡河，使鹊为桥。"因七夕赋予了牛郎织女的美丽传说使其成为象征爱情的节日，在当代更产生了"中国情人节"的文化含义。中国民间传说牛郎织女此夜在天河鹊桥相会。七夕节又名乞巧节，所谓乞巧，即在月光对着织女星用彩线穿针，如能穿过七枚大小不同的针眼，就算很"巧"了。

（二）习俗

汉代，七夕被赋予了妇女向织女星乞巧智慧和巧艺的人文内涵，形成了七夕乞巧习俗，故亦称为"乞巧"。妇女于七夕夜向织女星穿针乞巧等风俗，受西方国家的影响，中国越来越多的情侣把那天视为中国情人节。

九、中元节

中元节，农历七月十四 / 十五。源于早期的"七月半"农作丰收秋尝祭祖，"七月半"的产生可以追溯到远古的农事丰收时祭，以及与之相关的祖灵崇拜。而"七月半"被称为"中元节"，则是源于东汉之后道教的说法。一般认为，中元节，又名"盂兰盆节""鬼节"；其实这种认识存在很大的误解。正确来讲，七月十四祭祖、中元节与盂兰盆节，是分属于民间俗信、道教与佛教的说法，三者呈并列关系，而非一个节日的三个不同名称。自道教兴起后，"三元说"的"中元"二字，在唐中后期正式被固定为节名，并将节期设在农历七月十五日。有些传统节日在发展中被吸收融合，如"七月半"丰收秋尝祭祖被教吸收演变为"中元节"。

十、中秋节

中秋节，农历八月十五。

（一）来源

中秋节源自天象崇拜，是上古时期祭月的遗俗。中秋习俗定型于唐朝初年，盛行于宋朝。至明清时，中秋已与年节齐名，成为中国的主要节日之一。中秋节自古便有祭月、赏月、拜月、吃月饼、赏桂花、饮桂花酒等习俗，流传至今，经久不息。中秋节以月之圆兆人之团圆，为寄托思念故乡、思念亲人之情，祈盼丰收、幸福，成为丰富多彩、弥足珍贵的文化遗产。

（二）习俗

中秋夜，月圆桂香，旧俗人们把它看作大团圆的象征，人们会备上各种瓜果和熟食品特别是月饼，边吃月饼等边在庭院赏月。"秋"字的解释是："庄稼成熟曰秋"。八月中秋，农作物和各种果品陆续成熟，为了庆祝丰收，表达喜悦的心情，就以"中秋"这天作为节日。

（三）相关诗词

《八月十五夜月》

［唐］杜甫

满月飞明镜，归心折大刀。
转蓬行地远，攀桂仰天高。
水路疑霜雪，林栖见羽毛。
此时瞻白兔，直欲数秋毫。

《八月十五夜桃源玩月》

［唐］刘禹锡

尘中见月心亦闲，况是清秋仙府间。
凝光悠悠寒露坠，此时立在最高山。
碧虚无云风不起，山上长松山下水。
群动悠然一顾中，天高地平千万里。
少君引我升玉坛，礼空遥请真仙官。
云軿欲下星斗动，天乐一声肌骨寒。
金霞昕昕渐东上，轮欹影促犹频望。
绝景良时难再并，他年此日应惆怅。

十一、重阳节

重阳节，农历九月初九，是传统的节日，又称“老人节”。因为《易经》中把“六”定为阴数，把“九”定为阳数，九月九日，日月并阳，两九相重，故而叫重阳，也叫重九。重阳节形成于上古九月农作物秋收祭天帝、祭祖的活动，到了唐代，重阳被正式定为民间的节日，此后历朝历代沿袭至今。重阳又称“踏秋”，与三月三日“踏春”皆是家族倾室而出，重阳这天所有亲人都要一起登高，插茱萸、赏菊花。自魏晋重阳气氛日渐浓郁，为历代文人墨客吟咏最多的几个传统节日之一。

（一）演变

阴历的九月九日，是中国传统的重阳节。同时也是中国的敬老节。在 1989 年，中国把每年的九月九日定为老人节，传统与现代巧妙地结合，成为尊老、敬老、爱老、助老的老年人的节日。我国的每个习俗节日，都承载了丰富的文化与内涵，九九重阳节，亦是穿透历史而来，在岁月的河流里，散发着厚重与丰韵。

（二）习俗

古时民间在重阳节有登高祈福、秋游赏菊、佩插茱萸、祭神祭祖及饮宴求寿等习俗。传承至今，又添加了敬老等内涵，于重阳之日享宴高会，感恩敬老。登高赏秋与感恩敬老是当今重阳节日活动的两大重要主题。 每到重阳，人们就会想起王维写的“独在异乡为异客，每逢佳节倍思亲。遥知兄弟登高处，遍插茱萸少一人”这首诗。自古以来，重阳节就是人们敬老爱老、思念双亲、渴望团圆的日子。具体习俗如：登高、吃重阳糕、赏菊并饮菊花酒、插茱萸和簪菊花、喝重阳酒。

历史上也有农历七月十三为敬老节的说法，但于 1989 年时修改为农历九月初九日。

十二、冬至

冬至，阳历十二月二十一日或二十二日，俗称“冬节”“长至节”“亚岁”等。冬至兼具自然与人文两大内涵，既是二十四节气中一个重要的节气，也是中华民族的传统节日。冬至被视为冬季的大节日，在古代民间有“冬至大如年”的讲法。古时候，漂在外地的人到了这时节都要回家过冬节，所谓“年终有所归宿”。很多地区在冬至这一天有祭祖等习俗，现在仍有一些地方在冬至这天过节庆贺。古时有“冬至一阳生”的讲法，也就是说从冬至这天开始，阳气慢慢开始回升。古人讲：阴极之至，阳气始生，日南至，日短之至，日影长之至，故曰“冬至”。古人认为自冬至起，天地阳气开始兴作渐强，冬至一阳生、天地阳气回升，所以古人将冬至视为吉日，是冬季祭祖大节。

（一）习俗

在我国古代对冬至很重视，冬至被当作一个较大节日，曾有“冬至大如年”的说法，而且有庆贺冬至的习俗。《汉书》中说:“冬至阳气起，君道长，故贺。”人们认为:过了冬至，白昼一天比一天长，阳气回升，是一个节气循环的开始，也是一个吉日，应该庆贺。《晋书》上记载有“魏晋冬至日受万国及百僚称贺……其仪亚于正旦。”说明古代对冬至日的重视。很多地区在冬至这一天有祭天祭祖的习俗，现在仍有一些地方在冬至这天过节庆贺。家家户户都把家谱、祖先像、牌位等供于家中上厅，安放供桌，摆好香炉、供品等。祭祖的同时，有的地方也祭祀天神、土地神，叩拜神灵，以祈福来年风调雨顺，家和万事兴。而今仍有沿海一带如粤西、潮汕、浙江部分地区延续祭祖的传统习俗。

（二）相关诗词

在北京流传了几百年的《九九歌》与冬至有着密切关系。从冬至那天算起，以九天作一单元，连数九个九天，到九九共八十一天，冬天就过去了。

九九歌

一九二九不出手；
三九四九冰上走；
五九六九沿河看柳；
七九河开，八九雁来；
九九加一九，耕牛遍地走。

十三、除夕

除夕，农历一年最后一天，即十二月廿九或三十，当年十二月是小月则在廿九，逢大月则在三十。年尾最后一天叫除夕，原意为“岁除”，指岁末除旧布新。“除夕”是岁除之夜的意思“除”，本义是“去”，引申为“易”；“夕”字的本义原是“日暮”，引申为“夜晚”。故而除夕之夜，便含有“旧岁到此而除，明日另换新岁”的意思，即“除旧布新”。

“除夕”在古时有“除夜、逐除、岁除、大除、大尽、年终”等别称。称呼虽多，但总不外乎送旧迎新、祛病消灾的意思。大年三十，也就是“除夕”。指中国及其他汉文化圈地区的农历一月一日的前一天的晚上。一般这一天，是人们吃、喝、玩、乐的日子。

（一）来源

除夕，即岁除之夜，来自上古时代岁末除旧布新、祭祀祖先习俗。最早提及“除夕”这一名称的，是西晋《风土记》等史籍。除夕通常会被称为大年三十，但是其实由于阴历历法的原因，除夕的日期可能是腊月三十，也可能是腊月二十九，但不论如何，它都是阴历年的末尾。

（二）习俗

除夕主要有贴年红、年夜饭、压岁钱、辞岁、守岁等习俗。除夕，全家人在一起吃“团圆饭”，有一家人团聚过年的味道。守岁的民俗主要表现为除夕夜灯火通宵不灭。岁火起源于古代驱邪的需要。除夕守岁，除了岁火外还有“燃灯照岁”的习俗，即大年夜遍燃灯烛，谓之“照虚耗”，说如此照过之后，就会使来年家中财富充实。除夕，家里家外不但要打扫得干干净净，还要贴门神、贴春联、贴年画、挂门笼，人们则换上带喜庆色彩和带图案的新衣。北方人风俗大致一致，过年包饺子、蒸馍等等；而南方各地则风俗不同，如做年糕、包粽子、煮汤圆、吃米饭等等，南方不同的地域有着诸多不同的过年风俗。水饺形似“元宝”，年糕音似“年高”，都是吉祥如意的好兆头。

除夕这一天对华人来说是极为重要的。这一天人们准备除旧迎新，吃团圆饭。家庭是华人社会的基石，一年一度的团年饭充分表现出中华民族家庭成员的互敬互爱，这种互敬互爱使一家人之间的关系更为紧密。家人的团聚往往令一家之主在精神上得到安慰与满足。吃年晚饭，是春节家家户户最热闹愉快的时候。大年傍晚，丰盛的年菜摆满一桌，阖家团聚，围坐桌旁，共吃团圆饭。年夜饭的名堂很多，南北各地不同，有饺子、馄饨、长面、元宵等，而且各有讲究。

第四节　中华传统二十四节气

二十四节气是中华民族传统文化的重要组成部分，流传至今，深深影响着我国广大劳动人民的生产和生活。“春雨惊春清谷天，夏满芒夏暑相连，秋处露秋寒霜降，冬雪雪冬小大寒。”这首《二十四节气歌》在我国民间广为流传，二十四节气的影响由此可见一斑。

二十四节气是我国独创的传统历法，也是我国历史长河中不可多得的瑰宝，上至风雨雷电，下至芸芸众生，包罗万象。在长期的生产实践中，我国劳动人民通过对太阳、天象的不断观察，开创出了节气这种独特的历法。经过不断的探索、分析和总结，节气的划分逐渐变得科学和丰富，到距今两千多年的秦汉时期，二十四节气已经形成了完整的体系，并一直沿用至今。

起初，二十四节气及其相关的历法是为农业生产服务的。例如“芒种”这个节气，说的是这个时期的小麦、大麦等有芒作物已经成熟，要抓紧时间收割。这个节气同时也是有芒的谷类作物（如谷、黍、稷等）播种的最佳时期，倘若错过了就可能造成歉收。在这一时期，农民既要抢收，又要播种，是一年之中最忙的季节，因此又称该节气为“忙种”。渐渐地，人们发现二十四节气还影响着我们生活的其他方面，比如饮食、起居、养生、节日民俗等。科学证明，这二十四个节气对人体的影响是不相同的，在不同节气时身体会出现不同的生理现象，人们根据身体的情况采用健身或是调整饮食的方式加以调节和改善，使身体处于健康的状态。由此可以看出，二十四节气的影响已经渗透到人们生活中的各个方面。

二十四节气之中更蕴含着丰富的中华传统文化。北宋著名哲学家程颢有一首题为《秋日偶成》的诗，诗中说：“闲来无事不从容，睡觉东窗日已红。万物静观皆自得，四时佳兴与人同。道通天地有形外，思入风云变态中。富贵不淫贫贱乐，男儿到此是豪雄。”诗中用自然法则来展现人生的哲理。无论是“静观万物”，还是享受春夏秋冬“四时佳兴”，其中的道理都是一样的。要想达到“天人合一”的境界，就必须按自然规律办事。从这个意义上说，二十四节气在讲述气象变化的同时，也在讲述人与自然的关系、人与人的关系，更是在讲述人类生存的基本法则。二十四节气直接或间接地影响着每一个人，人们总是在季节的交替中生活，随着时间的变化而改变，这些都与二十四节气有关。太阳的升落，月亮的圆缺，这些自然现象与二十四节气也都是分不开的。随着科技的发展和人们生活水平的提高，人们对于自然界和自身联系的认识更加深刻，因此二十四节气知识对人们来说也就更加重要。不论到地球上的任何国家或地区，有中华儿女的地方，就会有二十四节气相伴。不仅如此，二十四节气还陪伴着深受中华文化影响的人们。

由此可见，了解二十四节气知识，对于传承中华传统文化、服务百姓日常生活都有十分重要的意义。鉴于此，我们精心编写了本书。书中首先详细介绍了二十四节气的起源，以及与之相关的历法、季节、物候、节令等内容，接着按照春、夏、秋、冬的顺序介绍各个季节的节气知识，包括农事特点、农历节日、民风民俗、饮食养生、药膳养生、起居养生、运动养生、民间谚语等，全方位解读二十四节气，带领读者领略传统文化的精髓。书中随文配图百余幅，用图解的方式展现二十四节气知识，清晰明了，别具特色。生动的图画与经典的传统文化知识完美融合，相映成趣，大大提升了可读性和观赏性。

一、二十四节气的来历

早在春秋时期，人们就确定出仲春、仲夏、仲秋和仲冬四个节气，以后不断地改进与完善。随着劳动人民的不断发明和研究，二十四节气逐渐确定和完整起来，于秦汉年间，二十四节气完全确立。

古时人们根据月初、月中的日月运行位置和天气变化及动物、植物生长等自然现象，利用它们之间的关系，把一年平分为 24 等份，并给每等份取了专有名称，这就是二十四节气。古时把节气称“气”，每月有两个气：前一个叫“节气”，后一个叫“中气”。

太阳从黄经 0° 算起，沿黄经每运行 15° 所经历的时日称作一个节气。每年运行 360° ，共经历 24 个节气（每个月两个节气）。其中，每月第一个节气为“节气”，即：立春、惊蛰、清明、立夏、芒种、小暑、立秋、白露、寒露、立冬、大雪和小寒等；每月的第二个节气为“中气”，即：雨水、春分、谷雨、小满、夏至、大暑、处暑、秋分、霜降、小雪、冬至和大寒等。“节气”和“中气”交替出现，各经历时日 15 天，后来人们习惯把“节气”和“中气”统称为“节气”。

二、二十四节气的内涵

我国大部分地区处在温带，气候冷热变化很大。劳动人民为了农业生产上的需要，创造了二十四节气。从节气的名称上，我们就可以知道它包含的意义。

表示四季变化的有立春、春分、立夏、夏至、立秋、秋分、立冬、冬至八个节气；

表示天气变化的有雨水、谷雨、小暑、大暑、处暑、白露、寒露、霜降、小雪、大雪、小寒、大寒十二个节气；

表示农事和其他的有惊蛰、清明、小满、芒种四个节气。

三、四季季节风

《史记·律书》中有著名的“八方位风”在不同月份吹来的描述：“不周风居西北，十月也；广莫风居北方，十一月也；条风居东北，正月也；明庶风居东方，二月也；清明风居东南维，四月也；景风居南方，五月也；凉风居西南维，六月也；阊阖风居西方，九月也。”《淮南子·天文训》中有以“方位风”对应“八节”的明确记述：“距冬至四十五天条风至，距立春四十五天明庶风至，距春分四十五天清明风至，距立夏四十五天景风至，距夏至四十五天凉风至，距立秋四十五天阊阖风至，距秋分四十五天不周风至，距立冬四十五天广莫风至。”

（一）春季六节气——春雨惊春清谷天

1. 立春：乍暖还寒时，万物开始复苏

立春节气是二十四节气之一，又称“打春”，“立”是“开始”的意思，中国以立春为春季的开始，每年公历 2 月 4 日或 5 日太阳到达黄经 315° 时为立春。《月令·七十二候集解》记载：“正月节，立，建始也，立夏秋冬同。”古代“四立”，指春、夏、秋、冬四季开始，其农业意义为“春种、夏长、秋收、冬藏”，概括了黄河中下游农业生产与气候关系的全过程。

2. 雨水：一滴雨水，一年命运

雨水节气是二十四节气中的第二个节气，表示降水开始，雨量逐渐增多。雨水节气一般从 2 月 18 日或 19 日开始，到 3 月 4 日或 5 日结束。太阳到达黄经 330° 时交“雨水”节气。雨水，表示两层意思，一是天气回暖，降水量逐渐增多了；二是在降水形式上，雪渐少了，雨渐多了。《月令·七十二候集解》中说：“正月中，天一生水。春始属木，然生木者必水也，故立春后继之雨水。且东风既解冻，则散而为雨矣。”

雨水时节，气温回升、冰雪融化、降水增多。雨水和谷雨、小雪、大雪一样，都是反映降水现象的节气。

3. 惊蛰：春雷乍响，蛰虫惊而出走

惊蛰是一年中的第三个节气，在公历 3 月 5 日或 6 日，太阳位置到达黄经 345°，影长古尺为八尺二寸，也就是相当于现在国际单位制 2.018 米长。动物蛰藏进土里冬眠叫入蛰。惊蛰，民间原来的意思是：春雷乍响，冬眠于地下的虫子受到了惊吓而从土中钻出，开始了新一年的活动。事实上，是因为惊蛰时节气温回升的步伐较快，当气温回升到一定程度时，虫子就开始活动起来了。

4. 春分：草长莺飞，柳暗花明

春分之日一般是每年阳历 3 月 20 日或 21 日，春分时节是指每年的 3 月 20 日或 21 日开始至 4 月 4 日或 5 日这段时间。太阳到达黄经 0°（春分点）时开始。这天昼夜长短平均，正好是春季 90 日的一半，故称“春分”。春分这一天阳光直射赤道，昼夜几乎相等，其后阳光直射位置逐渐北移，开始昼长夜短。春分是个比较重要的节气，它不仅有天文学上的意义——南北半球昼夜平分；在气候上，也有比较明显的特征——春分时节，除青藏高原、东北、西北和华北北部地区外，都进入比较温暖的春天。

5. 清明：气清景明，清洁明净

“清明”是二十四节气之一，清明的意思是清淡明智，中国广大地区有在清明之日进行祭祖、扫墓、踏青的习俗，逐渐演变为华人以扫墓、祭拜等形式纪念祖先的一个中国传统节日。另外还有很多以“清明”为题的诗歌，其中最著名的是唐代诗人杜牧的七绝《清明》。

人们常说：“清明断雪，谷雨断霜。”时至清明，华南气候温暖，春意正浓。但在清明前后，仍然时有冷空气入侵，甚至使日平均气温连续 3 天以上低于 12℃，造成中稻烂秧和早稻死苗，所以水稻播种、栽插要避开暖尾冷头。在西北高原，牲畜受严冬和草料不足的影响，抵抗力弱，此时需要严防开春后的强降温天气对老弱幼畜的危害。

6．谷雨：雨生百谷，禾苗茁壮成长

谷雨，顾名思义就是播谷降雨，同时也是播种移苗、埯瓜点豆的最佳时节。每年4月19-21日，当太阳到达黄经30° 时为谷雨。谷雨时雨水增多，十分有利于禾苗茁壮成长。谷雨是春季最后一个节气，谷雨节气的到来意味着寒潮天气基本画上句号，气温攀升的速度不断加快。

（二）夏季六节气——夏满芒夏暑相连

1．立夏：战国末年确立的节气

立夏是一年二十四节气中的第七个节气，每年阳历的5月5日或6日，太阳到达黄经45° ，交“立夏”节气。“夏”是“大”的意思，每年到了此时，春天播种的植物都已经长大，所以叫“立夏”。战国末年就已经确立了“立夏”这个节气。它预示着季节的转换，为古时按农历划分的四季——夏季开始的日子。

2．小满：小满不满，小得盈满

小满是一年二十四节气中的第八个节气。每年阳历5月21日或22日当太阳到达黄经60° 时为小满。二十四节气的名称多数可以从字面上加以理解，但是“小满”听起来有些令人难以理解。小满是指麦类等夏熟作物灌浆乳熟，籽粒开始饱满，但还没有完全成熟，因此称为小满。

3．芒种：东风染尽三千顷，折鹭飞来无处停

芒种是二十四节气中的第九个节气，也是进入夏季的第三个节气。每年的阳历6月5日左右，太阳到达黄经75° 就是芒种。芒种字面的意思是“有芒的麦子快收，有芒的稻子可种”。《月令·七十二候集解》：“五月节，谓有芒之种谷可稼种矣。”此时中国长江中下游地区也即将进入多雨的黄梅时节。

梅雨时节，江南梅子黄熟，阴雨绵延不绝，烟雾缭绕，笼罩着小桥流水人家。

4．夏至：夏日北至，仰望最美的星空

夏至节气是二十四节气中最早被确定的节气之一。在每年阳历的6月21日或22日，太阳到达黄经90° 时，为夏至日。据《恪遵宪度抄本》记载：“日北至，日长之至，日影短至，故曰夏至。至者，极也。”夏至这天，太阳直射地面的位置到达一年的最北端，几乎直射北回归线，北半球的白昼时间到达极限，在我国南方各地从日出到日落大多为14小时左右，越往北越长。如海南的海口市这天的日长约13小时多一点儿，杭州市为14小时，北京约15小时，而黑龙江的漠河日长则可达17小时以上。

5．小暑：盛夏登场，释放发酵后的阳光

每年阳历的7月7日或8日，太阳到达黄经105°时为小暑。从小暑开始，炎热的盛夏正式登场了。《月令·七十二候集解》中记载：“六月节……暑，热也，就热之中分为大小，月初为小，月中为大，今则热气犹小也。”暑，即炎热的意思。小暑就是小热，意指极端炎热的天气刚刚开始，但还没到最热的时候。全国大部分地区都基本符合这一气候特征，全国的农作物从此都进入了茁壮成长的阶段，需加强田间管理工作。

6．大暑：水深火热，龙口夺食

每年的阳历7月22日和23日之间，太阳到达黄经120° ，为大暑节气。与小暑一样，大暑也是反映夏季炎热程度的节令，而大暑表示天气炎热至极。

（三）秋季六节气——秋处露秋寒霜降

1. 立秋：禾熟立秋，兑现春天的承诺

立秋，田野里的稻谷已开始逐渐褪去绿衣换成斑驳的金黄，一颗颗稻粒慢慢地变得饱满，这是春天播下的希望，如同我们约定的那样，开始兑现春天的承诺，禾熟立秋。

2. 处暑：处暑出伏，秋凉来袭

处暑出伏，处暑以后，我国大部分地区气温日较差增大，秋凉也时常来袭。这个时节昼暖夜凉的条件对农作物体内干物质的制造和积累十分有利，庄稼成熟较快，民间有“处暑禾田连夜变”之说。

3. 白露：白露含秋，滴落乡愁

白露时节，是一年中温差最大的时节，夏季风和冬季风将在这里激烈地邂逅，说不清谁痴迷谁，谁又留恋谁，只有难舍难分的纠缠。白露临近中秋，自然容易勾起人的无限离情。白露，注定是思乡的。白露含秋，滴落三千年的乡愁。

4. 秋分：秋色平分，碧空万里

秋分是美好宜人的时节，秋高气爽，丹桂飘香，蟹肥菊黄。秋分平分秋色，万山红遍，层林尽染。秋分带走初秋的淡雅，迎来深秋的斑斓。

5. 寒露：寒露菊芳，缕缕冷香

寒露时节是中国南北大地上景观差异最大、色彩最为绚丽的时间；寒露来临之时，也是枫叶飘红菊花飘香的时节；寒露菊芳，清秋多了一缕缕冷香。

6. 霜降：冷霜初降，晚秋、暮秋、残秋

霜降是秋季最后一个时节，书写着沧桑。冷霜初降，等一叶红透的枫香。霜降一过，虽然仍处在秋天，但已经是“千树扫作一番黄”的暮秋、残秋、晚秋。

（四）冬季六节气——冬雪雪冬小大寒

1. 立冬：蛰虫伏藏，万物冬眠

在呼啸而至的北风中，大家都感受到了初冬的寒意，立冬节气也就到来了。立冬节气在每年阳历的 11 月 7 日或 8 日，我国民间习惯以立冬为冬季的开始，其实，我国幅员辽阔，除全年无冬的华南沿海和长冬无夏的青藏高原地区外，各地的冬季并不都是于立冬日开始的。按气候学划分四季标准，以下半年平均气温降到 10℃以下为冬季，“立冬为冬日始”的说法与黄淮地区的气候规律基本吻合。我国最北部的漠河及大兴安岭以北地区，9 月上旬就已进入冬季，北京于 10 月下旬也已一派冬天的景象，而长江流域的冬季要到小雪节气前后才真正开始。“立冬”那天冷不冷，直接关系到未来的天气状况。“立冬那天冷,一年冷气多”。一般会冷到什么程度呢？“大雪罱河泥,立冬河封严”。如果“冬前不结冰，冬后冻死人”。

2. 小雪：轻盈小雪，绘出淡墨风景

小雪节气是冬季第二个节气，即太阳在黄道上自黄经 240° 至 255° 的一段时间，约 14.8 天，每年 11 月 22 日（或 23 日）开始，至 12 月 7 日（或 8 日）结束。狭义上，指小雪开始，每年 11 月 22-23 日，此时太阳达到黄经 240° 。《月令 · 七十二候集解》：“十月中，雨下而为寒气所薄，故凝而为雪。”小雪表示降雪的起始时间和程度，此后气温开始下降，开始降雪，但还不到大雪纷飞的时节，所以叫小雪。我国地域辽阔，“小雪”代表性地反映了黄河中下游区域的气候情况。这时北方已进入

封冻季节。

3. 大雪：大雪深雾，瑞雪兆丰年

二十四节气之一的大雪节气，通常在每年阳历的 12 月 7 日（个别年份为 6 日或 8 日），其时太阳到达黄经 255° 。大雪时节，我国大部分地区的最低温度都降到了 0℃或以下。在强冷空气前沿冷暖空气交锋的地区，往往会降大雪，甚至暴雪。大雪节气表示这一时期降大雪的起始时间和雪量程度，它和小雪、雨水、谷雨等节气一样，都是直接反映降水的节气。我国古代将大雪分为三候："一候鹖旦不鸣；二候虎始交；三候荔挺出。"这是说此时因天气寒冷，寒号鸟也不再鸣叫了；由于此时是阴气最盛的时期，正所谓盛极而衰，阳气已有所萌动，所以老虎开始有求偶行为；荔挺为兰草的一种，也感到阳气的萌动而抽出新芽。大雪节气人们要注意气象台对强冷空气和低温的预报，注意防寒保暖。越冬作物要采取有效措施，防止冻害。注意牲畜防冻保暖。

4. 冬至：冬至如年，寒梅待春风

冬至是中国一个非常重要的节气，也是中华民族的一个传统节日，冬至俗称"冬节""长至节""亚岁"等。早在两千五百多年前的春秋时代，中国就已经用土圭观测太阳，测定出了冬至，它是二十四节气中最早制定出的一个，时间在每年的阳历 12 月 21 日至 23 日之间，太阳黄经到达 270° 。天文学上也把"冬至"规定为北半球冬季的开始。冬至这一天是北半球全年中白天最短、夜晚最长的一天。天文学上把冬至作为冬季的开始，这对于我国多数地区来说，显然偏迟。冬至期间，西北高原平均气温普遍在 0℃以下，南方地区也只有 6 ~ 8℃。不过，西南低海拔河谷地区，即使在当地最冷的 1 月上旬，平均气温仍然在 10℃以上，真可谓秋去春来，全年无冬。

5. 小寒：小寒信风，游子思乡归

小寒是一年二十四节气中的倒数第二个节气。在小寒时节，太阳运行到黄经 285° ，时值公历 1 月 6 日左右，也正是从这个时候开始，我国气候进入一年中最寒冷的时段。根据中国的气象资料，小寒是气温最低的节气，只有少数年份的大寒气温是低于小寒的。

可见，小寒时节要比大寒更冷，但为什么依然叫"小寒"呢？原来，这和节气的起源有关。因为节气起源于黄河流域。《月令・七十二候集解》中说"月初寒尚小……月半则大矣"，就是说，在黄河流域，当时大寒是比小寒冷的。由于小寒处于"二九"的最后几天，小寒过几天后，才进入"三九"，并且冬季的小寒正好与夏季的小暑相对应，所以称为小寒。位于小寒节气之后的大寒，处于"四九夜眠如露宿"的"四九"，也是很冷的，并且冬季的大寒恰好与夏季的大暑相对应，所以称为大寒。

中国古代将小寒分为三候："一候，雁北乡；二候，鹊始巢；三候，雉始鸲。"古人认为候鸟中大雁是顺阴阳而迁移，此时阳气已动，所以大雁开始向北迁移；此时北方到处可见到喜鹊，并且感觉到阳气而开始筑巢；第三候"雉鸲"的"鸲"为鸣叫的意思，雉在接近四九时会感阳气的生长而鸣叫。

小寒时节，正逢梅花开放，是赏梅的大好时节。

6. 大寒：岁末大寒，孕育又一个轮回

大寒是二十四节气之一，每年阳历 1 月 20 日前后太阳到达黄经 300° 时为大寒。《月令・七十二候集解》："十二月中，解见前（小寒）。"《授时通考・天时》引《三礼义宗》："大寒为中者，上形于小寒，故谓之大……寒气之逆极，故谓大寒。"这个时期，铁路、邮电、石油、海上运输等部门要特别注意及早采取预防大风降温、大雪等灾害性天气的措施。农业上要加强牲畜和越冬作物的防寒防冻。

我国古代将大寒分为三候：一候鸡乳，二候征鸟厉疾，三候水泽腹坚。就是说到大寒节气便可以孵小鸡了；而鹰隼之类的征鸟，却正处于捕食能力极强的状态中，盘旋于空中到处寻找食物，以补充身体的能量抵御严寒；在一年的最后五天内，水域中的冰一直冻到水中央，且最结实、最厚。

第五节　中华传统文化经典

一、经典文本

大乐与天地同和，大礼与天地同节……乐者，天地之和也;礼者，天地之序也。和，故百物皆化；序，故群物皆别。乐由天作，礼以地制……明于天地，然后能兴礼乐也……天高地下，万物散殊，而礼制行矣。流而不息，合同而化，而乐兴焉……乐者敦和，率神而从天；礼者别宜，居鬼而从地。故圣人作乐以应天，制礼以配地。礼乐明备，天地官矣。

——《礼记·乐记》

礼之大体，体天地，法四时，则阴阳，顺人情，故谓之礼。

——《礼记·丧服四制》

礼也者，合于天时，设于地财，顺于鬼神，合于人心，理万物者也。

——《礼记·礼器》

礼尚往来。往而不来，非礼也；来而不往，亦非礼也。

——《礼记·曲礼上》

君子不失足于人，不失色于人，不失口于人。

——《礼记·表记》

凡人之所以贵于禽兽者，以有礼也。

——《晏子春秋·内篇谏上》

不学《礼》，无以立。

——《论语·季氏》

君子以仁存心，以礼存心；仁者爱人，有礼者敬人。爱人者，人恒爱之，敬人者，人恒敬之。

——《孟子·离娄下》

人无礼则不生，事无礼则不成，国家无礼则不宁。

——《荀子·修身》

衣食以厚民生，礼义以养其心。

——（元）许衡

礼，经国家，定社稷，序民人，利后嗣者也。

——《左传·隐公十一年》

礼，天之经也，地之义也，民之行也。

——《左传·昭公二十五年》

礼以行义，义以生利，利以平民，政之大节也。

——《左传·成公二年》

礼义廉耻，国之四维，四维不张，国乃灭亡。

——《新五代史》卷五十四

幼名，冠字，五十以伯仲，死谥，周道也。

——《礼记·檀弓上》

男子二十，冠而字。

——《礼记·曲礼上》

冠而生子，礼也。

——《左传·襄公九年》

古者冠礼筮日筮宾，所以敬冠事。敬冠事，所以重礼。……古者重冠。重冠，故行之于庙。行之于庙者，所以尊重事。尊重事而不敢擅重事。不敢擅重事，所以自卑而尊先祖也。

——《礼记·冠义》

二、经典故事

（一）孔融让梨（谦和礼让）

孔融，字文举，鲁国人，孔子二十世孙也。高祖父尚，钜鹿太守。父宙，泰山都尉。融别传曰：融四岁，与兄食梨，辄引小者，人问其故，答曰："小儿，法当取小者。"

——（清）余嘉锡《世说新语笺疏》

故事大意：孔融四岁的时候，常常和哥哥一块吃梨。孔融总是拿一个最小的梨。有人问道："你为什么总是拿小的而不拿大的呢？"孔融说："我是弟弟，年龄最小，应该吃小的，大的还是让给哥哥吃吧！"孔融小小年纪就懂得兄弟姐妹相互礼让的道理，使全家人都感到惊喜。从此，孔融让梨的故事流传千载，孔融让梨的故事打动了一代又一代人，成为团结友爱的典范。

（二）程门立雪（尊师重教）

杨时见程颐于洛。时盖年四十矣。一日见颐，颐偶瞑坐，时与游酢侍立不去。颐既觉，则门外雪一尺矣。

——《宋史·杨时传》

故事大意：这个故事说的是宋代学者杨时和游酢向程颢、程颐拜师求教的事。杨时、游酢二人原先以程颢为师，程颢去世后，他们都已四十岁，而且已考中了进士，然而他们还要去找程颐继续求学。故事就发生在他们来到嵩阳书院，登门拜见程颐的那一天。

相传，杨时和游酢来到嵩阳书院，正遇上这位老先生闭目养神，坐着假睡。杨、游二人怕打扰先生休息，就恭恭敬敬，肃然侍立。如此等了好半天，程颐才醒了过来，吃惊道："啊！啊！贤辈尚在此乎？"（你们两个还在这儿没走啊？！）那天正是冬季很冷的一天，不知什么时候，开始下起雪来。门外积雪，已有一尺多深。这个故事在宋代读书人中流传很广，后来人们常用"程门立雪"这个成语表示求学者尊敬师长和求学心诚意坚。

（三）君子死，冠不免（君子风度）

子路为卫大夫孔悝之邑宰。蒉聩乃与孔悝作乱，谋入孔悝家，遂与其徒袭攻出公。出公奔鲁，而蒉聩入立，是为庄公。方孔悝作乱，子路在外，闻之而驰往。遇子羔出卫城门，谓子路曰："出公去矣，而门已闭，子可还矣，毋空受其祸。"子路曰："食其食者不避其难。"子羔卒去。有使者入城，城门开，子路随而入。造蒉聩，蒉聩与孔悝登台。子路曰："君焉用孔悝？请得而杀之。"蒉聩弗听。于是子路欲燔台，蒉聩惧，乃下石乞、壶黡攻子路，击断子路之缨。子路曰："君子死而冠不免。"遂结缨而死。

——《史记》卷六十七

故事大意：子路（公元前542—公元前480），姓仲名由，字子路（又作季路），孔子的著名弟子，"孔门十哲"之一。子路是孔门弟子中最血气方刚、最有性格的一个。子路被卫国权臣孔悝用为邑宰。后来卫国发生政变，子路认为："食其食者不避其难。"于是参与战斗。他的帽缨被击断了。子路说："君子死而冠不免。"于是把缨系好，从容就死。

（四）赵文子冠

赵文子冠，见栾武子，武子曰："美哉！昔吾逮事庄主，华则荣矣，实之不知，请务实乎。"

见中行宣子，宣子曰："美哉！惜也，吾老矣。"

见范文子，文子曰："而今可以戒矣，夫贤者宠至而益戒，不足者为宠骄。故兴王赏谏臣，逸王罚之。吾闻古之王者，政德既成，又听于民，于是乎使工诵谏于朝，在列者献诗使勿兜，风听胪言于市，辨祆祥于谣，考百事于朝，问谤誉于路，有邪而正之，尽戒之术也。先王疾是骄也。"

见郤驹伯，驹伯曰："美哉！然而壮不若老者多矣。"

见韩献子，献子曰："戒之，此谓成人。成人在始与善。始与善，善进善，不善蔑由至矣；始与不善，不善进不善，善亦蔑由至矣。如草木之产也，各以其物。人之有冠，犹宫室之有墙屋也，粪除而已，又何加焉。"

见智武子，武子曰："吾子勉之，成、宣之后而老为大夫，非耻乎！成子之文，宣子之忠，其可忘乎！夫成子导前志以佐先君，导法而卒以政，可不谓文乎！夫宣子尽谏于襄、灵，以谏取恶，不惮死进，可不谓忠乎！吾子勉之，有宣子之忠，而纳之以成子之文，事君必济。"

见苦成叔子，叔子曰："抑年少而执官者众，吾安容子。"

见温季子，季子曰："谁之不如，可以求之。"

见张老而语之，张老曰："善矣，从栾伯之言，可以滋；范叔之教，可以大；韩子之戒，可以成。物备矣，志在子。若夫三郤，亡人之言也，何称述焉！智子之道善矣，是先主覆露子也。"

——《国语》

故事大意：赵文子举行了加冠典礼后，去拜见栾武子，栾武子说："美啊！以前我赶上做你父亲庄子的副手，他外表很美，但华而不实，请你努力讲求实效吧！"

赵文子去见中行宣子，宣子说："美啊！可惜我老了。"

赵文子去见范文子，范文子说："现在你可要警惕啦，贤明的人受到宠爱而更加警惕，智慧不足的人因为得宠而骄傲起来。所以振兴事业的君王奖赏那些敢于进谏的臣子，而贪图享乐的君王却惩罚他们。我听说古时候的君王在建立了德政之后，又能听取百姓的意见，于是叫瞎眼乐师在朝廷上诵读前代的箴言，在位的百官献诗讽谏，使自己不受蒙蔽，在市场上采听商旅的传言，在歌谣中辨别吉凶，在朝廷上考察百官职事，在道路上询问毁誉，有邪曲不正的地方就纠正过来，这一切就是警惕戒备的全部方法了。先王最痛恨的就是骄傲。”

赵文子去见郤驹伯，郤驹伯说：“美啊！但是壮年人不如老年人的地方多得很哪。”

赵文子去见韩献子，韩献子说：“要谨慎警戒啊，这就叫做成人。成人的关键是在一开始就要亲近善人。一开始就亲近善人，善人再推荐善人，那么，不善的人就没办法到自己身边了。一开始就亲近不善的人，不善的人又引进不善的人，那么，善人也就没办法到自己身边了。这就好像草木的生长一样，各以其类聚在一起。人戴上冠冕，就如同宫室有了墙屋，只是去除污秽、保持清洁罢了，其他还有什么可增益的呢？”

赵文子去见智武子，智武子说：“你好好努力吧！作为赵成子、宣子的后代，老大了还在做大夫，这不是耻辱吗！成子的文才、宣子的忠心，难道可以忘记吗！成子通晓前代的典章，用来辅佐文公，精通法令而终于执政，这能说不是文吗！宣子在襄公、灵公时尽心诤谏，由于强谏而被灵公所憎恨，还是冒死进谏，这能说不是忠吗！你好好努力吧，有宣子的忠心，同时加上成子的文才，侍奉君王就一定能成功。”

赵文子去见苦成叔子，叔子说：“年少而当官的人很多，我怎么安排你呢？”

赵文子去见温季子郤至，季子说：“你比不上别人，那么可以退而求其次。”

赵文子去见张老，把各位卿大夫的话告诉了他。张老说：“好呀，听从栾伯的话，可以使自己不断进步；听范叔的教诲，可以恢弘自己的德行；听韩子的告诫，有助于你成就事业。条件都具备了，能否做到就要看你自己的志向了。至于三郤的话，是使人丧气的言论，有什么值得称道的呢？智子的话说得对呀，是先人的恩泽庇护滋润着你啊。”

（五）知悼子卒

知悼子卒，未葬；平公饮酒，师旷、李调侍，鼓钟。杜蒉自外来，闻钟声，曰：“安在？”曰：“在寝。”杜蒉入寝，历阶而升。酌，曰：“旷，饮斯！”又酌，曰：“调，饮斯！”又酌，堂上北面坐饮之。降，趋而出。平公呼而进之曰：“蒉，曩者尔心或开予，是以不与尔言：尔饮旷何也？”曰：“子、卯不乐。知悼子在堂，斯其为子、卯也大矣！旷也，大师也。不以诏，是以饮之也。”“尔饮调何也？”曰：“调也，君之亵臣也。为一饮一食，亡君之疾，是以饮之也。”“尔饮何也？”曰：“蒉也，宰夫也。非刀匕是共，又敢与知防，是以饮之也。”平公曰：“寡人亦有过焉，酌而饮寡人。”杜蒉洗而扬觯。公谓侍者曰：“如我死，则必无废斯爵也！”至于今，即毕献，斯扬觯，谓之“杜举”。

——《礼记·檀弓下》

故事大意：晋国的大夫知悼子死了，还没有埋葬，晋平公就喝起酒来，还让乐师师旷和近臣李调陪饮，鼓钟助兴。杜蒉进入寝门，走上堂，舀了一杯酒命令师旷喝，又舀了一杯酒让李调喝，然后自己喝了一杯，什么都没说就下堂了。晋平公叫他进宫来，说道：“杜蒉，刚才你也许想要开导我，所以我没有同你说话。你为什么让师旷喝酒呢？”杜蒉回答道：“照礼，在甲子日和乙卯日不奏乐。知悼子的灵柩还在堂上，这比逢上甲子日、乙卯日还要严重。师旷是掌乐的太师，不把这种礼节告诉国君，所以罚他喝酒。”晋平公问：“你为什么让李调喝酒呢？”杜蒉回答：“李调是国君的近臣。为了吃喝，竟忘了国君的忧患，所以也罚他喝一杯。”晋平公又问：“那你自己为什么喝酒呢？”杜蒉回答:"我掌管膳食，没有尽到提供刀、匙的职责，却胆敢参与防止违礼的事，所以罚自己喝一杯。"晋平公说:"我也有过失，倒杯酒来罚我喝。"杜蒉洗过酒杯，倒上酒举起献上。晋平公对侍者说:"如果我死了，一定不要废止举杯献酒的礼仪！"直到如今，凡是向国君和宾客献酒过后，就要举起酒杯，这叫做"杜举"。这个故事说的是，君臣之间在丧期如果不能体现出应有的情分，君臣关系就会不正常。

（六）宋濂还书

明朝初年，有一个人叫宋濂，小时侯他喜欢读书，可家里很穷，没钱买书，只好向人家借书。每次借书，他都讲好期限，按时还书，从不违约，人们都乐意把书借给他。

一次，他借到一本书，越读越爱不释手，便决定把它抄下来。可是还书的期限快到了，他只好连夜抄书。时值隆冬腊月，滴水成冰。天气酷寒时，砚池中的水冻成了坚冰，手指不能屈伸，宋濂仍不懈怠。他母亲说:"孩子，都半夜了，这么寒冷，天亮了再抄吧，人家又不是等这书看。"宋濂说:"不管人家等不等这本书看，到期限就要还，这是个信用问题，也是尊重别人的表现。如果说话做事不讲信用，失信于人，怎么可能得到别人的尊重。"第二天凌晨，天下起鹅毛大雪，那人家以为宋濂不会来了。可宋濂仍准时地把书送了回来，主人很感动，觉得宋濂好学上进，又有信用，就特许他以后都可以来看书、读书。

又有一次，宋濂要去远方向一位著名学者拜师请教，并约好见面日期，谁知出发那天下起鹅毛大雪。当宋濂挑起行李准备上路时，母亲惊讶地说："这样的天气怎能出远门啊？再说，老师那里早已大雪封山了，你这件旧棉袄也抵御不住深山的严寒啊！"宋濂说："娘，今天不出发就会误了拜师的日子，这就失约了；失约就是对老师不尊重。风雪再大，我都得上路。"

当宋濂到达老师家里时，老师感动地称赞道："年轻人，守信好学，将来必有出息！"后来，宋濂取得了很大的成就，被称为"明初诗文三大家"之一。

宋濂刻苦好学的精神令人感动，但更让人值得称颂的是他守信守时的品德。现在的教育，往往看重孩子的学习成绩。家长希望孩子努力学习，却忽略了对品德的教育。殊不知，这样的教育，是一种缺失的教育。

（七）曾国藩背书

曾国藩是中国历史上非常有影响的人物之一，其所著的《曾国藩家书》中通过讲述读书、做学问、勤劳、俭朴、自立、有恒、修身、做官等方面的道理，展现了曾国藩"修身、齐家、治国、平天下"的毕生追求。

可曾国藩小时候的天赋却并不高，但他刻苦勤奋，规定自己每天必须背诵出一篇文章，否则就不能上床睡觉。

一天晚上，夜深人静之时，万籁俱寂，少年曾国藩在家读书，对一篇文章重复朗读很多遍了，还是背不下来。背不下来不能睡觉，他只好一直诵读此文。这时候，家里来了一个小偷，潜伏在屋檐下，希望等这个读书人睡觉之后翻进屋子里捞点好处。可是等啊等，就是不见曾国藩去睡觉，只听他还是翻来覆去地读那篇文章。贼人不耐烦了，实在忍不住了，跳出来大声说："这种水平读什么书？"正当曾国藩不知发生了什么时，接下来贼人继续说："你这么翻来覆去地读，我听了都能背下来了。"只见那贼人将那文章很流畅地背诵了一遍，然后轻蔑地看了曾国藩一眼，扬长而去。

这件事对曾国藩触动很深。而曾国藩从此知耻而后勇，刻苦治学，奋发图强，通过后天的不懈努力，终于成为历史上罕有的立功、立德、立言“三不朽”之奇才。

（八）刨根问底的沈括

一天，小沈括和母亲坐在院子里，他给母亲背白居易《大林寺桃花》这首诗，当背诵到“人间四月芳菲尽，山寺桃花始盛开”这两句时，沈括却慢下来，反复背了几遍，好像有什么心事。“你怎么来来去去背这两句呢？”母亲感到非常奇怪。“母亲，为什么都是桃花，山上的桃花要比山下的开得晚呢？”“这个……”母亲摇摇头，一时也答不上来。

很快，四月来临了，庭院中的桃花落英缤纷。这天，沈括很早就起床了，和小朋友们一起到郊外玩耍。他们爬上了一座山，看到一树树的桃花正傲然开放。眼前的美景让沈括惊呆了，但他心中更多的是迷惑。他想：“家中庭院的桃花都落了，这里的桃花开得正茂盛，这和白居易诗中描写的一模一样啊！为何会出现这样的现象呢？”突然，一阵风吹过，沈括和小朋友们都感到阵阵凉意。还好出门前，大人让孩子们多拿了一件厚衣。大家忙打开包袱，把厚衣穿在身上。“山上风大较冷，别忘了多穿一件衣服。”沈括手中拿着衣服，想起了出门前母亲的话。“啊！”看着美丽的桃花，沈括突然笑了起来，“我知道了，我知道了！”

沈括顾不上等待同行的小朋友一同下山，便独自飞快地往家跑。“母亲，我知道了，我知道了！”母亲在家中远远地就听到了沈括的声音。“你知道什么了？”母亲急忙出门问。“‘人间四月芳菲尽，山寺桃花始盛开’呀！”沈括兴奋地喊道，“山下的地势低，比较温暖，所以花开得比较早；山上的地势高，比较冷，所以花开得比较晚。”

（九）孟母三迁

孟子，名轲，字子舆，战国时邹人，是中国古代一位很了不起的大思想家和大学问家。后人尊他为“亚圣”，在人们心目中，地位仅次于孔子。

孟子的父亲死得早，全靠母亲一人挑起生活重担。孟母是个勤劳而有见识的妇女，她希望自己的儿子读书上进，早日成才。可是，小时候的孟子也和其他的孩子一样，顽皮好动，贪玩不爱学习。孟子的母亲看在眼里，急在心上，心想，这样下去可不是办法。

开始，孟子家住在一所公墓附近，一天到晚，送葬出殡的人是接二连三。耳濡目染，孟子和小伙伴们都学会了祭祀。从学堂放学回来，他们便聚在一起，模仿那些出殡送葬的人，你哭我号，你跪我拜的，玩起处理丧事的游戏。孟母看到后，连连摇头说:“唉！这个地方不能再继续住下去了！”于是他们就搬家了，这回搬到了街市里，离一个热闹的集市不远。孟子又有了新的小伙伴，他们经常在市场里玩，很快，就学会了大人做买卖那一套。你装买主，我装卖主，你吹牛说便宜，我夸口说货好，把商人那种招揽客人的招数，学得是维妙维肖。孟母看到儿子学成这样，皱眉起头，连说：“不行，这地方也不行，不适合居住，还得搬家。”

这一次，他们母子的新家在一所学堂附近。孟子耳闻目睹的都是学堂中的事，他又有了新的小伙伴，他们在一起读书，一起游戏。很快，孟子就变成了一个彬彬有礼、勤奋好学的好孩子了。孟母看到孟子孜孜不倦地用心读书，会心地笑了。对这次搬家，她非常满意，自言自语道：“这才是适合居住的地方啊！”

（十）三过家门而不入

上古时，大地上洪水泛滥，淹没了庄稼和房屋，很多人只能背井离乡。尧是部落首领，他选择了鲧来治水。鲧治水治了九年，大水还是没有消退。面对洪水，鲧束手无策，而且还拿这一艰巨任务当儿戏。

后来，舜开始操理朝政，他就革去了鲧的职务，将他流放到羽山。舜征求大臣们的意见，看谁能治退洪水。大臣们都推荐禹，他们说："禹虽然是鲧的儿子，却为人谦逊，待人有礼，做事认认真真，生活也非常简朴。"舜并不因他是鲧的儿子而轻视他，就把治水的大任交给了他。

禹是一个贤良的人，他并不因舜处罚了自己的父亲就怀恨在心，而是毅然接受了这一任务。他暗暗下定决心："我的父亲因为没有治好水，而给人民带来了苦难，我一定努力再努力。"

当时，禹刚结婚才四天，他的妻子涂山氏非常贤惠，支持丈夫前去治水。禹依依不舍地告别自己的爱妻，就踏上了征程。禹治水三过家门而不入。第一次，他治水路过自己的家，听到小孩的哭声，那是他的妻子刚给他生了一个儿子。他多想回去看一眼自己的妻儿，可一想到治水的任务，只向家中那茅屋行了一个礼，眼里噙着泪水，骑马飞奔而走了。第二次经过家门时，他的儿子正在他妻子的怀中向他招着手，这正是治水紧张的时候，他只是挥手打了下招呼，就走过去了。第三次经过家门时，儿子已十多岁了，跑过来使劲把他往家里拉。大禹深情地抚摸着儿子的头，告诉他，水未治平，没空回家，又匆忙离开，没进家门。

禹治水一共花了 13 年的时间，在他的治理下，咆哮的河水失去了往日的凶恶，驯服地向东流去，昔日被水淹没的土地又变成了良田，人民又能筑室而居，过上幸福富足的生活。

故事讲述了大禹舍小家、为大家的故事，这是中华民族的传统美德。

（十一）三尺巷

在江苏泰州，有相邻的两户人家，一家是本城的大户商贾人家，而另一家则有人在京城做官。这一年，两家都在修建宅院，修建得差不多了，在砌围墙时，两家为地界发生了争议。两家都想将围墙往外扩一下，如此一来，中间巷道狭窄得几乎不能走人了。争来争去，从上一辈说到现在，各说各的理，谁也不肯退让半步，双方一直僵持着，谁也不准谁动工。

商贾大户仗着财大气粗自然是不肯相让，说："做官就可以仗势压人吗？"而做官的那一家也是不甘示弱，说："有钱就不讲道理吗？"于是连夜写信送往京城，想让官人出面干涉，压商贾大户让步。没多久，官人来了回信，家人满心欢喜地打开，不料信上却写道："千里修书只为墙，让他三尺又何妨；万里长城今犹在，不见当年秦始皇。"信上说的很明白，官人谦让的气度让家人感到很羞愧，于是按官人之意，在原地界退后三尺砌上围墙。对面那一商贾人家，也听说了官人的来信，如此的胸怀让他们深受感动，也在原地界退后三尺砌上围墙。

这两道围墙中间形成一条巷子，后人就给这条巷子取名为"三尺巷"。"三尺巷"的宽度，不是三尺而是六尺宽。

当年宰相府第，已荡然不见痕迹，唯三尺巷的故事，仍在这块土地上流传，象征着一种气度和胸襟——邻里人际关系远比死的砖瓦重要，宝贵的生命和时间远比无价值的喟叹和纷争重要。

（十二）查道吃枣留钱

宋朝有一个人叫查道，是一个品德高尚的人。一天早上，他和仆人挑着礼物去看望远方的亲戚。不知不觉到了中午，两个人都饥肠辘辘，可路上一直见不到有什么酒家饭铺。怎么办呢？仆人说："不如从送人的礼物中拿一些东西来吃吧，就当我们少送他们一点礼物。"查道说："那怎么行呢，这些礼物既然要送人，便是人家的东西了。我们这么吃掉，岂不就是偷吃？"仆人也不再说什么，两人只好饿着肚子继续赶路。

两个人就这么一直走，还是看不到什么饭铺和人家。这时，一个枣园出现在他们眼前。正值枣子成熟的季节，枣树上挂满了诱人的枣子，十分招人喜爱。查道和仆人本来已经饿得发慌，看到这些枣子，更觉得饥饿难耐。两个人便停了下来，查道叫仆人去树上采些枣子来吃。他说："少摘一些，够我们吃就可以了！"

两人吃完枣，查道拿出一串钱，挂在了采过枣子的树上。仆人奇怪地问："这是什么意思？"查道说："吃了人家的枣子，就应该给钱。"仆人说："枣园的主人不在，别人也没看见，不就是几个枣子吗，何必这样认真呢？"查道严肃地说："讲诚实是人应有的道德，虽然枣主人不在，也没有别人看见，但我们既然吃了人家的枣子，就应该给钱。"

（十三）老子讲道

孔子一心想向老子学习，于是便带着子路、颜回几个弟子到了洛阳。通报过后，老子把孔子师徒请入大堂，入座之后，孔子表明了来意：对先生敬仰很久，这次和弟子特来拜谒，请问先生近来修道的进展如何？众人正准备洗耳恭听，不想老子却张嘴大笑道："你们看我这些牙齿如何？"众人莫名其妙地看了看老子的牙齿，七零八落，早已参差不全了。众人摇了摇头，不明白老子的意思。这时，老子伸出自己的舌头问："那么，我这舌头呢？"众人又仔细看了看老子的舌头。众人正迷惑时，孔子却突然顿悟道："先生学识渊博，果然名不虚传！"老子说："想必先生已经清楚我修道几成了吧？"孔子会心地点了点头说："豁然开朗啊！"

众人辞别老子，起身返回鲁国。路上，孔子如获至宝，喜不自禁。子路却满脸疑惑，忍不住问道："我们大老远来到洛阳，本想向老子求学，没想到他什么也不肯教，只让我们看了看他的嘴巴和舌头，这也太无礼了吧？"孔子听后抚须大笑不止。颜回答道："这次我们没有白来，老子先生传授了我们别处学不到的大智慧。他让我们看他的牙齿，意在告诉我们，牙齿虽硬，但是上下碰磨久了，也难免残缺不全；他让我们看他的舌头，意思是说，舌头虽软，但能以柔克刚，所以至今完整无缺。"

子路听后恍然大悟。颜回继续道："这就像流水虽然柔弱，但面对山石，它却能穿山破石，将它们抛在身后；穿行的风虽然虚无，但它发起脾气来，也能撼倒大树，把它连根拔起……"孔子听后大赞："颜回果然窥一斑而知全豹，闻一言而通万里呀！"

老子是道家的创始人，这个故事体现了他以柔克刚的智慧。水最为柔弱，但柔弱的水可以穿透坚硬的岩石。

参 考 文 献

[1] 金正昆 . 实用商务礼仪 [M]. 北京：中国人民大学出版社，2015.

[2] 翟文明 . 社交礼仪知识全知道 [M]. 天津：中国华侨出版社，2010.

[3] 赵亚琼 , 秦艳梅 . 职场形象与礼仪 [M]. 北京：北京理工大学出版社，2018.

[4] 金正昆 . 商务礼仪教程 [M]. 北京：中国人民大学出版社，2005.

[5] 金正昆 . 社交礼仪教程 [M]. 北京：中国人民大学出版社，2006.

[6] 未来之舟礼仪培训公司 . 最新公民礼仪 [M]. 北京：中国经济出版社，2015.

[7] 崔鸿嵘 . 铁路客运服务礼仪 [M] . 2 版 . 北京：中国铁道出版社，2016.

[8] 夏志强 , 翟文明 . 礼仪常识全知道 [M]. 天津：华文出版社，2009.

[9] 王义平 . 职场礼仪 [M]. 上海：同济大学出版社，2009.

[10] 秦保红 . 职场礼仪教程 [M]. 北京：中国人民大学出版社，2016.

[11] 张德付 . 中华日常礼仪基础教程：第一册 [M]. 北京：中华书局，2018.

[12] 顾希佳 . 礼仪与中国文化 [M]. 北京：人民出版社，2001.

[13] 王小锡，姜晶花 . 中国传统文明礼仪读本 [M]. 南京：江苏人民出版社，2018.

[14] 贺璋瑢 , 王海云 . 中华传统礼仪 [M]. 北京：中国人民大学出版社，2016.

[15] 彭林 . 中国古代礼仪文明 [M]. 北京：中华书局，2013.

[16] 彭林 . 仪礼 [M]. 北京：中华书局，2012.

[17] 徐正英，常佩雨 . 周礼 [M]. 北京：中华书局，2014.

[18] 陈桐生 . 国语 [M]. 北京：中华书局，2013.

[19] 王力 . 中国古代文化常识 [M]. 北京：北京联合出版公司，2014.

[20] 陈晓芬，徐儒宗 . 论语 [M]. 北京：中华书局，2015.

[21] 杨伯峻 . 孟子 [M]. 北京：中华书局，2015.

[22] 安小兰 . 荀子 [M]. 北京：中华书局，2015.

[23] 人民日报评论部 . 习近平讲故事 [M]. 北京：人民出版社，2017.